Материалы IV международной научно-практической

конференции

Академическая наука - проблемы и достижения

7-8 июля 2014 г.

North Charleston, USA

Том 1

УДК 4+37+51+53+54+55+57+91+61+159.9+316+62+101+330

ББК 72

ISBN: 978-1500488215

В сборнике опубликованы материалы докладов IV международной научно-практической конференции   " Академическая наука - проблемы и достижения "

Все статьи представлены в авторской редакции.

Содержание
Геолого-минералогические науки

Исторические науки

Медицинские науки

Содержание

Науки о земле

Педагогические науки

Психологические науки

Содержание

Сельскохозяйственные науки

Технические науки

Физико-математические науки

Филологические науки

Содержание

Философские науки

Экономические науки

Содержание

Юридические науки

Суваннудом Б., Болтыров В.Б., Слободчиков Е.А.
Лаосская рудно-геологическая компания Ban Saphanthong Kang 266,
Уральский государственный горный университет, кафедра ГлЗЧС
E-mail: 2210966@gmail.com

СТРУКТУРНЫЙ КОНТРОЛЬ ОЛОВОРУДНЫХ МЕСТОРОЖДЕНИЙ РАЙОНА НАМПАТЕН (ЛАОС)

Оловорудные месторождения района Нампатен находится в пределах овал-антикинория Хинбун складчатого пояса Пулонг, располагающегося на стыке Южно-Китайского кратона с Индокитайским массивом и охватывающего восточную часть территории Лаоса и территорию Вьетнама. Пояс Пулонг сложен разнообразными комплексами отложений протерозойско-фанерозойского возраста и имеет двухъярусное строение. Нижний структурный ярус, сложенный в разной степени дислоцированными протерозойско-палеозойскими отложениями, перекрыт мезо-кайнозойским горизонтальным чехлом. В позднепалеозойское время складчатый пояс испытал мощное поперечное сжатие со стороны Индокитайского массива, что выразилось в линеаризации всех составляющих его структур. В раннемезозойское время складчатый пояс Пулонг и прилегающие к нему территории Индокитайского массива испытали тектоно-магматическую активизацию, выразившуюся в резких блоковых движениях северо-восточного направления и малоглубинном умереннокислом магматизме.

По традиционным представлениям, складчатый пояс Пулонг разделяется на три крупные антиклинальные структуры, самой северной из которых является мегантиклинорий Напмэ, вытянутый в северо-западном направлении примерно на 300 км при ширине около 200 км. Своей юго-западной частью мегантиклинорий располагается на территории Лаоса. По особенностям геологического строения он разделяется на Аннамскую и Хинбунскую структурно-формационные зоны.

Хинбунская структурно-формационная зона занимает юго-западную часть мегантиклинория Нампэ. Она отделена от Аннамской разлом Такхе и граничит с Индокитайским массивом по Хинбунскому глубинному разлому. Хинбунская зона выполнена слабо-дислоцированными средне – и позднее-палеозойскими отложениями.

Дислоцированные палеозойские образования Хинбунской структурно-формационной зоны фрагментарно перекрыты горизонтально лежащими юрско-меловыми лагунными и морскими осадками с прослоями туфопесчаников и углей.

Интрузивные образования Хинбунской зоны представлены малыми интрузиями дайкообразной и штокообразной формы кислого и среднего состава.

Тектоническое строение Хинбунской структурно-формационной зоны определяется ее нахождением в пределах складчатого пояса Пулонг, располагающегося на стыке двух жестких блоков и испытавшего интенсивное боковое сжатие. В связи с этим, Хинбунская структурно-формационная зона представляет собой мощный деструктивный пояс с дискретным проявлением разломов типа зон рассланцевания. Этими разломами зона разбита на узкие протяженные блоки-пластины.

Оловорудный район Нампатен сложен палеозойскими терригенно-карбонатными образованиями, прорванными палеозойскими плутоническими и мезозойскими субвулканическими интрузиями. Стратиграфический разрез рудного района представлен девонской, каменноугольной и пермской системами.

Среднедевонские отложения обнажены в виде двух полос северо-западного простирания, приуроченных к мощным зонам рассланцевания, ограничивающим главную сигмоиду овал-антиклинория Хинбун. При этом юго-западная полоса чуть отступая внутрь сигмоиды, протягивается вдоль всего рудного района, а северо-восточная распадается на две части, оконтуривающие с северо-востока краевые части овал-мегантиклиналей Нампатен и Фонтью. Среднедевонские отложения представлены красноцветными песчаниками и аргиллитами, в зонах рассланцевания превращенными в кливажные сланцы.

Согласно со среднедевонскими красноцветными отложениями залегают позднедевонско-раннекаменноугольные терригенные мелко- и тонкообломочные породы с линзами известняков в верхней части толщи. Эти отложения развиты повсеместно в пределах рудного района, оконтуривая выходы пород среднего девона.

На девонско-каменноугольных отложения с размывом залегает субгоризонтальная толща закарстованных известняков позднекаменноугольно-пермского возраста. Благодаря влиянию разломов и карста выходы известняков имеют сложные очертания и часто ограничены субвертикальными уступами. За пределами рудного района Нампатен эта толща перекрывает все более древние отложения и только в пределах рудного района сохранилась от размыва на юго-западной и северо-западной окраинах овал-мегантиклиналями Намтанон и Фонтью.

Все палеозойские отложения рудного района Нампетен прорваны дайками и дайкообразными позднепалеозойскими интрузиями биотитовых гранитов, а также мезозойскими субвулканическими интрузиями кислого и среднего состава. Позднепалеозойские интрузии гранитного состава приурочены к зонам рассланцевания северо-западного простирания и связаны с ними динамически. Дайки и дайкообразные интрузии вытянуты параллельно текстурной неоднородности зон рассланцевания и приурочены к участкам наиболее интенсивного рассланцевания вмещающих пород – к зонам филлитовидных сланцев.

Мезозойские интрузии формировались в процессе проявления лево-взбрососдвиговых смещений по зонам смятия северо-восточного простирания. Они представлены диорит-порфиритами, гранодиорит-порфиритами, гранит-порфирами и риолитами и составляют гомордомную серию малоглубинных интрузий, закономерно расположенных также и по вертикали. Видимо, по этой причине в пределах овал-мегантиклинали Нампатен они приурочены к рядом расположенным овал-мегантиклиналиям: интрузии диорит-порфиритов и гранодиорит-порфиритов к расположенной в центре и более выдвинутой вверх овал-антиклинали Пупик, а интрузии гранит-порфиров и риолитов – к расположенной на периферии и менее поднятой овал-антиклинали Боненг. Мозозойские интрузии являются рудогенерирующими: с интрузиями диоритового и гранодиоритового состава связаны железнорудные скарновые проявления, а с гранит-порфирами и риолитами оловянное оруденение гидротермально-пневматолитового и гидротермального генезиса. При этом, магматизм, сопровождаемый рудогенезом, проявлялся неоднократно, что подтверждается наличием в риолитах ксенолитов гидротермально измененных пород и обломков касситерита.

В разных частях рудного района Нампатен проявлены разнообразные постмагматические образования. Широко распространены магнезиально-железистые скарны с гематит-магнетитовым оруденением и прожилковой, явно наложенной, сульфидной (нередко оловоносной) минерализацией. В генетическом единстве с порфировыми риолитами находятся кварц-мусковитовые грейзены. На ряде месторождений проявляется штоковерковая кварц-сульфидная минерализация, развитая по грейзенизированным риолитам, стуктурно и генетически связанным с субвулканическими фациями магматического комплекса. Кварц-арсенопиритовые и колчеданные жилы, содержащие главные концентрации олова, размещены как в надинтрузивной зоне во вмещающих осадочных породах, так и в вулканических телах.

Оруденение формировалось в условиях высокого температурного градиента. Касситеритсодержащие кварц-арсенопиритовые жилы характеризуются высокой кристалличностью минеральных агрегатов. Оловоносные колчеданные руды имеют мелкозернистое массивное строение, образовались путем метасоматического замещения пористых и трещиноватых пород в зонах тектонических нарушений. В верхних частях рудные зоны теряют кристалличность, руды сложены плотными скрытозернистыми образованиями с тонкозернистым или колломорфным касситеритом.

Оловянное оруденение рудного района контролируется разноориентированными разрывными нарушениями. Временная связь интрузий и оруденения с разрывными структурами выглядит следующим образом. Трансляционные лево-взбросо-сдвиговые смещения по зонам смятия северо-восточного простирания сопровождались формированием оперяющих разрывов, совпадающих по ориентировке с зонами рассланцевания северо-западного простирания. Это способствовало интенсивному раскрытию оперяющих разрывов и формированию в центральных частях ячей-блоков, ограниченных зонами смятия и зонами рассланцевания, участков с дефицитом давления, в которые внедрялись магматические расплавы первой фазы, сопровождаемые железо-скарновым и гидротермально-пневматолитовым оловянным оруденением. Последовательно продолжающиеся лево-взбросо-сдвиговые смещения, но уже в условиях переориентированного поля напряжений, приводили к формированию жилых фаций вулкано-плунического процесса и связанного с ними колчеданно-касситеритового, а позднее и гидротермального кварц-касситеритового оруденения.

Дискретность формирования овал-антиформных структур вызвала дискретность в проявлении интрузивного магматизма: с более крупными овал-антиформами связаны более крупные субвулканические интрузии. Интрузии обычно приурочены к ценральным частям овал-антиформ, к их наиболее массивным частям, то есть: краевые части овал-антиформ, представленные зонами рассланцевания и зонами смятия, не благоприятны для внедрения субвулканических интрузий. Соответственно, наиболее мелкие овал-антиформы, как расположенные внутри более крупных, сложены более массивными породами и более благоприятны для рудообразования. Особенно это касается овал-антиформ 6-го ранга (в силу выше сказанных обстоятельств) и, в связи с этим, наблюдается определенная закономерность в ориентировке рудоносных структур разных порядков. Сигмоиды северо-западного простирания (структуры 5-го ранга) в овал-нтиклинали Пухун представляют собой дискретно проявленные рудоносные зоны протяженностью в несколько сот метров, разделенные на блоки (овальные структуры 6-го ранга, вычленяемые локальными сигмоидами также 6-го ранга) размером около сотни метров, которые теми же сигмоидами 6-го ранга субширотного простирания разделены на рудные тела. Рудные тела представлены совокупностью рудных жил и штокверков северо-восточного простирания, контролируемых локальными сигмоидами 7-го ранга.

Разумеется, не все овал-антиформы 5-го ранга, в целом слагающие овал-антиклинорий Хинбун, вмещают оловорудные или иные месторождения. Это определяется пространственным размещением рудогенерирующих интрузий, местоположение которых определяется не только пространственным положением и рангом овал-антиформ, но и литологией вмещающих пород в механическом (для магмы) и литологическом (для руды) отношениях.

Недорубов А.Н.
к.и.н., доц., директор филиала «РГЭУ (РИНХ)» в г. Волгодонске
Ростовской обл. (volgodonskrinx@rambler.ru)

О СОСТОЯНИИ ЖЕЛЕЗНОДОРОЖНОГО ХОЗЯЙСТВА ДОНА И СЕВЕРНОГО КАВКАЗА В ГОДЫ ПЕРВОЙ МИРОВОЙ ВОЙНЫ

Вступление России в Первую мировую войну стало особенным испытанием не только для жителей прифронтовых территорий, но и для находящихся в глубоком тылу жителей Дона, Кубани, Ставрополья, Северного Кавказа. Перевозку большей части грузов на Юге уже почти полстолетия к этому времени осуществляла Владикавказская железная дорога, по линиям от Ростова на Дону до Баку и от Царицына до Новороссийска, через Екатеринодар, а также Армавир-Туапсинская железная дорога, начавшая регулярное движение незадолго до войны.

Железнодорожный транспорт России вступил в войну, не имея достаточного количества паровозов и вагонов, но и имевшиеся использовались нерационально. У ряда важнейших дорог значительная часть подвижного состава была отобрана для непосредственных нужд фронта, остальным распоряжались многие министерства, комиссии и т.п., которые часто давали противоречивые наряды, задерживали вагоны, мешали друг другу и тем только усугубляли и без того тяжелое положение железных дорог.

Владикавказская железная дорога в начале войны была подчинена штабу Кавказского фронта, но поскольку она являлась частным акционерным обществом, нужды фронта часто вступали в противоречие с экономическим курсом Правления. Фронту нужна была поставка вооружения, провианта и личного состава, а акционерам прибыль от перевозки угля, нефти, хлеба. Это вызывало постоянные недоразумения, неразбериху, а главное трудности в работе самой дороги.

Уже в январе 1916 г. года дорога была переподчинена Министерству путей сообщения, но не надолго – в апреле того же года, её снова переподчинили штабу Кавказского фронта. В специальной записке Министра путей сообщения от 2 октября 2017 г. указывалось, что «это отношение к железной дороге самым отрицательным образом отразилось на её работе». Дело доходило до того, что помощник наместника на Кавказе генерал Янушкевич в 1916 году угрожал управляющему дорогой Кригер-Войновскому привлечением виновных в недостаточной погрузке к полевому суду и ссылкой в Иркутскую губернию. Но когда выяснилось, что не дорога виновата в плохой погрузке, генерал даже извинился.

В особенно тяжелом положении оказались железные дороги Донбасса, часть которого находилась на территории Области Войска Донского. Они должны были снабжать тыл углем, нефтью, хлебом и скотом. Но уже в первые месяцы войны Екатерининская и Владикавказская железные дороги лишились большого количества вагонов: Владикавказская – 4 160 (только крытых), Екатерининская – 20 136.

Недостаток подвижного состава и организационная неразбериха с самого начала войны привели к тому, что обычные грузоотправители не могли пользоваться железной дорогой, а тысячи вагонов уже принятых грузов стояли на станциях, портились или расхищались. К середине 1915 года Владикавказская дорога не выполнила более чем на 5 тыс. вагонов нарядов Особого совещания по перевозкам. Для перевозки частных грузов дорога давала всего 200 вагонов в сутки, тогда как до войны она предоставляла ежедневно 1 200 – 1 500 вагонов. К марту 1915 года на дороге находилось 15 тыс. вагонов невывезенных грузов. Изъятие крытых вагонов привело к тому, что скоропортящиеся грузы (зерно, мука, подсолнечное масло, сало, мясо) перевозились на открытых платформах в тяжелых погодных условиях.

Э.Б. Кригер-Войновский обращал внимание на то, что происходит «большой непроизводительный пробег вагонов». В период войны все грузы должны были отправляться либо согласно определенным, предложенным всем дорогам планам, либо по отдельным специальным распоряжениям. При этом порядке ежедневная рассылка порожних вагонов по определенным станциям для выполнения наряда вызывала громадный труд распределителей. С Кавказского фронта и из центральных районов возвращалось большое количество пустых вагонов, после выполнения мобилизационных, провиантских и оружейных перевозок. Однако использовать на обратном маршруте их было не разрешено. Пустые составы шли порожняком сотни верст. А на десятках станций скапливались тонны грузов и тысячи пассажиров. На Владикавказской железной дороге были закрыты для приема 57 станций. Грузы портились, пассажиры и грузоотправители возмущались. Пустые вагоны направлялись либо только на узловые и крупные станции (Ростов, Таганрог, Екатеринодар и т.д.), либо на предприятия, которые непосредственно обслуживали фронт (угольные, оружейные). Положение для рядовых грузоотправителей усугублялось ещё и тем, что суда Азово-Черноморского, Донского и Волжского флотов были мобилизованы и перевозки замерли. Так, например, в 1915 г. на Дону и Северском Донце от Лисок до Ростова плавало всего 15 небольших пароходов и 50 буксировщиков.

К этим затруднениям в течение первых 2 лет войны прибавлялась ещё изрядная путаница в распоряжениях относительно перевозок, получавших на местах от уполномоченных разных ведомств и часто либо взаимно противоречивых и невыполнимых. Этому способствовало и то, что часть дорог подчинялась Министерству путей сообщения, а часть находилась в ведении Управления путей сообщения Штаба Верховного Главнокомандующего.

Транспортная разруха пагубно влияла на работу промышленности. Уже во второй половине 1914 года железные дороги ежемесячно недодавали рудникам и заводам по нескольку тысяч вагонов. Так, только на 15 рудниках Макеевского района к 1 октября 1915 года лежало свыше 15 млн. пудов невывезенного угля.

Однако эта ситуация стала разрешаться уже во второй половине 1915 года. В докладах Управления Владикавказской железной дороги отмечалось, что удалось эту неразбериху преодолеть. Это удавалось за счёт целого ряда мер. Так в Ростовских главных мастерских самостоятельно стали чинить вагоны и возвращать их на линию, обходя распоряжения военных. Для этого производилась закупка запасных частей, в том числе и из Германии, через третьи страны. Для этого пришлось пойти на расширение мастерских и привлечение новых рабочих. Также в 1916 г. сначала на Армавир-Туапсинской, а затем на Владикавказской железными дорогами были разработаны новые подробные инструкции для службы тяги, которые подробно регламентировали отправление поездов и одиночных паровозов, вслед за другими, не ожидая извещения о прибытии предыдущего поезда или паровоза на соседнюю станцию. Строго оговаривались меры безопасности, и отправление таких поездов осуществлялось исключительно без людей, только с паровозной бригадой.

Стремление обществ к приобретению промышленных предприятий, способных обеспечить железные дороги топливом, металлом, цементом, деревом для шпал и т.д. стало особенно ощутимым в годы предвоенного промышленного подъема. Ещё в 1913 году правления девяти крупнейших железнодорожных обществ обратились в правительственные инстанции с ходатайством «разрешить железным дорогам организацию своих угольных копей, брикетных фабрик, нефтяных скважин, разработку лесных площадей на дрова, шпалы» и т.п. Несмотря на энергичные протесты торгово-промышленных кругов, железнодорожные общества стали получать разрешения на приобретение и аренду промышленных предприятий.

К 1917 году в крупного нефтепромышленника на Северном Кавказе оформилось общество Владикавказской железной дороги, вложившее в нефтяное дело 4,2 млн. руб. В соответствии с программой дальнейшего развития общества на 1918–1922 гг. акционеры предполагали вложить во вспомогательные предприятия 47,5 млн. руб. Общество рассчитывало в недалеком будущем ежегодно получать 12 млн. пудов нефти, 16 млн. пудов угля и антрацита, 700 тыс. м^3 шпал, большое количество пиловочного, строительного камня, щебня и т.д. Мастерские крупных железных дорог, стали мощными промышленными предприятиями с большим количеством рабочих, служили не только для ремонта паровозов и вагонов, но и сами производили для своих дорог подвижной состав, а в отдельных случаях даже паровозы. В годы войны они выполняли крупные заказы на производство снарядов, гранат и других предметов военного снаряжения.

С началом Первой мировой войны происходят изменения и в составе перевозимых грузов. Эта тенденция просматривается в таблице.

Виды грузов	1910 (млн.пуд)	1915 (млн.пуд)
хлебные	134	77
уголь (антрацит)	19	39
лес	62	51
железо	12	12
нефть	49	40
военные грузы	3	70
сахар	6	12
остальные	98	92

Тенденция увеличения военных грузов и сокращения перевозки хлеба налицо. Безусловно, это было одной из причин усиления нехватки продовольствия в центральных губерниях. Ведь именно южные губернии были крупными поставщиками хлеба. Важно отметить, что на это сокращение также и повлияло, то, что этот вид грузов шёл на экспорт через порты Азовского и Черного морей. Но Новороссийский порт подвергся массированной бомбардировке в начале войны. А затем его деятельность сократилась из-за закрытия Босфора и Дарданелл.

Документы Управления Владикавказской железной дороги подтверждают, что и в суровые месяцы Первой мировой войны служащие дороги продолжали выполнять свои обязанности и проявляли стойкость, выдержку и самоотверженность. Об этом свидетельствуют наградные листы и представления Управления дороги к государственным наградам и почетным званиям.

Уже в августе-сентябре дорога успешно справлялась со срочным формированием эшелонов с призывающимися на фронт, в том числе и для перевозки конных частей. Не имея подобного опыта, стали формироваться военно-санитарные поезда. А кисловодский курортный зал, сразу же был превращен в госпиталь для раненных. В 1915 г. дорога строит автомобильное шоссе для перевозки раненных к курзалу от станции.

16 октября 1914 года был подвергнут обстрелу германо-турецкими судами Новороссийск. Служащим дороги и порта пришлось несколько суток бороться с огненной стихией. Когда немецкие крейсера уничтожили все противопожарные средства порта, тогда железнодорожники стали переносить всё необходимое для тушения с товарной станции, в том числе и на собственных руках. Почти весь личный состав станции был представлен к государственным наградам.

Широко была распространена и благотворительность. В мастерских Владикавказской железной дороги был построен и оснащен на пожертвования жителей Ростова и Нахичевани санитарный поезд №89, рассчитанный на 420 раненных, курсировавший между Ростовом и Карсом.

По дороге шла перевозка не только раненных, но и пленных турок и беженцев армян из Персии. Они оставляли множество больных. На Владикавказской дороге были созданы изоляционно-пропускные пункты для фильтрации острозаразных больных. Фельдшеры и санитары дороги, организовали их прием, в том числе они отдавали и собственные служебные квартиры дороги. Но распространение тифа, оспы и холеры удавалось избежать.

Во время войны продолжалось строительство новых веток, которые позволяли расширить поставки необходимых грузов, в том числе нефти и угля. Были построены Терская линия, Донская, Кизлярская. С 1916 года в полном объеме вновь возобновилось регулярное пассажирское движения по линиям Владикавказской железной дороги. Рос объем перевозимых грузов. Так в 1916 году грузооборот Ростовской железнодорожной станции составил 160 233 пуда, а в 1917 г. – 226 116 пудов. Интересно, что сам начальник станции Н.Тризна одной из причин называл усилившуюся исполнительность и инициативность агентов дороги.

От работы железных дорог, этой важнейшей составляющей обороноспособности страны, зависело не только положение на фронте, но и в глубоком тылу. Газета «Приазовский край» в апреле 1917 г. пишет: «Расстройство транспорта отражается на обороне страны и на дороговизне продуктов первой необходимости, но пока оно не доведено до крайности, есть надежда пережить лихолетье войны». Однако, последующие революционные события изменили ситуацию не только в общественном сознании, но и в хозяйстве, в том числе и железнодорожном.

1.   ГАРО. Ф.26. Оп.1. Д.358.Л.11,18,39,49,60,67.
2.   ГАРО. Ф.26. Оп.1. Д.371.Л.8,11,12,35.
3.   ГАРО. Ф.26. Оп.8. Д.69.Л.9,11,23,25.
4.   ГАРО. Ф.26. Оп.8. Д.107.Л.35,83,258.
5.   Герасименко Б. Д. Очерки истории Новороссийска – Н., 2001. – С.71.
6.   Кригер-Войновский Э.Б. Записки инженера. Воспоминания, впечатления, мысли о революции. – М.: Русский путь, 1999. – С.45-49.
7.   Мамаева С.М. Ростов на Дону в годы I Мировой войны // Россия, Дон и Северный Кавказа в XIX – нач. XX вв. / Отв. ред. А.В. Венков. – Ростов-на-Дону, 1997. – С.38-39.
8.   Серый Ю.И. Промышленность и транспорт Дона в 1914-11917 гг.// Очерки экономического развития Дона (1861-1917). Ростов-на-Дону, 1960. – С.146-148.

9. Финансовые результаты эксплуатации Юго-Восточные железных дорог за десятилетие с 1906 по 1916 гг. Б. м. и г. С.9.

10. Хлыстов И.П. Дон в эпоху капитализма. - Ростов-на-Дону, Изд-во Ростовского университета. 1962. – С.194-195.

Легостаева Е.Е.
доцент кафедры хорового дирижирования и сольного пения
Курского государственного университета
kafedra_hd@mail.ru

ИСТОРИЯ ПАРТНЕРСКИХ СВЯЗЕЙ КУРСК – ШПАЙЕР НА ПРИМЕРЕ ТВОРЧЕСКОЙ ДЕЯТЕЛЬНОСТИ ХОРОВОЙ КАПЕЛЛЫ «КУРСК»

Лауреат Всероссийских и Международных конкурсов и фестивалей Хоровая капелла «Курск» была создана Е.Д. Легостаевым в 1987 году. Сейчас дирижер имеет множество регалий – Заслуженный работник культуры РФ, Заслуженный деятель искусств РФ, профессор, кандидат искусствоведения, профессор, заведующий кафедрой хорового дирижирования и сольного пения Курского государственного университета, Почетный гражданин г. Курска.

В 1991 году в истории капеллы произошло одно из самых «знаковых» событий: хор пригласили в Германию на гастроли в город-партнер Шпайер, столицу земли Рейланд-Пфальц. У этого приглашения была, конечно, своя предыстория. В 1990 году в Курске побывала делегация из Шпайера. Для нее планировалось по традиции организовать «сборный» концерт, но у главного режиссера отдела культуры В. Кутыкина и управляющей делами Городской администрации Т. Бахтиной возникла идея представить бургомистрату Шпайера сольный концерт капеллы в фойе Драматического театра. Они не ошиблись в своем выборе – концерт имел грандиозный успех. Сразу после него от бургомистра по культуре Р. Керна (кстати – прекрасного органиста) последовало предварительное приглашение капеллы на гастроли в Шпайер.

Поездка состоялась в мае 1991 года. Все затраты тогда взяла на себя областная администрация. От одной только дороги была масса впечатлений: поезд до Москвы, поезд «Москва-Берлин», электричка до Ганновера, автобус до самого Шпайера. Совершенно иная культура, немецкий менталитет, наконец, уровень жизни – все это произвело неизгладимое впечатление. Организована программа для курского хора была прекрасно: ежедневные концерты в самых престижных залах, как Шпайера, так и других городов – Хайдельберга, Сайга, Майнца, Пирмазенса, Бад-Берцаберна, интересные экскурсии по старинным замкам, музеям, паркам. Тогда в первый раз курян поразило то, что все центральные соборы в Германии одновременно являются и концертными залами, что для России нехарактерно. Видимо немцы понимают, что сама обстановка храма и великолепная акустика придают звучанию хора особый оттенок, подчеркивают его лучшие исполнительские качества.

Все концерты капеллы проходили при полном аншлаге. Во многом этому способствовала отличная реклама (достаточно сказать, что специально на концерты приезжали слушатели из соседних стран: Франции, Бельгии, Голландии, Швейцарии, Люксембурга). Каждый раз хор публика приветствовала стоя, к своему огромному удивлению мы увидели у многих, казалось бы, строгих и педантичных немцев слезы на глазах. «Русский хор растопил немецкие сердца» – эта фраза повторялась едва ли не в каждой рецензии на концерты в газетах. Кроме того, в г. Сайге капелла приняла участие в богослужении в католическом соборе. Это был едва ли не первый опыт совмещения католического обряда и православной музыки Естественно, никого не удивило то, что капеллу опять пригласили в Шпайер уже на следующий год.

Эти гастроли многим запомнились. Во-первых, капелла приняла участие в мероприятии Европейского Сообщества, на котором Шпайеру вручалась плакетта, как лучшему городу-партнеру Европы. Тогда же началась дружба со шпайерским Мотеттен-хором под руководством Мари-Терез Бранд, чьи певцы в основном и принимали курских музыкантов в своих семьях. База этого хора находится в прекрасном по красоте и акустике соборе Святого Йозефа, где капелла, находясь в Шпайере, обязательно дает хотя бы один концерт. Мотеттен-хор исполняет в основном произведения крупной формы с камерным оркестром или ансамблем, играющим на довольно высоком профессиональном уровне, но имеющим при этом статус самодеятельности. Имея хорошее материальное положение музыканты этого коллектива часто выезжают в другие страны, но в конкурсах не участвуют, т. к. уровень хоровых конкурсов как в России, так и за рубежом, всегда очень высок и требует от любительских хоров профессионализма и огромной самоотдачи. В том же 1992 году капелла была очень рада принимать шпайерских музыкантов в своих семьях в Курске. Для них была подготовлена разнообразная культурная программа, апогеем которой был совместный концерт в Городском Доме культуры (ныне это Польский костел) и вечер дружбы.

В 2004 году власти Шпайера наметили проведение грандиозной хоровой ассамблеи – Международного хорового конкурса-фестиваля «Партнерство без границ», посвященного 35-летию дружественных контактов Шпайера и Шартра (Франция). Сюда были приглашены помимо Хоровой капеллы «Курск» хоровые коллективы из Германии, Франции, Италии, Израиля. Интересно то, что название капелле придумали сами немцы. Вместо длинного названия «Хоровая капелла Городского Дома культуры и Музыкального общества Курской области» в одной из рецензий на концерт написали просто: Хоровая капелла «Курск». И Евгению Легостаеву и певцам хора новое лаконичное название понравилось. Так, с легкой руки одного из немецких критиков, капелла получила свое имя, которое гордо носит до сих пор.

Зная большие вокальные возможности капеллы, ей на фестивале была предопределена значительная роль, с которой наш коллектив великолепно справился. В Шпайер наш хор привез программу, составленную из настоящих шедевров русской хоровой музыки: сочинения Архангельского, Бортнянского, Гречанинова, Чеснокова, Чайковского, Рахманинова и других гениальных композиторов. Вторая часть программы была представлена практически только из произведений нашего выдающегося современника Г.В. Свиридова. Главная особенность подбора репертуара для этих гастролей состояла в том, что Хоровая капелла «Курск» представила в Шпайере наиболее сложные в исполнительском отношении сочинения.

Именно после выступления капеллы на заключительном концерте фестиваля от мэра города Шартра поступило совершенно неожиданное предложение совершить туда гастрольную поездку в мае 1995 года.

Помимо этого на фестивале была предусмотрена программа сводного хора, включающая сложнейшие сочинения А. Брукнера Graduale и Ave, Maria для хора a cappella и масштабные произведения в сопровождении симфонического оркестра: с 4-мя тромбонами Ecce sacerdos magnus и Te Deum В. А. Моцарта. На фестиваль был приглашен молодежный симфонический оркестр из Франции об уровне мастерства которого достаточно судить по тому, что он превосходно справился с виртуозным моцартовским произведением.

Впервые на Международный фестиваль, где выступала капелла, приехал мэр г. Курска И. Брыкайло, который был приятно удивлен, что курский хор имеет за рубежом такой высокий рейтинг. Тем более, капелла и здесь стала лучшим хоровым коллективом фестиваля, а Е. Легостаев – дирижером сводного хора. На счастье курский мэр не просто принял поздравления с победой от своих коллег бургомистров, но и по приезду подписал указ о выделении капелле зарплаты по 0.5 ставки при Городском Доме культуры. В жизни нашего хора это стало грандиозным событием, поскольку до 1994 года капелла работала на одном энтузиазме и даже за концерты ни руководитель, ни певцы ничего не получали.

В последующее время капелла с помощью приглашающей стороны старалась ежегодно выезжать на гастроли в Германию и Францию, организовав там фестивали памяти Г.В. Свиридова и «Шедевры русской хоровой музыки». Конечно, постоянно усложняющееся положение с финансированием все чаще стало отрицательно отражаться на концертной и конкурсной жизни коллектива.

В 2000 году Хоровая капелла «Курск» все же смогла принять участие во II Международном хоровом фестивале в Шпайере. «Бурными овациями было встречено певческое искусство Хоровой капеллы «Курск»... В репертуаре этого фантастического хора отражается мать-Россия во всем великолепии лирических и монументальных образов. Солисты хора предстали перед слушателями во всем «блеске голосов» - вот краткие выдержки из прессы. В фестивале участвовали профессиональные и любительские хоровые коллективы из Германии, Франции, Норвегии,

Англии, Израиля, Италии и Польши. Капелла в составе 30 человек показала 5 программ с широкой музыкальной палитрой: духовная музыка, русская и западная классика, народные песни, современная музыка и джазовые композиции.

Последней на сегодняшний день поездкой в Шпайер было турне капеллы в 2009 году в рамках 20-летия подписания соглашения между Шпайером и Курском. Это был рискованные гастроли, поскольку в составе было много начинающих певцов – студентов Курского государственного университета, который также помог с финансированием этой поездки. Но эти изменения в составе хора нисколько не отразились на качестве выступлений, в частности на сольном концерте в любимом коллективом Соборе Св. Йозефа.

За все годы творческого общения Хоровой капеллы «Курск» с городом Шпайером это общение переросло в тесную дружбу, не только между коллективом и Мотеттен-хором, руководителями Евгением Легостаевым и Мари-Терез Брандт, но и между курскими певцами и немецкими семьями. Это общение продолжалось даже в те годы, когда из-за финансовых проблем Хоровая капелла несколько лет подряд не выезжала за рубеж. Эта составляющая, на наш взгляд, не менее важна для партнерских связей между нашими городами. Хоровая капелла «Курск» несмотря на наше сложное время, всегда будет рада и дальше радовать жителей Шпайера своим высоким искусством.

Тезисы

В этом году исполнилось 25 лет партнерским связям Курск – Шпайер. Первые гастроли Хоровой капеллы «Курск» стали своего рода открытием творческих контактов между нашими городами. Музыкально-просветительская и концертная деятельность лауреата многочисленных Всероссийских и Международных конкурсов и фестивалей Хоровой капеллы «Курск» под руководством Заслуженного деятеля искусств, Заслуженного работника культуры РФ, кандидата искусствоведения, профессора, зав. кафедрой хорового дирижирования и сольного пения Курского государственного университета, Почетного гражданина г. Курска Е.Д. Легостаева является одной из тем нашего диссертационного исследования.

История Хоровой капеллы «Курск», руководимой Е.Д. Легостаевым, ранее не исследовалась. Многопрофильная деятельность этого хора оказывает огромное влияние на социокультурную ситуацию не только в нашем регионе, но и на российском уровне. В биографии коллектива также играют важную роль международные партнерские связи г. Курска с другими европейскими городами, в частности с г. Шпайером. Таким образом, тема нашей статьи является актуальной и требует дальнейшего углубленного изучения.

Аликберова А.Р.

ассистент Института международных отношений, истории и
востоковедения Казанского (Приволжского) федерального университета
Электронная почта: alfiakasimova@gmail.com

ОСНОВНЫЕ НАПРАВЛЕНИЯ РОССИЙСКО-КИТАЙСКОГО СОТРУДНИЧЕСТВА В ОБЛАСТИ НАУКИ НА СОВРЕМЕННОМ ЭТАПЕ

Составным элементом в развитии современных российско-китайских отношений является сотрудничество в области науки. В настоящее время этот вид взаимодействия приобретает особое значение в связи с развитием интереса к долгосрочным связям между образовательными и научными учреждениями двух стран и в связи с усилением интересов России в рамках ШОС и стран Восточной, Центральной и Юго-Восточной Азии.

Актуальность сотрудничества с образовательными и научными учреждениями Китая обуславливается целым рядом факторов, в числе которых – эффективное экономическое развитие КНР, растущая важность Китая как стратегического партнера России (РФ является основным поставщиком в Китай углеводородного сырья, пиломатериалов, вооружения), возрастающая потребность России в подготовке национальных высококвалифицированных кадров, в том числе и за рубежом.

Российско-китайское партнерство в данной области длится не один десяток лет, но за последние годы количество совместных проектов и разработок становится все больше. Необходимо отметить, что росту научно-технического сотрудничества способствовало создание соответствующей договорно-правовой базы. Основным и первым стало Соглашение между правительствами Китая и России о научно-техническом сотрудничестве, подписанное в декабре 1992 г. Следующим этапом – Соглашение между Правительством РФ и Правительством КНР о создании и организационных основах механизма регулярных встреч глав правительств России и Китая от июня 1997 г. И, конечно же, стоит отметить Российско-китайский договор о добрососедстве, дружбе и сотрудничестве (2001 г.).

В рамках данных документов было проведено несколько сессий Подкомиссии по научно-техническому сотрудничеству и в течение 4 лет было подписано 184 проекта [4]. А уже в 1995 г. Россия и Китай заключили Соглашение о создании китайско-российского консорциума – Центра науки и высоких технологий [8; 20]. Во время очередной встречи глав правительств двух стан в 2000 г. был подписан Меморандум о взаимопонимании между Министерством науки и техники Китая и Министерством науки и технологии России по сотрудничеству в области инновационной деятельности [6]. Таким образом, можно говорить, что создание российско-китайских инновационных структур еще один шаг на пути долгосрочного эффективного сотрудничества в научной сфере.

К началу XXI века наметилась новая тенденция создания российско-китайских центров, технопарков, которые должны стать опорными пунктами внедрения в производство результатов высокотехнологичных и инновационных исследований. В 2005 г. открылся Центр по изучению и развитию науки и техники, его созданием занимались Шэньянский промышленный институт, с российской стороны – Томский политехнический университет и Сибирское отделение РАН. Основной задачей Центра являются разработки в области космических и авиационных технологий, биоинженерия и энергетика [1; 227].

В настоящее время на территории Китая действует несколько российско-китайских технопарка в таких городах как Харбин, Яньтай, Цюйчжоу и Чанчун. Следует отметить, что на территории технопарка в Яньтай также действует российско-китайская база промышленного использования научных разработок, целью которой является продвижение инновационной продукции на рынок Китая [7; 10].

Одним из приоритетных направлений сотрудничества России и Китая является авиастроение. Обе стороны активно сотрудничают в рамках совместных проектов. Так, например, в 2004 г. российская сторона приняла участие в авиавыставке в г. Чжухай, в ходе которой было проведено заседание Комиссии по научно-техническому сотрудничеству. Тогда были рассмотрены предложения Росавиакосмоса по углублению взаимодействия РФ и КНР в развитии авиационной техники, проведение совместных фундаментальных исследований, производство бортовых интегрированных комплексов РЭО и гражданских самолетов и вертолетов.

В последние годы также можно говорить о том, что российско-китайское экономическое и научно-техническое развитие на территории России сосредоточено в двух центрах: первый – Дальневосточный и Сибирский федеральные округа, второй – в городах федерального значения. Именно там реализуются совместные межправительственные, межрегиональные проекты в области научных исследований и высоких технологий. Этому есть практическое объяснение, в этих центрах сложились наиболее благоприятные условия для быстрого и эффективного развития российско-китайских отношений в области науки и техники, чему способствовала тщательно разработанная договорно-правовая база: Федеральная целевая программа экономического и социального развития Дальнего Востока и Байкальского региона на период до 2013 г., Стратегия социально-экономического развития Дальнего Востока и Байкальского региона на период до 2025 г., Программа сотрудничества между регионами Дальнего Востока и Восточной Сибири РФ и Северо-востока КНР на 2009 – 2018 гг. [6]. Необходимо отметить, на Форуме АТЭС в 2012 г. этим вопросам было уделено особое внимание. Если говорить о городах федерального значения и их пригородах, как инновационных и научных центрах, то нельзя не отметить российско-китайский технопарк «Дружба», инновационный центр «Сколково», многофункциональный комплекс «Балтийская жемчужина», Консорциум «Центр науки и высоких технологий», «Российский Дом международного научно-технического сотрудничества» [3]. Научные учреждения России, сотрудничая с китайскими коллегами в сфере совместных научных исследований и разработок, также преимущественно ориентированы на академии наук и другие исследовательские центры северо-восточных провинций Китая.

В целом, Китай крайне неохотно допускает в свое научно-техническое пространство российских исследователей, но в свою очередь, активно привлекает их разработками и пользуется их результатами исследований. Недостаточная осведомленность руководства российских научно-исследовательских центров о приоритетах и формах действия Китая приводит к тому, что нередко научно-исследовательские центры РФ идут на невыгодные для себя формы сотрудничества, не соблюдают ключевой в российско-китайских отношениях принцип паритета интересов. В некоторых случаях совместные научные проекты приводят к односторонней передаче китайской стороне важной научной информации, интеллектуальной собственности, технологии реализации проектов.

Кроме того, говоря об академическом сотрудничестве в области науки и инноваций, необходимо отметить недостаточное количество квалифицированных специалистов и преподавателей, владеющих китайским языком в России и русским языком в Китае. По данным Центра стратегических исследований Китая недостаток профессиональных кадров в различных областях научно-технической и социально-политической жизни Китая в 2009 г. оценивался в 25-35%, а при сохранении такой тенденции к концу 2010 г. должен был возрасти до 50% [2; 146].

Таким образом, отношения России и Китая в области науки обладают огромным потенциалом развития. Вместе с этим уже сегодня наметились некоторые аспекты, требующие серьезного анализа, гибких реформ и определения приоритетных интересов России в научных проектах. Для дальнейшей поддержки и развития совместных научных проектов, необходимо тщательно разрабатывать стратегию долгосрочного, равноправного и взаимовыгодного российско-китайского сотрудничества.

Литература

1. Ларин В. Л. Российско-китайские отношения в региональных измерениях в 80-ые годы XX века – начало XXI века. М., 2005. 390 с.

2. Маслов А. А. Россия – Китай: этапы и проблемы образовательного обмена в XX - XXI вв. // Сотрудничество России

и КНР в сфере образования: анализ прошлого и перспективы будущего. М., 2009. С. 133-160.

3. Научно-техническое сотрудничество КНР с Санкт-Петербургом [Электронный ресурс]. – Режим доступа - URL: http://saint-petersburg.china-consulate.org/rus/kjhz/t311611.htm

4. Научно-техническое сотрудничество России и Китая. Газета Женьминь Жибао [Электронный ресурс]. – Режим доступа - URL: http://russian.people.com.cn/31857/33234/39566/2929145.html

5. Перспективы Дальневосточного региона: население, миграция, рынки. М., 1999. 96 с.

6. Президент России: http://www.kremlin.ru/

7. Сунь Ванху. Исходить из перспективных планов. Научно-техническое сотрудничество Китая со странами СНГ // Международная торговля (Гоцзи маои). Пекин, 2011. №6. С. 9-12.

8. Сырямкин В.И., Ваганова Е.В., Янь Б. Обзор российско-китайского сотрудничества в сфере научно-технической и инновационной деятельности // Инновационная Россия. 2011. №6 (152). С. 19 – 26.

Тонконоженко Н.Л.
к.м.н., доцент кафедры детских болезней педиатрического
факультета Волгоградского государственного медицинского университета
Клиточенко Г.В.
д.м.н., профессор кафедры детских болезней педиатрического
факультета Волгоградского государственного медицинского университета

ТЕРРИТОРИАЛЬНАЯ РАСПРОСТРАНЕННОСТЬ СУДОРОЖНОГО СИНДРОМА СРЕДИ ДЕТЕЙ РАННЕГО ВОЗРАСТА ГОРОДА ВОЛГОГРАДА

Цель: изучить зависимость распространенности и степени выраженности судорожного синдрома у детей раннего возраста от проживания в различных районах Волгограда.

Проведен анализ обращения и лечения в МУЗ ДКБ №8 детей раннего возраста (1-18 месяцев) из разных районов Волгограда с судорожными состояниями. В исследование были включены 80 впервые обратившихся детей без отягощенного анамнеза и наследственной предрасположенности к эпилепсии [2,38]. Проводилось также электроэнцефалографическое обследование [1,6]. В ходе анализа историй болезни распределение больных детей по районам города выглядело следующим образом: Дзержинский район - 16 человек; Центральный район – 3 человека; Ворошиловский район – 5 человек; Советский район – 6 человек; Касноктябрьский район – 6 человек; Красноармейский район – 23 человека; Кировский район – 4 человека; Тракторозаводский район – 14 человек.

Проведенное исследование электроэнцефалограмм показало, что патологические изменения выражались в большинстве случаев в виде высокоамплитудных вспышек медленных волн [3,24]. Показатели максимальной амплитуды медленных волн были наиболее выражены у детей, проживающих в Тракторозаводском районе, и составили для дельта-ритма 228,3±31,2 мкВ, для тета-ритма 130,9±27,4 мкВ. На втором месте по выраженности пароксизмальной активности оказались дети из Красноармейского и Дзержинского районов, где эти показатели составили соответственно 181,1±36,4 мкВ и 216,6±68,3 мкВ для дельта-ритма; 110,1±17,2 мкВ и 95,5±28,4 мкВ для тета-ритма. У детей из Краснооктябрьского района исследуемые показатели составили 169,3±62,2 мкВ для дельта-ритма и 101,7±45,5 мкВ для тета-ритма. Данные ЭЭГ детей Центрального, Советского и Кировского районов показали максимальную амплитуду вспышек дельта-ритма 168±54,3, 143±33,1 и 87±22,4 мкВ соответственно; тета-ритма - 81±24,8, 98±18,3, 83±21,1 мкВ соответственно.

Можно видеть, что наибольшее количество детей с впервые выявленным судорожным синдромом проживает в Красноармейском районе. На втором месте оказываются Тракторозаводский и Дзержинский районы. Исследование ЭЭГ также подтвердило большую степень выраженности патологических изменений пароксизмального характера у этих детей. Таким образом, наибольшую выраженность судорожные состояния у детей раннего возраста имеют в районах, характеризующихся деятельностью металлургической (Тракторозаводский) и химической (Красноармейский) промышленности [4,33].

Исследование выполнено при финансовой поддержке РГНФ и Правительства Волгоградской области в рамках проекта проведения научных исследований («Исследование особенностей развития инвалидизирующих заболеваний нервной системы детей в экологически неблагоприятных районах города Волгограда»), проект №14-16-34010.

Литература:

1. Клиточенко Г.В., Тонконоженко Н.Л. Детская электроэнцефалография: Методическое пособие / Волгоград: Изд-во ВолгГМУ, 2011. – 76 с.
2. Клиточенко Г.В., Тонконоженко Н.Л., Долецкий А.Н. Неэпилептические судорожные состояния у детей // Лекарственный вестник. – 2011. - №3 (43), Т.6. – С.37-41.
3. Клиточенко Г.В. Формирование деятельности корково-подкорковых структур головного мозга у детей, механизмы развития функциональных отклонений и их коррекция: Дисс. …д-ра мед. наук / Волгоград. гос. мед. ун-т. - Волгоград, 2010.
4. Численность населения Российской Федерации по муниципальным образованиям на 1 января 2013 года. — М.: Федеральная служба государственной статистики Росстат, 2013. — 528 с. (Табл. 33. Численность населения городских округов, муниципальных районов, городских и сельских поселений, городских населенных пунктов, сельских населенных пунктов).

Брин В.Б., Митциев А.К.

Брин Вадим Борисович – доктор медицинских наук, профессор, заведующий кафедрой нормальной физиологии, Северо-Осетинская государственная медицинская академия, г. Владикавказ, e-mail: vbbrin@yandex.ru;

Митциев Астан Керменович – кандидат медицинских наук, старший преподаватель кафедры нормальной физиологии, Северо-Осетинская государственная медицинская академия, г. Владикавказ, e-mail: digur1985@mail.ru.

МЕЛАКСЕН ОСЛАБЛЯЕТ ПОЧЕЧНЫЕ И ГЕМОДИНАМИЧЕСКИЕ НАРУШЕНИЯ ПРИ ЭКСПЕРИМЕНТАЛЬНОЙ ИНТОКСИКАЦИИ МЕТАЛЛАМИ

Широкое применение в промышленности привело к повышенному накоплению ксенобиотиков в окружающей среде. Наиболее распространенными элементами среди тяжелых металлов являются кадмий и свинец, которые, попадая в организм обладают мощной деструктивной активностью. В основе выраженного токсического действия металлов лежит их способность приводить к формированию оксидативного стресса, который реализуется посредством активации двух механизмов: первый механихм обусловлен прямым каталитическим влиянием ксенобиотиков на процессы липопероксидации, что приводит к чрезмерному образованию токсичных продуктов перекисного окисления липидов. Второй механизм связан с ингибированием системы антиоксидантной защиты и снижением активности таких ферментов как супероксиддисмутаза, каталаза и глутатионпероксидаза, что увеличивает восприимчивость клеточных мембран к токсическому влиянию свободных радикалов. [5,1210].

Основными мишенями токсического действия кадмия и свинца являются почки и сердечно-сосудистая система. Формирование окислительного стресса во внутренних органах, приводит к развитию функциональных нарушений, проявляющихся в виде увеличения объема диуреза, протеинурии, снижения осмолярности мочи, повышения экскреции основных ионов. Эти изменения преимущественно связаны с нарушением деятельности канальцевого аппарата почек. Со стороны сердечно-сосудистой системы основными проявлениями токсического действия ксенобиотиков являются артериальная гипертензия, ишемическая болезнь сердца, аортальный и коронарный атеросклероз [3,266; 4,76].

Таким образом, поиск эффективных средств профилактики токсического действия тяжелых металлов на сердечно-сосудистую систему и почки является актуальной проблемой современной медицины.

В качестве профилактического средства в условиях хронической кадмиевой интоксикации нами был выбран синтетический аналог гормона эпифиза - «Мелаксен» фирмы Unipharm-USA. Мелаксен оказывает выраженное адаптогенное действие, регулирует нейроэндокринные функции, снижает стрессовые реакции, оказывает иммуностимулирующее действие. Наличие у мелатонина кардио и нефропротекторного действия объясняется различными механизмами, основным среди которых является антиоксидантный эффект, направленный на ослабление проявлений оксидативного стресса [1,93].

Целью работы было изучение влияния внутрижелудочного введения мелаксена на изменения функционального состояния сердечно-сосудистой системы и почек у крыс в условиях интрагастрального введения сульфата кадмия и ацетата свинца.

Материал и методы исследования.

Работа проведена на крысах-самцах линии Вистар, массой 200-300 грамм. При проведении экспериментов руководствовались статьей 11-й Хельсинкской декларации Всемирной медицинской ассоциации (1964), «Международными рекомендациями по проведению медико-биологических исследований с использованием животных» (1985) и Правилами лабораторной практики в Российской Федерации (приказ МЗ РФ № 267 от 19.06.2003 г.).

Эксперименты проводились в 5 группах животных: 1-я группа – интактные животные; 2-я группа – животные с подкожным введением сульфата кадмия в дозировке 0,5 мг/кг (в пересчёте на металл); 3-я группа – животные с подкожным введением сульфата кадмия в дозировке 0,5 мг/кг и интрагастральным введением мелаксена в дозе 10 мг/кг; 4-я группа – животные с подкожным введением ацетата свинца в дозировке 40 мг/кг (в пересчёте на металл); 5-я группа – животные с подкожным введением ацетата свинца в дозировке 40 мг/кг и интрагастральным введением мелаксена в дозе 10 мг/кг

Крысы в течение эксперимента находились на стандартном пищевом рационе, имели свободный доступ к воде и пище в течение суток. Световой режим – естественный. По истечении времени эксперимента исследовали функциональное состояние почек, что включало определение диуреза (мл/час/100г), скорости клубочковой фильтрации по клиренсу эндогенного креатинина (мл/час/100г), канальцевой реабсорбции воды (%), осмолярности мочи, экскреции натрия, кальция, калия и белка с мочой. Определение гемодинамических показателей проводилось в остром эксперименте. Животные находились под тиопенталовым наркозом. Определялись следующие гемодинамические показатели: артериальное давление – инвазивно, путем введения в бедренную артерию пластикового катетера, заполненного 10% раствором гепарина и подключенного к электроманометру «ДДА». Показания регистрировались с помощью монитора МХ-04, распечатка данных велась на принтере «Epson-1050+». Рассчитывались среднее артериальное давление (САД) по формуле САД =ДД + 1/3 ПД, где ДД – диастолическое давление, ПД – пульсовое давление; частота сердечных сокращений (ЧСС) – с помощью монитора МХ-04. При измерении минутного объема крови через левую общую сонную артерию в дугу аорты вводился термистор МТ-54М. Физиологический раствор фиксируемой температуры объемом 0,2 мл вводился в правое предсердие через катетеризируемую правую яремную вену. Кривые термодилюции регистрировались на самописце ЭПП-5. По специальным формулам [2,68] рассчитывались сердечный индекс (СИ), ударный индекс (УИ) и удельное периферическое сосудистое сопротивление (УПСС). Результаты всех серий опытов обработаны статистически с применением критерия «t» Стьюдента на ПЭВМ Pentium-4 с использованием программы Prizma 4.0.

Результаты и обсуждение.

Результаты экспериментальных исследований позволили выявить однонаправленный характер изменений электролито-водовыделительной функции почек животных получавших свинец и кадмий, что проявлялось в виде увеличения объёма спонтанного диуреза относительно фоновых значений и было обусловлено выраженным снижением канальцевой реабсорбции воды.

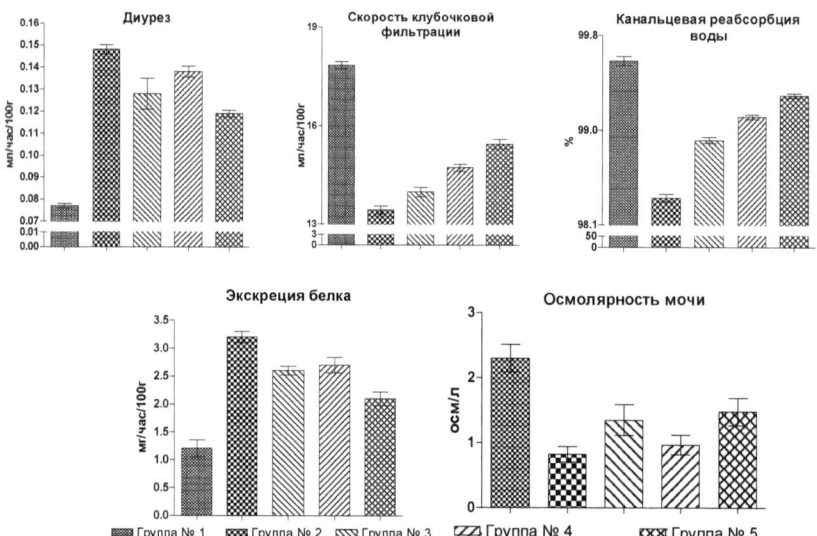

Рисунок 1. Влияние внутрижелудочного введения мелаксена на основные процессы мочеобразования, экскрецию белка и осмолярность мочи у крыс в условиях подкожного введения сульфата кадмия и ацетата свинца.

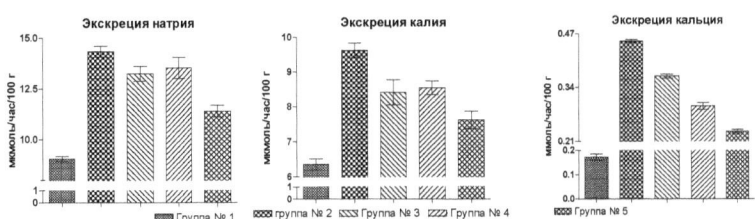

Рисунок 2. Влияние внутрижелудочного введения мелаксена на экскрецию натрия, калия и кальция у крыс в условиях подкожного введения сульфата кадмия и ацетата свинца.

Подкожное введение кадмия и свинца приводило к формированию выраженной протеинурии, сочетавшейся со значительным снижением осмолярности мочи относительно значений интактного контроля (рис.1). Ионовыделительная функция почек групп животных получавших изолированное введение кадмия и свинца характеризовалась повышением экскреции натрия, кальция и калия, относительно значений интактной группы животных, что было связано с наличием выраженных изменений в фильтрационном заряде и канальцевой реабсорбции катионов. Следует указать, что нарушения функции почек были более выражены в условиях хронической кадмиевой интоксикации.

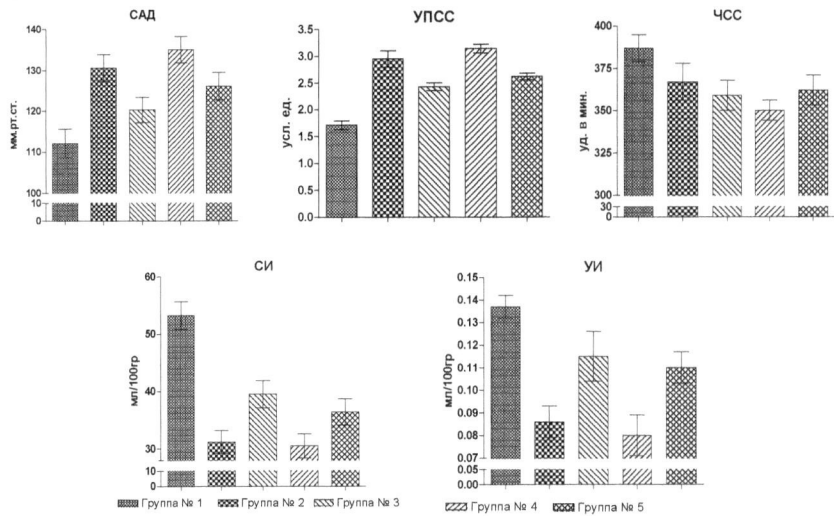

Рисунок 3. Влияние мелаксена на показатели системной гемодинамики у экспериментальных животных на фоне хронической интоксикации сульфатом кадмия и ацетатом свинца.

Применение мелаксена в условиях хронического отравления тяжелыми металлами оказывало выраженное профилактическое влияние, итогом чего явилось значительное снижение функциональных изменений почек относительно показателей группы животных получавших изолированное подкожное введение сульфата кадмия и ацетата свинца (рис.1; рис.2.).

Токсическое действие кадмия и свинца на сердечно-сосудистую систему характеризовалось выраженной гипертензивной направленностью изменений гемодинамических показателей, что проявлялось в виде повышения САД относительно значений интактного контроля, обусловленного увеличением УПСС. Совокупность реакций уменьшения УИ и тенденция к снижению ЧСС, относительно фоновых значений, приводили к достоверному снижению СИ в группе животных изолированно получавших ксенобиотики (рис.3). Применение мелаксена в условиях хронической свинцовой и кадмиевой интоксикации приводило к снижению выраженности гемодинамических нарушений, что характеризовалось восстановлением насосной функции сердца в виде повышения СИ и УИ относительно значений группы животных, изолированно получавших ацетат свинца и сульфат кадмия. Уменьшение УПСС относительно групп животных получавших только свинец и кадмий, приводило к снижению САД.

Таким образом, из вышеизложенного следует, что применение мелаксена в условиях хронической кадмиевой и свинцовой интоксикаций является эффективным способом коррекции кардио- и нефротоксического действия ксенобиотиков.

Литература

1. Арушанян Э. Б., Бейер Э. В. Гормон мозговой железы эпифиза мелатонин и деятельность сердечно-сосудистой системы. Сообщение 2. Влияние мелатонина на сердечную деятельность в норме и при патологии // Медицинский вестник Северного Кавказа. – 2011. – Т. 22. – № 2. – С. 90-95.

2. Брин В. Б., Зонис Б. Я. // Физиология системного кровообращения. Формулы и расчеты. – Изд-во Ростовского университета, – 1984. – 88 с.

3. Castro-González M.I., Méndez-Armenta M. Heavy metals: Implications associated to fish consumption Environmental // Toxicology and Pharmacology. – 2008. – Vol. 26, – P. 263–271.

4. Jomova K., Valko M. Advances in metal-induced oxidative stress and human disease // Toxicology, 2011. Vol. 283, P. 65-87.

5. Dai S., Yin Z., Yuan G. Quantification of metallothionein on the liver and kidney of rats by subchronic lead and cadmium in combination // Environmental Toxicology and Pharmacology. 2013. Vol. 36, P. 1207-1216.

Klimov N.Yu., Andreychikov A.V., Firsov M.A.

Nikolay Yu. Klimov, internship doctor, Department of Surgical Diseases named after Prof. Yu.M.Lubensky, SBEI HPE Krasnoyarsk State Medical University, scrubs22@yandex.ru;

Alexander V. Andreychikov, Professor, Department of Urology, Andrology and Sexology, Krasnoyarsk State Medical University, D.M., Professor, andrei4ikov@yandex.ru;

Mikhail A. Firsov, teaching assistant, Department of Urology, Andrology and Sexology, Krasnoyarsk State Medical University, Candidate of Medicine.

ANTHROPOMETRIC DISTINCTIONS OF PATIENTS WITH PROSTATE CANCER

Urgency. One of the most common oncological diseases in men is prostate cancer (PC). According to the frequency of occurrence among the causes of cancer death in men, it ranks second to bronchogenic lung carcinoma. [7] During the last 30 years, the incidence of prostate cancer increased significantly worldwide. Moreover, a change of the existing paradigm takes place at the present moment, according to which prostate cancer is highly androgen-dependent disease [8].

Objective: to establish the most common somatotype of patients with prostate cancer (PC) according to the index of Tanner and Rees-Eysenck body index.

Tasks:

1. to carry out anthropometry;

2. to compare the incidence of somatotype identified by Tanner and Rees-Eysenck indices in the group of patients with PC and healthy men of the same age;

3. to determine the Quetelet index in patients with prostate cancer and healthy men.

Materials and methods.

42 patients with morphologically confirmed diagnosis of prostate cancer were examined in the urology departments of Krasnoyarsk hospitals. Age of the patients - 46-91 years (middle age $69,3 \pm 2,6$). Standard anthropometry was made for all of them in 27 parameters [1-3] with the calculation of osteometric indices of Rees-Eysenck [3-4] and Tanner according to the known formulas [1-2, 6].

Anthropometric data taken from the healthy men of the same age were used as a comparison group [5]. Statistical data management was made using the Student's test and $\chi 2$. Differences were considered significant by criteria t (Student's test) and $\chi 2$ at $p < 0.05$.

Results.

Determination of patient somatotype by Rees-Eysenck index showed that men of pyknic type suffering from PC made up 41.5%, normosthenic type -39%, asthenic type - 19.5%. When comparing the frequency of patient somatotypes and men of the population there is a significant difference. These comparisons are shown on Figure 1.

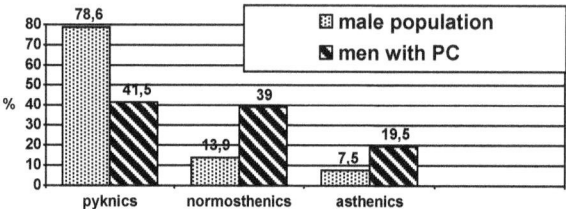

Fig.1. Comparison of the incidence of somatotypes according to the Rees-Eysenck index among patients with prostate cancer and male population

By distributing the patients into the somatotypes by index of Tanner - the index of sexual dimorphism - it was found out that gynaecomorphic males amount 65.6%, mesomorphic ones - 31.8% and andromorphic group made up 2.6%. Compared with the population norms - a striking contrast. Among the patients gynaecomorphic males prevail and andromorphic males are virtually absent (Fig. 2).

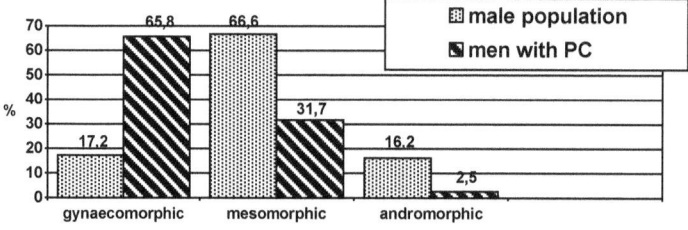

Fig.2. Comparison of the incidence of somatotypes according to the Tanner body index among patients with prostate cancer and male population

According to the foreign literature patients with PC, in comparison with male population are obese (Fontana S.L, et al., 2009; Moorthy K. et al. 2008). In our opinion, in recent times a wide spread attempt to explain that carcinogenesis is caused by food conditions in respect of prostate cancer is untenable because while comparing body mass index (BMI) of patients with prostate cancer we obtained the following results: patients with PC have BMI = 26, 51 ± 0, 62.

When compared with the population data (BMI = 25,6 ± 0,23; P> 0.05) there are no differences! Conclusion: patients with pathology of the prostate and men population are equally overweight.

Conclusions:
1. Among patients with prostate cancer gynaecomorphic and mesomorphic males are found predominantly but gynaecomorphic somatotype is the most frequently occurring. Mesomorphic type dominates among male population. Consequently, estrogens / androgens ratio is of direct relevance to the etiology of prostate cancer.
2. According to our findings: the more developed male characteristics (masculinity), the less prostate cancer probability.
3. According to the body mass index, patients with PC do not differ from the male population, and therefore, excess food and obesity have no relation to prostate cancer.

References

1.   Nikolaev V.G., Nikolaeva N.N., Sindeeva L.V., Nikolaeva L.V. *Antropologicheskoe obsledovanie v klinicheskoy praktike* [Anthropological examination in clinical practice]. Krasnoyarsk, LLC "Verso", 2007. p173.

2. Lukyanova I.E., Ovcharenko V.A. *Antropologiya* [Anthropology]. Moscow: INFA publ., 2008. p240.

3.   Nikolaev V.G., Sindeeva L.V. *Opyt izucheniya formirovaniya morfofunktsional'nogo statusa naseleniya Vostochnoy Sibiri* [The experience of studying the formation of the morphofunctional status of the population of Eastern Siberia]. Saratov Journal of Medical Sciences, 2010. Vol 6 no 2, pp 238-241.

4. Nikolaev V.G., Sharaykina E.P., Sindeeva V.P. Efremova V.A. *Metody otsenki individual'no-tipologicheskikh osobennostey fizicheskogo razvitiya cheloveka* [Evaluation methods of individual and typological features of human physical development]: learning aids, Krasnoyarsk, KrasGMA, 2005. p111.

5. Sindeeva L.V. *Harakteristika parametrov fizicheskogo razvitiya muzhskogo naseleniya starshih vozrastnyih grupp* [Characteristics of physical development parameters of the male population in older age groups]. Synopsis of the thesis, Krasnoyarsk, 2001. p28.

6. Tanner D. *Rost i konstitutsiya cheloveka* [Growth and constitution of the person]: trans. from English. / Harrison D., Uayner D., Tanner D., Barnikot N. Human Biology. Moscow, 1968. pp 247-326.

7. Lopatkina A.N. *Urologiya: natsionalnoe rukovodstvo* [Urology: national leadership]. Moscow, GEOTAR_Medif, 2009. p1024.

8.   Huggins C., Stevens R. E., Hodges C. V. Studies on prostatic cancer II. The effect of castration on advanced carcinoma of prostate gland. Arch Surg 1941; 43: 209-23.

Klimov N.Yu., Andreychikov A.V., Firsov M.A., Nosova L.G.

Nikolay Yu. Klimov, internship doctor, Department of Surgical Diseases named after Prof. Yu.M.Lubensky, Krasnoyarsk State Medical University, scrubs22@yandex.ru;

Alexander V. Andreychikov, Professor, Department of Urology, Andrology and Sexology, Krasnoyarsk State Medical University, D.M., Professor, andrei4ikov@yandex.ru;

Mikhail A. Firsov, teaching assistant, Department of Urology, Andrology and Sexology, Krasnoyarsk State Medical University, Candidate of Medicine.

Larisa G. Nosova - Assistant Professor, Department of Latin and Foreign Languages, Krasnoyarsk State Medical University, nosovalg@mail.ru

SOMATOTIPICHESKIE DISTINCTIONS OF PATIENTS WITH PROSTATIC ADENOMA

Urgency. One of the most common diseases in men in the second period of adulthood, in elderly and old ages is "Benign prostatic hyperplasia (BPH)." Moreover, if at the age of about 40-49 years, it occurs in 11.3% of men, after 80 years it is found in 95.5% [7]. The etiology of prostate adenoma (BPH) exists in the form of hypotheses and it's in many respects controversial.

Objective of the research: to establish the most common somatotype of patients with prostatic adenoma (PA) according to the index of Tanner and Rees-Eysenck body index.

Tasks:
1. to carry out anthropometry;
2. to compare the incidence of somatotypes identified by Tanner and Rees-Eysenck indices in the group of patients with PA and healthy men of the same age.

Materials and methods.
We examined 150 patients with morphologically confirmed diagnosis who were operated in the urology departments of Krasnoyarsk hospitals. The patients' age was 61-74 years (mean age 67, 7 ± 1, 3). Standard anthropometry was made to all of them in 27 parameters [1-3] with the calculation of osteometric indices of Rees-Eysenck [3-4] and Tanner according to the known formulas [1-2, 6].

Anthropometric data taken from the healthy men of the same age were used as a comparison group [5]. Statistical data management was made using the Student's test and $\chi 2$. Differences were considered significant at $p < 0.05$.
Results.

Determination of patient somatotype by Rees-Eysenck index showed that men of pyknic somatotype made up 47,4% (men of the population – 78,6%; $P<0,05$), normosthenic type -40,6% (13,9%; $P<0,05$), asthenic type - 12%(7,5%; $P<0,05$). When comparing the frequency of somatotypes among patients with PA and men of the population there is a significant difference.

Patients with BPH are presented in the majority by pyknic and normosthenic types, while among men of the population the pyknic somatotype considerably prevails.

Data of these comparisons are shown on Figure 1.

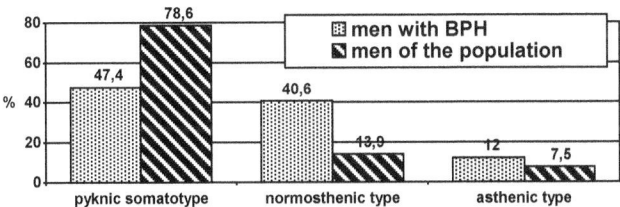

Fig.1. Comparison of the incidence of somatotypes by Rees-Eysenck index among patients with BPH and male population (% of the total number)

While identifying patient somatotypes by the index of Tanner it was found out that gynaecomorphic men amount 80,8% (men of the population - 17,2%; $P<0,05$), mesomorphic ones - 17,6% (66,6%; $P<0,05$) and andromorphic group made up only 1,6% (16,2%; $P<0,05$). In comparison with the population values there are striking differences. Gynaecomorphic men are in the majority among the patients and as for the andromorphic men - they are almost absent (Fig. 2).

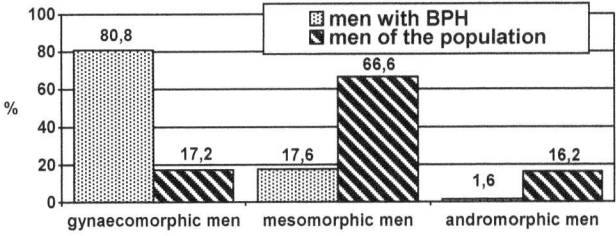

Fig.2. Comparison of the incidence of somatotypes by Tanner index among patients with BPH and male population (% of the total number)

Hence:

1. Among patients with BPH gynaecomorphic and mesomorphic groups are found predominantly. But gynaecomorphic somatotype is obviously dominating. Consequently, the balance of estrogen / androgen is of direct relevance to the etiology of the disease. We will dare to assume that PA is inherited in the same way, as expression of the gynaecomorphic features of the male constitution.

2. We state that male somatotype is directly related to the development of benign prostatic hyperplasia.

References

1.Nikolaev V.G., Nikolaeva N.N., Sindeeva L.V., Nikolaeva L.V. Antropologicheskoe obsledovanie v klinicheskoy praktike [Anthropological examination in clinical practice]. Krasnoyarsk, LLC "Verso", 2007. p173.

2.Lukyanova I.E., Ovcharenko V.A. Antropologiya [Anthropology]. Moscow: INFA publ., 2008. p240.

3.Nikolaev V.G., Sharaykina E.P., Sindeeva L.V., Efremova V.P., Sapozhnikov V.A. Metody otsenki individual'no-tipologicheskikh osobennostey fizicheskogo razvitiya cheloveka [Evaluation methods of individual and typological features of human physical development]. KrasGMA, 2005. p 111.

4.Nikolaev V.G., Sindeeva L.V. Opyt izucheniya formirovaniya morfofunktsional'nogo statusa naseleniya Vostochnoy Sibiri [The experience of studying the formation of the morphofunctional status of the population in Eastern Siberia]. Saratov Journal of Medical Sciences, 2010. Vol 6 no 2, pp 238-241.

5. Sindeeva L.V. Harakteristika parametrov fizicheskogo razvitiya muzhskogo naseleniya starshih vozrastnyih grupp [Characteristics of physical development parameters of the male population in older age groups]. Synopsis of the thesis, Krasnoyarsk, 2001. p28.

6. Tanner D. Rost i konstitutsiya cheloveka [Growth and constitution of the person]: trans. from English. / Harrison D., Uayner D., Tanner D., Barnikot N. Human Biology. Moscow, 1968. pp 247-326.

7. Lopatkina A.N. Urologiya: natsionalnoe rukovodstvo [Urology: national leadership]. Moscow, GEOTAR_Medif, 2009. p1024.

Кисиева З.А.

заочный аспирант кафедры патофизиологии ГБОУ ВПО «Северо-Осетинская государственная медицинская академии Минздрава   России», РСО-Алания, г. Владикавказ, ул. Пушкинская, 40, тел. (8672)53-76-61, e-mail: z.kisiewa@mail.ru

ЭКСПЕРИМЕНТАЛЬНАЯ ТЕРАПИЯ МОДЕЛИ АМИЛОИДОЗА У СИРИЙСКИХ ХОМЯКОВ

Введение. Амилоидоз – болезнь, которая характеризуется отложениями нерастворимых амилоидных фибрилл в разных органах и тканях, образующихся в результате наследственного или приобретенного нарушения метаболизма белков. Современные представления об амилоидогенезе предполагают выработку особого белка-предшественника амилоида под влиянием так называемого амилоидвысвобождающего фактора, продуцируемого макрофагами вследствие генетического дефекта или под воздействием стимулирующего агента [4,1185]. Считается, что к формированию амилоидоза приводят разнообразные дефекты в иммунной системе организма [6,78].

Амилоидные массы могут откладываться в любых органах и тканях, играют центральную роль в патогенезе болезней от которых страдают миллионы пациентов [8,131]. Они найдены также в сердечной мышце при кардиомиопатиях миокардитах и в скелетных мышцах при миозитах [1,42]. Однако процессы лежащие в основе аномальной агрегации белка и ее патологических проявлений при болезнях изучены еще недостаточно.

Заболеваемость амилоидозом составляет 8 случаев на миллион населения в год [7,179]. Уже сейчас амилоидозы – главная причина смерти после сердечно-сосудистых и раковых заболеваний.

Известны несколько способов лечения этой патологии, в том числе исследования с применением мелаксена [5,151], минеральной воды и янтарной кислоты [2,33; 3,101].

Нами, в целях экспериментальной терапии амилоидоза у сирийских хомяков был предпринят   способ одномоментного введения ацизола внутрижелудочно в дозе 30 мг/кг и милдроната подкожно из расчета 10%-5 мг/кг массы тела животного.

Цель   исследования: изучение терапевтического   влияния одномоментного введения милдроната и ацизола на морфо-функциональные показатели почек у сирийских золотистых хомяков с моделью экспериментальной амилоидной нефропатии.

Материалы и методы исследования. Работа проводилась на половозрелых самцах золотистых сирийских хомяков, массой 100-120г. Животные в течение эксперимента находились на стандартном пищевом рационе и имели свободный доступ к воде и пище в течение суток. Световой режим-естественный.

При проведении экспериментов руководствовались статьей 11-й Хельсинской декларации Всемирной медицинской ассоциации (1964), «Международными рекомендациями Европейской конвенции о защите позвоночных животных, используемых для экспериментов или в иных научных целях» (1986) и Правилами лабораторной практики в Российской Федерации (приказ МЗ РФ № 267 от 19.06.2003).

Сравнительный анализ исследованных показателей был проведен в 3-х группах животных:

- 1 группа, интактные животные;

- 2 группа, животные с однократным подкожным введением равнодолевой смеси овечьей плазмы и полного адьюванта Фрейнда из расчета по 0,2 мл в 5 точек инъекций.

-3 группа, животные с моделью экспериментальной амилоидной нефропатии, спустя 2 месяца после создания модели подвергнутые введению ацизола внутрижелудочно в дозе 30 мг/кг вместе с введением милдроната подкожно из расчета 10%-5 мг/кг массы тела животного.

Во всех группах животных после начала лечения исследовались функциональные и морфологические характеристики почек. Для изучения функций почек в условиях спонтанного диуреза животные на 30 и 60-й день эксперимента помещались в обменные клетки, где в течение 6 часов у них собиралась моча. Определялись:

- объем диуреза;

- скорость клубочковой фильтрации по клиренсу эндогенного креатинина и рассчитывалась канальцевая реабсорбция воды;

- содержание калия и натрия, методом пламенной фотометрии, с помощью пламенного фотометра ФПА-2;

- концентрация кальция на спектрометре СФ-26, с использованием набора «Кальций» ООО «Агат-Мед» (г. Москва, Россия).

- концентрация общего белка спектрофотометрически (СФ-26), с помощью реактива Фоллина.

По истечении времени эксперимента (60 дней) животных забивали с использованием тиопентала натрия с целью исследования гистологического строения тканей. Для морфологических исследований образцы тканей почек, фиксировали в 10% нейтральном формалине, после чего подвергали заливке в парафин с последующим приготовлением срезов толщиной 7-8 микрон. Срезы окрашивались гематоксилином, эозином, красным конго. Изучение срезов проводилось в проходящем свете при помощи микроскопа Микмед-1 под увеличением 80х200х800.

Таблица

Показатели электролито- и водовыделительной функций почек.

	Стат. Показатель	Диурез Мл/час/100	СКФ М/час 100	Реаб Сорбция %	ЕК Мкмоль /час/100	ENa Мкмоль /час/100	ECa Мкмоль /час/100	Фз Ca Мкмоль /час 100	Фз Na Мкмоль /час 100	Фз К Мкмоль /час 100	RCa %	R Na %	Белок Мг/мл
Фон (1)	M ± m	0,15 ±0,005	21,02 ±0,739	99,30 ±0,024	6,37 ±0,194	11,18 ±0,585	0,49 ±0,053	32,10 ±1,251	2705,32 ±99,12	91,19 ±4,24	99,49 ±0,140	99,58 ±0,018	0,88 ±0,02
амилоидная (2)	M ± m	0,11 ± 0,004	11,66 ± 1,400	99,05 ± 0,030	7,33 ± 0,324	5,85 ± 0,417	0,73 ± 0,078	14,15 ± 0,841	1548,73 ± 62,89	65,62 ± 4,02	94,84 ± 0,477	99,62 ± 0,030	3,20 ± 0,07
	p	*)	*)	*)	*)	*)	*)	*)	*)	*)	*)		*)
30 дней лечения милдронат и ацизолом	M ± m	0,14 ± 0,006	24,28 ± 1,323	99,42 ± 0,011	9,74 ± 0,550	8,43 ± 0,639	0,83 ±0,094	39,83 ± 2,119	3142,60 ±173,211	122,55 ± 7,404	97,93 ±0,230	99,73 ± 0,230	2,62 ± 0,107
	p	*) ; **)	*) ; **)	*) ; **)	*) ; **)	*) ; **)	*) ; **)		*) ; **)	*) ; **)	*) ; **)		*) ; **)
60 дней лечения милдронат и ацизолом (3)	M ± m	0,18 ± 0,007	33,27 ± 1,701	99,47 ± 0,012	7,01 ±0,471	15,51 ± 0,773	0,48 ±0,058	70,30 ± 4,146	4147,53 ±197,404	123,55 ± 3,320	99,30 ±0,091	99,62 ± 0,011	1,61 ± 0,071
	p	*) ; **)	*) ; **)	*) ; **)		*) ; **)		*) ;**)	*) ; **)	*) ; **)			*) ; **)

*) р ≤0,05 достоверное изменение относительно фона
**) р ≤0,05 достоверное изменение относительно амилоидных животных

Результаты и их обсуждение.

Анализ результатов исследования у золотистых сирийских хомяков с экспериментальным амилоидозом почек, моделированным однократным введением равнодолевой смеси нативной овечьей плазмы и полного адьюванта Фрейнда, с последующим внутрижелудочным введеним ацизола и подкожным введением милдроната, показал достоверное корригирущее действие препаратов на показатели процессов мочеобразования, водо- и электролитовыделительную функцию почек. Так, у животных с моделью экспериментального амилоидоза относительно интактных животных, отмечалось снижение объема диуреза, обусловленное уменьшением скорости клубочковой фильтрации, несмотря на некоторое снижение величины канальцевой реабсорбции, выраженная протеинурия, а также достоверное повышение калий и кальцийуреза, что было обусловлено для кальция снижением реабсорбции, несмотря на уменьшение фильтрационного заряда. Отмечено значительное снижение экскреции натрия и нарастание протеинурии более чем в 2 раза. Как указано ранее вышеперечисленные показатели свидетельствуют о развитии нефропатического типа экспериментального амилоидоза у животных. В качестве корригирующих средств, нами были выбраны милдронат 10%-5мг/кг массы тела животного, вводимый подкожно и ацизол 30 мг/кг массы животного вводимый интрагастрально.

Как показано в таблице, на 30 день введения вышеуказанных препаратов, имело место увеличение объема диуреза относительно показателя амилоидных животных, обусловленное ускорением клубочковой фильтрации с одновременным повышением величины канальцевой реабсорбции, повышением кальций и калийуреза, значительным нарастанием экскреции натрия, а также наблюдалось значительное снижение потери белка. В конце второго месяца, наблюдалось более выраженное увеличение объема диуреза, обусловленное повышением скорости клубочковой фильтрации более чем в 2,5 раза, несмотря на нарастание величины канальцевой реабсорбции. Снижение потерь белка было почти в 2 раза относительно показателя амилоидных животных. Имело место также достоверное повышение натрийуреза, снижение калий и кальцийуреза, что было обусловлено снижением реабсорбции кальция и увеличением фильтрационного заряда натрия и кальция. Перечисленные показатели приближались к показателям интактных животных. Полученные данные свидетельствуют об эффективном корригирующем влиянии смеси милдроната и ацизола на показатели основных процессов мочеобразования и экскрецию электролитов у животных с имеющейся моделью амилоидной нефропатии.

При гистологическом исследовании почек животных группы №3 была выявлена, активная регенерация капилляров и эндотелия клубочков почек. Количество амилоида в клубочках и в базальных мембранах канальцев было существенно меньше.

В миокарде под влиянием милдроната и ацизола выявлены положительные гистоструктурные характеристики в виде уменьшения отложения амилоида в кардиомиоцитах, стенках кровеносных и лимфатических сосудов микроциркуляторного русла. Выявлено снижение дисциркуляторных процессов в виде уменьшения гиперемии, плазматического пропитывания, отека пространств межуточного вещества.

В печени - уменьшение конгофилии стенок центральных вен печеночных долек, уменьшение очагов паренхиматозной и жировой дистрофии гепатоцитов. Частичное восстановление органоспецифической цитоархитектоники в форме пролиферации гепатоцитов с крупными гиперхроматическими ядрами. Имелись участки активного формирования характерных печеночных балок с регенерацией внутридольковых печеночных протоков.

Таким образом, результаты проведенного эксперимента позволяют сделать вывод, что, введение 10 % милдроната в дозе 5 мг/кг массы тела животного внутрижелудочно и ацизола из расчета 30 мг/кг подкожно при амилоидозе, сформировавшемся спустя 2 месяца от момента однократного введения равнодолевой смеси нативной овечьей плазмы и полного адьюванта Фрейнда из расчета 0,2 мл в 5 точек инъекций, является эффективным способом коррекции гистоструктурных и функциональных показателей почек у сирийских хомяков с экспериментальным амилоидозом.

Литература

1. Барсуков А. Шустов С. Шкодкин И. Воробьев С. Пронина Е. (2005) Гипертрофическая кардиомиопатия и амилоидоз сердца // Врач Вып. 10. С. 42–46.

2. Брин В.Б Влияние янтарной кислоты и сульфидной минеральной воды «Редант-4» раздельно и в их сочетании на функционально-структурное состояние почек при моделировании генерализованного амилоидоза нефропатического типа / В.Б. Брин, А.А. Габуева, К.М. Козырев // Кубанский научный медицинский вестник. -2010.- № 7(121). – С.33-37.)

3. Габуева А.А. Влияние сульфидной минеральной воды «Редант-4Р» на функцион. состояние почек при нефропатическом типе генерализованного амилоидоза /А.А. Габуева, В.Б. Брин, К.М. Козырев // Владикавказский медико-биологический вестник. -2009-2010. - Т.IX.- С. 101-104.

4. Goettea A., Roecken C Atrial amyloidosis and atrial fibrillation: a gender-dependent "arrhythmogenic substrate"? //European Heart Journal (2004) 25, 1185-1186.

5. Закс Т.В., Брин В.Б., Беликова А. Т., Козырев К.М. Патогистологиче ская характеристика экспериментального амилоидоза у золотистых сирийских хомяков. Влияние мелаксена. // Вестник новых медицинских технологий.-Тула, 2012.-Т. XIX, № 3.-С. 151-154.

6. Заалишвили Т. В., Брин В. Б., Козырев К. М. Способы моделирования амилоидоза у экспериментальных животных// Успехи современного естествознания. – 2005. – №2.– Изд-во Акад. естествознания, М. – С. 78-79.

7. Comenzo R.L.Managing systemic light-chain amyloidosis. J Natl Compr Canc Netw 2007; 5: 179-187

8. Uversky V.N., Fink A.L. Conformational constraints for amyloid fibrillation: the of being unfolded. Biochim. Biophys Acta 1698: 131-153

Брин В.Б.

профессор, д.м.н., зав. кафедрой нормальной физиологии Северо-Осетинской государственной медицинской академии, г.Владикавказ

Кокаев Р.И.

к.м.н., доцент кафедры нормальной физиологии Северо-Осетинской государственной медицинской академии, г.Владикавказ

romesh_k@mail.ru

ПРОФИЛАКТИКА АЦИЗОЛОМ НЕФРОТОКСИЧНЫХ ЭФФЕКТОВ ТЯЖЕЛЫХ МЕТАЛЛОВ В ЭКСПЕРИМЕНТЕ

Тяжелые металлы и их соединения, являются одними из основных экопатогенных факторов, оказывающих свое влияние практически на все органы и системы организма. Их накопление в организме приводит к различным нарушениям процессов обмена веществ: процессов окислительного фосфорилирования [5,325]; обмена жизненно важных электролитов [9,339]. Значительно подвержена повреждающему действию тяжелых металлов система выделения, а точнее почечный аппарат [4,247; 11,27; 12,221; 13,143; 14,113], что связано с высоким кровоснабжением почек и особенностями функционирования. Воздействуя на разные участки нефрона, металлы могут вызывать интерстициальный нефрит, иммуно-воспалительные заболевания почек, включая гломеруло- и тубулопатии [14,113]. Для солей ртути характерно развитие, как интерстициального нефрита, так и гломерулонефрита. Повышенное количество кобальта в организме может приводить к легочным отекам и кровотечениям [10,860], повышению клеточного показателя периферической крови и костного мозга. Токсичность металлов может быть обусловлена рядом общих и взаимосвязанных механизмов, таких как повышение активности перекисного окисления липидов (ПОЛ) [8,597], угнетение тканевого митохондриального дыхания [1,33; 3,92; 6,2017] генотоксическое действие [2,135; 7,147] и др., что наряду с прямым угнетающим действием на ферментные системы может нарушать работу транспортных механизмов клеточных мембран.

Нами была предпринята попытка изучить возможность профилактического влияния препарата ацизол на токсические эффекты тяжелых металлов с учетом патогенетических особенностей их влияния на организм. Ацизол является противогипоксическим средством, также обладающим антиоксидантными свойствами, а содержащийся в ацизоле цинк, устраняя его дефицит в организме нормализует метаболические процессы, связанные с работой цинк-зависимых ферментных систем.

Исходя из вышеизложенного **целью нашего исследования** было изучение профилактического влияния ацизола на водовыделительную функцию почек и активность ПОЛ на фоне длительного введения сульфата кадмия, хлорида ртути и хлорида кобальта.

Материалы и методы.

Трем группам крыс-самцов линии Вистар массой 150-300г вводили подкожно растворы солей металлов: сульфата кадмия (Cd), хлорида ртути (Hg) и хлорида кобальта (Co) в дозах: 0,1 мг/кг, 0,1 мг/кг, 4 мг/кг (в пересчете на металл), соответственно, каждый день в течение двух месяцев. Животным трех других групп профилактически вводили раствор ацизола через зонд в желудок на фоне введения солей металлов (Cd+Az; Hg+Az; Co+Az) ежедневно в дозе 30 мг/кг также в течение двух месяцев.

Исследуемые показатели определяли через 1 месяц и 2 месяца эксперимента у контрольных (Cd, Hg, Co) и опытных групп (Cd+Az; Hg+Az; Co+Az) животных и сравнивали их с соответствующими показателями интактных животных (фон).

Исследовали показатели водовыделительной функции почек при спонтанном шестичасовом диурезе: объем диуреза, скорость клубочковой фильтрации (СКФ) по клиренсу креатинина, % канальцевой реабсорбции воды (R_{H_2O}), концентрацию белка в моче по методу Лоури. Определяли показатели активности перекисного окисления липидов (ПОЛ): уровень малонового диальдегида, гидроперекисей, а так же компонентов антиоксидантной системы: активность каталазы, супероксиддисмутазы.

Полученные данные статистически обработаны с использованием t-критерия Стьюдента с использованием программы Microsoft Excel.

Результаты и обсуждение.

Введение тяжелых металлов приводило к изменениям водовыделительной функции почек во всех группах исследуемых животных. Общим для всех металлов было увеличение спонтанного шестичасового диуреза (табл.1), что в группах животных с изолированным введением сульфата кадмия и хлорида кобальта, начиная с первого месяца исследования, было обусловлено снижением R_{H_2O}, на фоне выраженного уменьшения СКФ, особенно у животных с введением $HgCl_2$. Повышение диуреза у животных с введением хлорида кобальта в первый месяц отмечалось за счет увеличения СКФ, а через два месяца, вследствие того же снижения R_{H_2O} на фоне уменьшенной СКФ. Все наблюдаемые изменения прогрессировали в соответствии со сроками исследования во всех группах.

Применение ацизола на фоне введения металлов изменило почечные проявления интоксикации. Так в группе Cd+Az высокие цифры экскреции воды, в оба срока исследования, отмечались на фоне повышения СКФ и менее выраженного снижения R_{H_2O}. Введение ацизола на фоне сулемовой интоксикации привело к уменьшению, в соответствующие сроки, степени роста спонтанного диуреза, снижения СКФ и R_{H_2O}. При сочетанном введении хлорида кобальта и ацизола достоверное уменьшение СКФ и

R_{H2O} отмечалось только через два месяца исследования, что также привело к увеличению диуреза.

Таблица 1. Влияние ацизола на водовыделительную функцию почек в условиях подкожного введения сульфата кадмия, хлорида ртути и хлорида кобальта в дозах: 0,1; 0,1; 4,0 мг/кг, соответственно. (М±м)

	Диурез мл/час/100г		КФ, мл/час/100г		R_{H2O}, %	
Фон	**0,116±0,006**		**10,5±0,70**		**98,86±0,076**	
Группы животных	Сроки исследования					
	1 месяц	2 месяц	1 месяц	2 месяц	1 месяц	2 месяц
Cd	0,146± 0,004*	0,17± 0,004*	9,35± 0,244	9,14± 0,20*	98,4± 0,045*	98,12± 0,037*
Cd+Az	0,18± 0,006* *)	0,223± 0,009* *)	12,97± 0,34* *)	12,30± 0,49* *)	98,60± 0,042* *)	98,18± 0,046*
Hg	0,178± 0,007*	0,197± 0,008*	7,17± 0,27*	5,52± 0,26*	97,5± 0,12*	96,36± 0,23*
Hg+Az	0,121± 0,0047 *)	0,167± 0,01* *)	8,36± 0,4* *)	8,35± 0,65* *)	98,5± 0,039 *)	97,97± 0,073* *)
Co	0134± 0,005*	0,153± 0,004*	12,8± 0,18*	7,13± 0,196*	98,95± 0,1	97,85± 0,18*
Co+Az	0,138± 0,005*	0,142± 0,003* *)	11,27± 0,52	8,23± 0,45* *)	98,77± 0,039	98,27± 0,073* *)

* - достоверные изменения относительно интактных животных
*) – достоверные изменения относительно опыта

Введение тяжелых металлов привело к прогрессивному, в соответствии с длительностью введения, увеличению концентрации белка в моче, что проявлялось в большей степени у животных с введением сулемы (рис. 1).

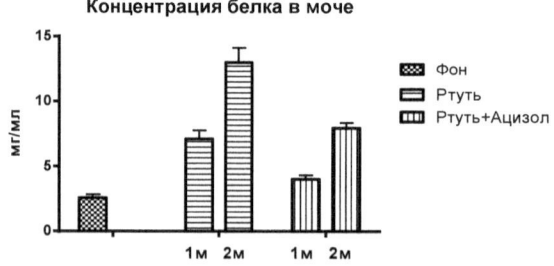

Рисунок 1. Влияние ацизола на изменение концентрации белка в моче на фоне введения хлорида ртути в дозе 0,1 мг/кг через 1 (1м) и 2 месяца (2м).

У животных с профилактическим введением ацизола протеинурия носила менее выраженный характер и в соответствующие сроки достоверно отличалась от протеинурии у животных с изолированным введением солей металлов.

Изменениям функций почек соответствовали сдвиги показателей активности перекисного окисления липидов (ПОЛ). Так количество продуктов ПОЛ, гидроперекисей и малонового диальдегида, в крови животных с изолированным введением солей металлов было значительно выше фона (табл. 2) уже через один месяц с прогрессивным увеличением через два месяца. В группах животных с сочетанным введением ацизола и тяжелых металлов увеличение малонового диальдегида в эритроцитах и гидроперекисей в сыворотке крови также носили прогрессирующий характер, однако достоверно значительно меньшей выраженности.

Таблица 2. Влияние ацизола на некоторые показатели активности ПОЛ и антиоксидантной системы в условиях подкожного введения сульфата кадмия, хлорида ртути и хлорида кобальта в дозах: 0,1; 0,1; 4,0 мг/кг соответственно. (М±м)

	Гидроперекиси, мкмоль/л		МДА, мкмоль/л		Каталаза, МЕ/1г Hb		СОД, % ингибирования	
Фон	2,039± 0,148		9,34± 0,32		4,15± 0,3		28,44± 0,95	
Группы животных	Сроки исследования							
	1 месяц	2 месяц	1 месяц	2 месяц	1 месяц	2 месяц	1 месяц	2 месяц
Cd	3,31± 0,061 *	3,67± 0,087 *	10,05± 0,37	11,79± 0,48 *	14,34± 0,3 *	11,99± 0,35 *	40,91± 1,09 *	38,5± 1,15 *
Cd+Az	2,46± 0,21 *)	2,75± 0,20 * *)	10,07± 0,27	9,94± 0,37 *)	12,62± 0,28 * *)	13,09± 0,18 * *)	42,21± 0,41 *	46,17± 0,69 * *)
Hg	4,04± 0,117 *	4,43± 0,11 *	22,3± 0,32 *	26,6± 1,32 *	7,03± 0,25 *	3,44± 0,37 *	33,5± 0,89 *	18,03± 1,07 *
Hg+Az	2,55± 0,059 *)	3,12± 0,124 * *)	17,7± 0,56 * *)	16,7± 0,53 * *)	5,9± 0,26 * *)	6,2± 0,17 * *)	26,2± 0,58 * *)	21,7± 0,61* *)
Co	3,05± 0,112*	3,83± 0,206*	8,87± 0,42	14,4± 0,38*	6,88± 0,54*	8,25± 0,27*	30,84± 1,13	33,1± 0,99*
Co+Az	2,2± 0,076 *)	2,72± 0,143*	9,84± 0,52	12,3± 0,29*	5,5± 0,32* *)	6,16± 0,42* *)	27,7± 1,06	31,6± 0,96*

* - достоверные изменения относительно интактных животных

*) – достоверные изменения относительно опыта

Антиоксидантную систему оценивали по активности каталазы и супероксиддисмутазы (СОД) в эритроцитах (табл. 2). Изолированное введение сульфата кадмия и, в меньшей степени, хлорида кобальта привело к увеличению активности каталазы, наряду с увеличением СОД в оба срока исследования. На фоне изолированного введения хлорида ртути в течение одного месяца, активность ферментов – каталазы и супероксиддисмутазы была достоверно выше, чем у фоновых животных, однако через два месяца активность, как каталазы, так и супероксиддисмутазы была ниже фоновой, что может быть либо признаком истощения, либо следствием прямого угнетающего действия ртути на ферменты.

При введении ацизола животным на фоне кадмиевой интоксикации (Cd+Az) также отмечено увеличение активности каталазы и СОД через 2 месяца, однако уровень активности каталазы был достоверно ниже, чем у крыс с изолированным введением соли кадмия, а активность СОД была выше, чем у животных в группе Cd. При сочетанном введении соли ртути и ацизола (Hg+Az) через один месяц эксперимента так же, как и при изолированном введении сулемы было отмечено реактивное повышение активности ферментов антиоксидантной системы – каталазы и СОД в эритроцитах. Через два месяца, в отличие от соответствующих показателей у животных группы с введением Hg, активность каталазы в эритроцитах оставалась выше фоновой, а СОД не отличалась от таковой у интактных животных. Выраженность компенсаторной активации антиокислительных систем у животных группы Co+Az была также выражена меньше, чем у животных с введением кобальта.

Выводы.

Общими во влиянии на функции почек у тяжелых металлов являются угнетение процессов мочеобразования (R_{H_2O} и СКФ), а также явление протеинурии, подтверждающие повреждения клубочкового и канальцевого аппаратов нефронов.

Одним из патогенетических механизмов повреждающего действия тяжелых металлов является активация процессов перекисного окисления липидов, что выражалось в увеличении концентрации продуктов окисления – гидроперекисей и малонового диальдегида при активации ферментов антиокидантной защиты.

Эффекты ацизола проявляются в уменьшении выраженности изменений, характерных для интоксикации тяжелых металлов. Так профилактическое применение ацизола практически нивелировало изменения концентрации гидроперекисей и малонового диальдегида в месячный срок исследования у животных групп Cd+Az и Co+Az и уменьшило их концентрацию через два месяца в сравнении с группами животных с изолированным введением металлов, что подтверждает антиокидантную активность и протекторное действие выбранного нами препарата – ацизол при интоксикации тяжелыми металлами.

ЛИТЕРАТУРА

De Boeck M., Kirsch-Volders M., Lison D.. Cobalt and antimony: genotoxicity and carcinogenicity // Mutat Res., 2003. Vol. 533. P. 135-152.

1. Franchitto N., Gandia-Mailly P., Georges B. et al. Acute copper sulphate poisoning. // Resuscitation, 2008 Jul. V. 78 (1). P. 92-96.

2. Fukumoto M., Kujiraoka T., Hara M., Shibasaki T. Effect of cadmium on gap junctional intercellular communication in primary cultures of rat renal proximal tubular cells // Life Sci. - 2001. - Vol. 69(3). – P. 247-254.

3. Jimi S., Uchiyama M., Takaki A. Mechanisms of cell death induced by cadmium and arsenic // Ann. N.Y. Acad. Sci. - 2004. – Vol. 1011. – P. 325-331.

4. Lund B.O., Miller D.M. Studies in Hg-induced H2O2 production and lipid peroxidation in vitro in rat kidney mitochondria. Biochem.Pharmacol., 1993; 45; 2017-24.

5. Malard V., Berenguer F., Pratt O. et al. Global gene expression profiling in human lung cells exposed to cobalt // BMS Genomics, 2007. Vol. 8. P. 147-164.

6. Mateo M.C., Aragon P., Prieto M.P. Inhibitory effect of cysteine and methionine on free radicals induced by mercury in red blood cells of patients undergoing haemodialysis. Toxicol.in vitro, 1994; 8; 4; 597.

7. Ohta H., Yamauchi Y., Nakakita M., Tanaka H. Relationship between renal dysfunction and bole metabolism disorder in male rats after long-term oral quantitative cadmium administration // Ind. Health. - 2000. – Vol. 38(4). – P. 339-355.

8. Steens W., Loehr J.F., Von Foerster G., Katzer A. Chronic cobalt poisoning in endoprosthetic replacement // Orthopade, 2006 Aug. V. 35 (8). P. 860-864.

9. Stinson L.J., Darmon A.J., Dagnino L., D'Souza S.J. Delayed Apoptosis Post–Cadmium Injury in Renal Proximal Tubule Epithelial Cells. // Am. J. Nephrol. - 2003. - Vol. 23(1). – P. 27-37.

10. Tang W., Shaikh Z.A. Renal cortical mitochondrial dysfunction upon cadmium metallotionein administration Spraque-Dawley rats // Toxicol. Environ Health A. – 2001. - Vol. 63(3). - P. 221-235.

11. Trzcinka-Ochocka M., Jakubowski M., Razniewska G. The effects of environmental cadmium exposure on kidney function: the possible influence of age // Environ. Res. - 2004. – Vol. 95(2). – P. 143-150.

12. Zalups RK. Molecular interactions with mercury in the kidney. Pharmacol Rev 2000; 52: 113-43.

13. Ганусова Г.В. Возрастные особенности активности NADP-зависимых дегидрогеназ и содержания цитохромов Р-450 и В5 в печени крыс при развитии оксидативного стресса, вызванного хлоридом кобальта // Вісн. Харк. нац. ун-ту ім. В.Н. Каразіна. Серія: Біологія, 2005. Вип. 1-2, № 709. С. 33–38.

Чернядьев С.А.

профессор, доктор медицинских наук. ГБОУ ВПО «Уральский государственный медицинский университет» Минздрава России.
МБУ ЦГКБ №1 Октябрьского района, г. Екатеринбург
Ушаков А.А.
кандидат медицинских наук. ГБОУ ВПО «Уральский государственный медицинский университет» Минздрава России.
МБУ ЦГКБ №1 Октябрьского района, г. Екатеринбург
Email: Alexeyushakov82@mail.ru

ОПТИМИЗАЦИЯ ХИРУРГИЧЕСКОЙ ТАКТИКИ У БОЛЬНЫХ ЖЕЛЧНОКАМЕННОЙ БОЛЕЗНЬЮ, ХОЛЕДОХОЛИТИАЗОМ, ОСЛОЖНЕННОЙ ОСТРЫМ ГНОЙНЫМ ХОЛАНГИТОМ

Гнойный холангит, как грозное осложнение желчнокаменной болезни, представляет собой комплекс органических и функциональных, общих и местных патологических изменений в организме, возникающих в результате развития инфекционного процесса в желчных протоках, на фоне холестаза. Это заболевание наблюдается у 17–83% больных холедохолитиазом, стенозом Фатерова соска, внутренними желчными свищами [2, 3, 4, 10]. У пациентов с посттравматическими стриктурами желчных протоков и с рубцовыми сужениями желчеотводящих анастомозов холангит выявляется более чем в 85% случаев [1, 7, 8, 12]. Летальность, по данным различных авторов, по–прежнему остается высокой, достигая 60% [5, 6, 9,11,13, 14, 16].

Лечение данной категории больных представляет значительные трудности, обусловленные наличием одновременно нескольких патологических процессов взаимно утяжеляющих друг друга: гнойного воспаления желчных протоков, механической желтухи и деструктивного холецистита.

Выполнение интраоперационной холангиографии в условиях гнойного холангита было противопоказано в связи с высоким риском развития септического шока и в дальнейшем полиорганной недостаточности, развивающихся в результате повышения давления в желчных протоках (более 250 мм вод. ст.), при котором возникает холангиовенозный и холангиолимфатический рефлюкс с массивным выбросом в системный кровоток бактерий и эндотоксинов [5 ,7, 8].

Представлены результаты лечения 177 больных с острым гнойным холангитом (ОГХ) за период с января 2007г по декабрь 2010г. Были проанализированы 68 историй болезни пациентов оперированных в клинике за период с 2007 по 2008 гг. Сроки от заболевания до госпитализации составило 69,4±55,4 часа. Средние время от поступления до оперативного пособия составили 35,8±30,2 часа. 58 больным (85,3%)

была выполнена санация холедоха из мини-лапаротомного доступа, завершенная наружным дренированием холедоха Т-образным дренажем. Конверсий доступа – 6 (10,3%). 8 пациентам выполнена ретроградная панкреатохолангиография дополненная эндоскопической папиллосфинктеротомией (РПХГ, ЭПСТ), в дальнейшем 2 пациента оперированы в связи с неэффективностью ЭПСТ. Холецистостомия выполнена в 2 клинических случаях, 1 пациент повторно оперирован с вмешательством на гепатикохоледохе, второй – умер в связи с прогрессированием билиарного сепсиса и ПОН.

Всем пациентам в послеоперационном периоде выполнялась фистулография на 5-7 сутки. Процент первичной санации гепатикохоледоха составил 35%. Летальность составила 10,2%.

Неудовлетворительные результаты лечения данной категории больных повлекли изменение тактики ведения больных с ОГХ. В 2009-2010гг в клинике оперировано 109 пациентов с ОГХ, 75% больных – старше 65 лет. В структуре пациентов у 38 (34,9%) – больных имело место сочетание деструктивного холецистита с острым гнойным холангитом (20 случаев – флегмонозный холецистит, 17 – гангренозный, 1 - перфоративный), 12 (11%) – с резидуальным холедохолитиазом. В 76,1% случаев выявлены клинические проявления ССВР при ОГХ, 9 пациентов поступили с тяжелым сепсисом, 5 - в состоянии септического шока. Благодаря активной тактике время от поступления до оперативного пособия сократилось до 10,2±7,7 часов. Структура хирургических вмешательств представлена в таблице 1.

Таблица 1.

Структура хирургических вмешательств у пациентов основной группы.

Вид операции	Количество пациентов, %
Лапаротомия, х/эктомия, и/или дренирование холедоха по Керу	11 (10,1%) из них у 4 – х холецистэктомия в анамнезе
МХЭК, Т-обр дренирование холедоха	74 (67,9%)
М-холедохолитомия, Т-обр дренир хол-ха	12 (11%)
М-холецистостомия, Т-образное дренирование холедоха	4 (3,7%)
РПХГ+ЭПСТ	8 (7,3%)

Наибольшие трудности выявления патологии гепатикохоледоха во время операции и решения тактических вопросов вызывали больные, у которых мы находили нормальные или узкие протоки (менее 10 мм). И выполненная им интраоперационная холангиография, по разработанной нами методике, явилась первоопеределяющей в постановке диагноза и решении тактических вопросов. Эта группа больных составила 32 (29,4%) наблюдения. Мы определили средний объем контрастного вещества равный 5 мл 12,5 % раствора урографина, необходимый для информативного контрастирования желчных протоков шириной менее 10 мм, с одной стороны, и не вызывающий повышения внутрипротокового давления выше 250 мм вод. ст., с другой стороны, что соответствует безопасному уровню давления для пациентов с гнойным воспалением желчных протоков и не вызывает заброса контрастного вещества (и желчи) в Вирсунгов проток.

Интраоперационная фиброхоледохоскопия выполнялась в 84 (77,1%) наблюдениях. Использовали адаптированные для инраоперационной санации желчевыводящих путей из мини-доступа укороченные петли Дормиа, разработанные в клинике. При необходимости интраоперационно привлекались врачи–эндоскописты. Сочетанное применение ИОХГ и интраоперационной фиброхоледохоскопии привело к повышению уровня первичной санации гепатикохоледоха равной до 75,6% (82 пациента).

Эффективность проводимой терапии оценивалась по клинической картине, данным лабораторных методов исследования, длительности пребывания пациентов в стационаре и летальности в группе. Данные представлены в таблице 2.

Таблица 2

Оценка эффективности лечения пациентов в основной и контрольной группах

Признак	Основная группа n=109	Контрольная группа n=68	P
Нормализация уровня лейкоцитов, сутки	5,08±0,9	9,12±0,7	$\leq 0,05$
Нормализация уровня билирубина, сутки	7,02±0,62	10,04±1,42	$\leq 0,05$
Койко-день	17,6± 0,96.	23,7± 1,2	$\leq 0,05$
Летальность	7,0 (6,4%)	7,0 (10,2%)	$\geq 0,05$

Таким образом, всесторонняя оценка методов оказания неотложной помощи пациентам с желчнокаменной болезнью, осложненной холедохолитиазом, острым гнойным холангитом в комплексе многообразия проявлений: клинических, лабораторных, интрументальных данных, позволила нам улучшить результаты лечения. Улучшения показателей удалось достичь путем снижения времени наблюдения пациентов до операции, выполнения ранней декомпрессии желчных протоков, благодаря чему удалось добиться регресса ССВР, гипербилирубинемии в течение более короткого времени, а также уменьшению койко-дня и тенденции к снижению летальности. Сочетанное применение интраоперационной холангиографии и интраоперационной фиброхоледохоскопии позволило достичь уровня первичной санации гепатикохоледоха равной 75,6%.

Список литературы

1. Al-Taie, O. Diagnosis and treatment of extrahepatic cholestasis / O. Al-Taie // MMW. Fortschr. Med. 2004. - Vol.146, N23. -P.38-40.

2. Leffler, J. Stenoses of the terminal choledochus: surgical treatment / J. Leffler, P. Poloucek, T. Krejci // Rozhl. Chir. 2003. - Vol.82, N4. - P.222 - 226.

3. Simadibrata, M. Obstructive jaundice due to cholelithiasis / M. Simadibrata // Acta. Med. Indones. 2004. - Vol.36, N4. - P.227.

4. Simeone A., Carriero A., Armillotta M. et al. Choledocholithiasis: semiotic and diagnostic accuracy of cholangiography with magnetic resonance // Radiol. Med. 1997. - Vol. 93, №5. - P. 561-566.

5. Ахаладзе, Г. Г. Гнойный холангит: вопросы патофизиологии и лечения.// Consilium-medicum. – 2003. – Приложение №1. – С. 3 – 8.

6. Вишневский, В.А. Острый обтурационный гнойный холангит./ В. А. Вишневский, А. Д. Джоробеков, П. Ф. Ганжа // Советская медицина – 1988. - №2. – С. 52 – 55.

7. Гальперин Э. И., Ветшев П. С. Руководство по хирургии желчных путей.- М.: Видар-М, 2006. • 568 с.

8. Гальперин Э.И., Волкова Н.В. Заболевания желчных путей после хо-лецистэктомии. М.: Медицина, 1988. - 272 с.

9. Гейниц, А.В. Лечение острого холангита. / А. В. Гейниц, Н, А. Тогонидзе, М. С. Атоян // Анналы хирургической гепатологии. – 2003. – Т.8. - №1. – С. 107 – 111.

10. Гостищев, В.К. Выбор дифференцированной тактики лечения больных острым холециститом, осложнённым гнойным холангитом / В.К. Гостищев, А.С. Воротынцев, А.В. Кириллин, Р.А. Меграбян // Русский медицинский журнал. 2005. - Т. 13., № 25. - С.1642 - 1646.

11. Ермолов, А. С. Диагностика и лечение обструктивного холангита. / А. С. Ермолов, Е. Е. Удовский, С. В. Юрченко, Н. А. Дасаев // Хирургия. – 1994. - №6. – С. 3 – 5.

12. Маев И.В., Самсонов А.П., Салова JI.М. и др. Диагностика и лечение заболеваний желчевыводящих путей: учебное пособие. М.: ГО-УВУНМЦ МЗ РФ, 2003. - 96 с.

13. Машинский, А. А. Гнойный холангит. / А. А. Машинский, А. Н. Лотов, С. С. Харнас, О. С. Шкроб // Хирургия. – 2002. - №3. – С. 58. – 65.

14. Рудковский, М. С. Острый гнойный холангит. / М. С. Рудковский, А. М. Рудковский. // Анналы хирургической гепатологии. – 1999. – Т.4. - №2. – С. 128.

15.   Савельев В. С., Гельфанд Б. Р. (ред.). Сепсис в начале XXI века. Классификация, клинико-диагностическая концепция и лечение. Патолого-анатомическая диагностика: практическое руководство. М.: Литтерра, 2006.- 176 с.

16.   Столин А.В. SIRSи билиарный сепсис у больных обтурационным гнойным холангитом / А.В. Столин, Е.В. Нишневич, М.И. Прудков // Тез. докл.XVI международного Конгресса хирургов-гепатологов стран СНГ «Актуальные проблемы хирургической гепатологии» .- Екатеринбург. 2009 .- С. 147 - 148.

Бобина Т.С., Слободчиков Е.А.
Уральский государственный горный университет, кафедра ГлЗЧС,
e-mail: bobina93@list.ru

ОПОЛЗНИ МОНАСТЫРСКОГО ЗАЛИВА ВОЛКОВСКОГО ВОДОХРАНИЛИЩА

Оползни возникают тогда, когда природными процессами или людьми нарушается устойчивость склона. Силы связности грунтов или горных пород оказывается в какой-то момент меньше, чем сила тяжести, вся масса приходит в движение, и может произойти оползание склона.

Под оползнем подразумевается как сам процесс, так и формы рельефа, возникающие в результате этого процесса. Оползни могут разрушать жилища и подвергать опасности целые населенные пункты. Они угрожают сельскохозяйственным угодьям, губят их и затрудняют обработку. Они создают опасность при эксплуатации карьеров и добыче полезных ископаемых. Так же угрожают водохозяйственным сооружениям, главным образом плотинам.

Сказанное выше говорит об актуальности исследований оползневых процессов для разработки мониторинга оползневых процессов во времени и пространстве, для принятия технических решений, направленных на сохранения литосферы как части окружающей среды.

В восточном береговом уступе Монастырского залива Волковского водохранилища рядом друг с другом расположены три оползня. Центральный из них назван Волковский. Севернее располагается Южномонастырский, названный так за то, что находится на южной окраине поселка Монастырка. Третий оползень тесно примыкает к Волковскому оползню с юга.

В статье рассмотрены только два: Волковский и Южномонастырский оползни.

Волковский оползень (1).

Оползень состоит из оползневой ванны и вложенного в нее оползневого тела.

Оползневая ванна имеет размер 150 X 140 м и ориентирована длинной осью перпендикулярно склону. Она ограничена бровкой уступа главного отрыва, имеющей, в общем, подковообразный вид, но состоящей из двух дуг (северный и южный), сочленяющихся посредством клина, вдающегося с востока в оползневую ванну. Тело оползня отделено от уступа оползневой ванны кольцевой промоиной, отводящей стекающие со склонов главного уступа талые и дождевые воды и заметно вытянуто в широтном направлении – от тыла к фронту. Вершина оползневого тела располагается вблизи его тыловой части и несет на себе фрагмент разрушенной оползнем дроги.

Фронтальная часть оползневого тела вдается в водохранилище и подвергается интенсивному размыву, в результате чего у береговой линии сформирована береговая отмель шириной до 5-7м.

Примечательной особенностью Монастырского оползня является причление к обоим дугообразным фрагментам главного отрыва двух флювиальных логов, выработанных временными водотоками вдоль разломных структур северо-восточного и юго-восточного простирания. При этом лог 1 довольно четко выражен в рельефе и своим устьем примыкает непосредственно к оползневой ванне. Лог 2, расположенный напротив резкого изгиба южной дуги главного отрыва, выражен в рельефе слабо, имеет очень пологий склоны и нечетко причленяется к оползневой ванне.

Оползневая ванна и оползневое тело обладают заметной асимметрией строения. Северный и южный склоны оползневой ванны, примыкающие соответственно к северной и южной ветвям бровки главного уступа, различаются степенью переработки склоновыми процессами. Северный склон ванны выположен и находится в гравитационно-устойчивом состоянии. Это указывает на его древность.

Южный склон оползневой ванны – крутой, обрывистый, без древесной растительности, в верхней части осыпающийся, в нижней – оплывающий , то есть он не приведен экзогенными процессами в гравитационно-устойчивое состояние. Это указывает на его молодость.

Само оползневое тело также обладает неоднородностью своего строения. Северная часть тела изрезана крутыми уступами, рытвинами, крутосклонными выемками и промоинами. Рытвинами здесь названы ложбины с отвесными склонами, обычно замкнутой формы, являющиеся результатом разрыва сплошности пород при разваливания оползневого тела. Промоинами здесь называются флювиальные открытые ложбины; они развиваются по рытвинам после переработки их водными потоками.

Интенсивным разрушениям подвержена фронтальная часть оползня. Она отделена от центральной части крупной, глубокой рытвиной, поэтому выглядит резко возвышающимся холмом. Его высота составляет 4 м. Этот холм пересечен большим количеством некрупных свежих рытвин различной ориентировки, свидетельствующих о продолжающемся движении и разрушении оползневого тела.

На поверхности северной части оползневой ванны встречаются старые прямостоящие живые и поваленные деревья. Но, в основном, на поверхности оползневого тела растут молодые примерно 15-летние деревья. В южной части оползневого тела они всегда прямостоящие, а в северной – бывают и дугообразно искривленные.

Южномонастырский оползень (2).

Южномонастырский оползень расположен на южной окраине пос. Монастырка города Каменск-Уральский и охватывает склон и засклоновую часть территории, прилегающей с востока к Волковскому водохранилищу. Оползень имеет форму трапеции, сильно вытянутой по высоте. Бо́льшее основание трапеции (фронт оползня) совпадает со склоном водохранилища и имеет размеры около 250 м, высота трапеции, ориентированная перпендикулярно склону водохранилища (длина оползня), имеет размеры около 450 м, а меньшее основание (тыльная часть оползня) – около 40 м. Оползень не имеет четкой оползневой ванны, поскольку практически отсутствует обычный для оползней резкий уступ, отделяющий оползневое тело от коренного склона. С севера оползень ограничен широтно ориентированной долиной ручья, впадающего в водохранилище, с юго-востока – невысоким слабо выраженным прямолинейным уступом северо-восточной ориентировки, отделяющим его от известного Волковского оползня, а с северо-востока – также сабо выраженным уступом северо-западной ориентировки.

Поверхность оползневого тела довольно ровная, в прифронтальной части слабо наклонена в сторону долины ручья, ограничивающего оползень с севера. Возможно северная часть оползневого тела представляет собой фрагмент 2-ой надпойменной террасы долины реки Исеть. Здесь располагаются жилые постройки с огородами.

Вся поверхность оползневого тела покрыта травяной и древесной растительностью и поэтому состав горных пород, слагающих склон и засклоновое пространство в районе оползня, определяется, в основном, по косвенным признакам. Только на фронте оползня в почти вертикальном склоне водохранилища обнажаются глауконит-кварцевые алевролиты и песчаники позднемелового возраста. По аналогии с геологическим строением присклонового пространства в районе рядом расположенного Волковского оползня [1], можно предполагать что под толщей глауконит-кварцевых пород залегает толща раннемеловых глин, прикрытая водами водохранилища. В северной части оползневого тела позднемеловые породы, по всей вероятности, прикрыты речными наносами. В южной, полого возвышающейся части, по составу почвы на грунтовых дорогах можно предполагать наличие глинистых неогеновых отложений.

Оползневое тело Южномонастырского оползня отделено от коренного склона тектоническими нарушениями дооползневого возраста. С севера оползневое тело отделено от коренного склона двумя, сочленяющимися под острым углом, разломами широтного простирания, по которым ручьем выработана ящикообразная долина, заполненная водой. Более крупный из этих разломов уходит на восток, далеко за пределы оползня, но в районе тыльной части оползня ящикообразная долина превращается в V-образную с постоянным водотоком. На всем протяжении ящикообразной долины ручья вдоль оползневого тела высота южного склона на несколько метров ниже высоты северного склона. Особенно это заметно в районе тыльной части оползневого тела.

С юго-востока оползневое тело отделено от коренного склона разломом северо-восточного простирания. Разлом фиксируется невысоким (высотой около 1.5 м) и пологим уступом, поверхность которого наклонена в сторону оползневого тела, рытвиной в северном склоне оползневой ванны Волковского оползня (которую он пересекает) и промоиной в ее засклоновом пространстве. По этому разлому фиксируется лево-сдвиговое смещение, свидетельствующее о выдвижении оползневого тела Южномонастырского оползня в сторону водохранилища. Параллельно этому разлому в южной прифронтальной части оползневого тела наблюдается еще несколько разломов, проявленных невысокими пологими уступами с приуроченными к ним воронками просасывания и промоинами в склоне водохранилища (на фронте оползня). Благодаря этим уступам поверхность оползневого тела полого погружается к его северной границе (к долине ручья). По этим разломам также проявляются лево-сдвиговые подвижки, в целом приводящие к выдвижению оползневого тела в сторону водохранилища и создающие выпуклую в плане форму фронта оползня.

Тыльная часть оползневого тела также отделена от коренного склона группой разломов субмеридионального и северо-западного простирания. Эти разломы фиксируются ложками в северном и южном склонах ящикообразной долины, а в оползневом теле – ложками, промоинами, воронками просасывания в верховьях ложков и промоин или на их продолжении. В этом же месте с севера к ящикообразной долине примыкает V-образный меридиональный лог с постоянным водотоком. От коренного склона оползневое тело здесь также отделено заметным пологим уступом.

Оползневое тело, по середине его длины, пересечено меридиональным разломом. Разлом фиксируется ложком в северном склоне ящикообразной долины, а в оползневом теле – глубоко врезанным логом с группой рытвин на его продолжении за верховьем. В районе этого лога располагается самая низкая часть поверхности оползневого тела. От этого места по направлению к водохранилищу отметки поверхности оползневого тела возрастают, до максимальных на фронте оползня.

Исходя из особенностей морфологии, типа ограничений и строения оползневого тела Южномонастырский оползень не может быть отнесен ни к одной из разновидностей оползней общепринятой классификации [2]. В связи с этим предлагается выделить новый тип оползней с названием "оползни выдвижения". Главной особенностью Южномонастырского оползня, как представителя этого типа, является выдвижение тектонического блока, ограниченного дооползневыми разломами по наклоненной в сторону водохранилища толще смоченных водой водохранилища раннемеловых глин. Скорость выдвижения оползневого тела небольшая, но немного больше скорости разрушения фронта оползня абразией Волковского водохранилища, поскольку фронт оползня плавной дугой вдаётся в водохранилище.

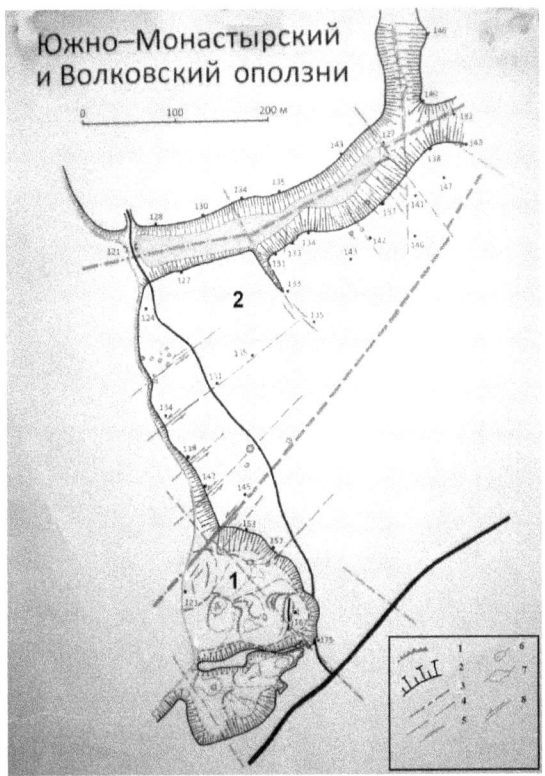

1 - бровка обрывистых склонов оползневой ванны и водохранилища; 2–выработанные гравитационно устойчивые склоны оползневой ванны и пологие уступы оползневого тела; 3-разрывные нарушения, перекрытые оползневым телом; 4-обводные промоины; 5-рытвины; 6-замкнутые выемки поверхности оползневого тела; 7-бугры и холмы поверхности оползневого тела; 8-разрывные нарушения с указанием направления смещения блоков

Библиографический список

1. Бобина Т.С., Слободчиков Е.А. Строение и история формирования Монастырского оползня с учетом новых данных (Средний Урал) — Материалы II Всероссийской научно-практической конференции

«Современные проблемы гидрогеологии, инженерной геологии и геоэкологии Урала и сопредельных территорий. Екатеринбург 2013. — С. 68-72.

2. http://ru.convdocs.org/docs

Зыкина Е.И.
ФГБОУ ВПО «Удмуртский государственный университет», г.Ижевск,
ассистент преподавателя, соискатель. zykinae@bk.ru

ОБРАЗОВАТЕЛЬНЫЙ ПОТЕНЦИАЛ ДИСЦИПЛИНЫ «ИНОСТРАННЫЙ ЯЗЫК В СФЕРЕ ЮРИСПРУДЕНЦИИ» В СТАНОВЛЕНИИ НРАВСТВЕННОЙ УСТОЙЧИВОСТИ СТУДЕНТОВ-БУДУЩИХ ЮРИСТОВ

Анализ современной ситуации в сфере высшего профессионального образования, а также на рынке труда, свидетельствует о том, что морально-нравственная культура представителей юридической профессии находится на недостаточно высоком уровне и не всегда соответствует требованиям, предъявляемым со стороны общества. В связи с этим, особую значимость приобретает создание в ВУЗах образовательной среды, способствующей формированию высоких нравственных качеств будущих юристов. Основными функциями высшего образования в этой связи является не только передача знаний и умений, а также воспитание профессионально-значимых личностных качеств будущих специалистов, необходимых для осуществления профессиональных компетенций [1,2]. В ФГОС ВПО по направлению подготовки 030900 Юриспруденция [3] прописаны сферы профессиональной деятельности бакалавров, их задачи, а также система общекультурных (ОК) и профессиональных компетенций (ПК), обеспечивающих успешное осуществление этой деятельности. Так, ФГОС ВПО представляет в качестве результата изучения дисциплины «Иностранный язык в сфере юриспруденции» овладение студентами бакалавриата необходимыми навыками профессионального общения на иностранном языке (ОК-13). Иными словами, образовательный процесс должен быть направлен не просто на изучение иностранного языка, а на формирование коммуникативных компетенций студентов в профессионально-ориентированных ситуациях, что в свою очередь предполагает использование языковых средств и профессиональной терминологии в условиях, требующих демонстрации определенных личностных качеств, а также умений и компетенций, приобретенных в ходе изучения других профессионально ориентированных дисциплин [4, 58]. Нам видится невозможным формирование данной компетентности изолированно от других, так как комплексное разумно-сбалансированное формирование общекультурных компетенций, на наш взгляд, оказывает наиболее эффективное и оптимальное влияние на студента как будущего юриста. В силу присущего дисциплине «Иностранный язык» комплекса образовательных, развивающих и воспитательных возможностей, она входит во все Федеральные государственные образовательные стандарты и является обязательной для всех специальностей и профилей высшего профессионального образования. Л.П. Ремизова отмечает что, синтез родного и иностранного языков расширяет общую культуру личности, владеющей этими языками. С помощью иностранного языка можно расширить тезаурус личности, используя содержательную составляющую языкового характера. Гуманизация современного высшего образования предполагает развитие общечеловеческих, общекультурных, нравственных, этических и эстетических качеств выпускников, формирование духовно богатой личности [5]. Предмет «Иностранный язык» является одной из дисциплин, которая позволяет непосредственно воспитывать и развивать эти качества.

Итак, предметом данной статьи является описание образовательного потенциала учебного курса «Иностранный язык в сфере юриспруденции» в становлении нравственной устойчивости у студентов – будущих юристов.

Представляется необходимым рассмотрение ключевого для данного исследования понятия «нравственная устойчивость». Сравнительный анализ определения понятия «нравственная устойчивость» в педагогической литературе [6,7,8,9,10] позволил сформировать свое собственное представление об этом понятии как педагогической категории: «нравственная устойчивость к противоправным действиям – это сложноорганизованная система внутренних психологических составляющих и свойств личности, проявляющееся *в положительном отношении* человека к существующим в обществе нормам закона, нравственным убеждениям и принципам; *в способности проявлять* «иммунитет» к негативным и стресогенным воздействиям среды; *в умении действовать* в различных ситуациях согласно законам и нормам».

Таким образом, мы считаем, что предмет «Иностранный язык» обладает достаточным образовательным потенциалом в становлении нравственной устойчивости как педагогической категории у студентов-юристов и может выступать одним из средств становления данного качества в силу своей интегративности. Это проявляется в следующем:
1. В ФГОС ВПО отсутствуют требования к содержанию того или иного учебного курса, поэтому дисциплина «Иностранный язык в сфере юриспруденции» относительно других обладает большими возможностями при отборе содержания. В этом и состоит значимость иностранного языка как учебного предмета. В процессе обучения рассмотрению и обсуждению подлежат темы, затрагивающие разнообразные аспекты человеческой деятельности. Включение нравственных ценностей в качестве материала позволяет воспитать у студентов убежденность в их значимости, положительное отношение к законам, нравственным принципам и нормам, способствует формированию правовой позиции, системы знаний о законном и незаконном поведении. С тем, чтобы воспитательное воздействие на студентов было более эффективным, отбор аутентичного содержания должен осуществляться с ориентацией на учебные

возможности, потребности и интересы студентов. Тексты должны носить проблемный характер, апеллировать к жизненному опыту и знаниям учащихся [11,27], нравственным принципам и нормам поведения. Более того, данная учебная дисциплина позволяет рассматривать тексты разного стиля: разговорный, публицистический, официально-деловой, художественный, максимально используя их воспитательное воздействие, которое приобретает всесторонний, полноценный, всеобъемлющий характер.

2. Спецификой предмета иностранного языка является то, что методическим содержанием процесса обучения должна быть его коммуникативность, т.е. речевая направленность. Участники процесса общения должны быть речевыми партнерами, занятие должно представлять собой акт творческого сотрудничества [12, 127]. Обучение в форме общения, речевого партнерства позволяет эффективно осуществлять воспитательное воздействие, а значит, в данном случае, оптимальным образом способствовать становлению нравственной устойчивости у студентов.

3. В процессе изучения иностранного языка в вузе студенты-первокурсники уже обладают основными знаниями языка, в частности английского, после его изучения в школе, поэтому данная дисциплина позволяет, прежде всего, работать на профессионально-ориентированном материале с определенным уровнем сложности в зависимости от задач. Однако необходимо учитывать, что в процессе обучения принимают участие студенты неязыкового факультета.

4. Дисциплина «Иностранный язык» дает возможность использования активных форм и методов обучения, способствующих становлению нравственной устойчивости (ролевые игры, инсценировки, составление диалогов, выполнение индивидуальных и групповых проектов, нравственно-ориентированные дискуссии, эссе-рассуждения и т.д.). В ролевых играх студенты принимают на себя роли, в которых они будут действовать после окончания университета: юриста, прокурора, адвоката, судьи, пресс-секретаря и т.д. Ситуации ролевых игр формируют у студентов умение рефлексировать собственную деятельность и поведение, способность понимать мир другого и отождествлять себя с ним, брать на себя ответственность за принимаемые решения [13, 72]. На занятиях студенты высказывают свое мнение, свое видение и отношение к обсуждаемой проблеме, что, несомненно, воспитывает такие качества, как инициативность, трудолюбие, настойчивость; приучает к отстаиванию своих взглядов и убеждений в логичной и аргументированной форме, уважению мнений окружающих, что способствует формированию целого комплекса общекультурных компетенций (ОК-3, ОК-4, ОК-5, ОК-8, ОК-9, ОК-11).

5. Изучение иностранного языка повышает общую языковую культуру выражения мыслей как на иностранном, так и на родном языке, а это, в свою очередь, благотворно влияет на развитие мыслительных и речевых способностей учащихся при изучении других предметов. Оно также развивает логическое мышление учащихся, поскольку само овладение языком связано с такими операциями, как анализ, синтез, сравнение, умозаключение [11, 30]. Последовательное нравственно-ориентированное обсуждение соответствующих текстов, которое подразумевает не просто повествование, а носит деятельностный характер, анализ и сравнение содержания этих текстов позволяют определить модели нравственного поведения, прогнозировать последствия законных и незаконных действий, разработать устойчивую модель нравственного поведения.

6. Владение иностранным языком рассматривается в качестве одного из показателей конкурентноспособности специалиста [4, 58], профессионализм которого основывается не только на знаниях и умениях, а также на нравственных принципах и нормах, на его способности организовывать, контролировать и управлять профессиональной, трудовой и общественной деятельностью в соответствии с требованиями закона, социально одобряемыми нормами и требованиями.

7. Дисциплина «Иностранный язык в сфере юриспруденции» обладает достаточными временными ресурсами, т.е. трудоемкость данного учебного курса в третьем и четвертом семестрах составляет четыре зачетные единицы, в то время как курс «Профессиональная этика юриста» составляет две зачетные единицы и адресована студентам-бакалаврам первого года обучения. Следовательно, учебная дисциплина «ИЯ в сфере юриспруденции» дает возможность студентам использовать ранее полученные знания и опыт, расширить систему знаний и представлений о нравственных нормах и ценностях, совершенствовать нравственные качества, сделать нравственные убеждения и поведение более устойчивыми.

Как гуманитарная и межпредметная дисциплина «Иностранный язык в сфере юриспруденции» играет особую роль в решении проблем воспитания в вузе и обладает значительным образовательным потенциалом, поэтому, на наш взгляд, она является одним из средств становления нравственной устойчивости у студентов-юристов. Рассмотрение данного вопроса позволяет заключить, что организованный подобным образом процесс обучения способствует: овладению основными морально-нравственными ценностями, формированию устойчивости к противоправным действиям и устойчивой нравственной позиции студента-юриста, становлению личности студента, соблюдающего законы и нравственные нормы. Мы пытались максимально использовать воспитательный и образовательный потенциал иностранного языка и рассмотрели лишь те аспекты обучения иностранному языку, которые являются значимыми для достижения цели - воспитание студента как гармонично развитой и нравственно-устойчивой личности.

Литература

1. Зеер Э.Ф., Заводчиков Д. Идентификация универсальных компетенций выпускников работодателем. // Высшее образование в России. – 2007.-№11. – С.39-46.

2. Зимняя И.А. Социальные компетентности выпускника вузов в контексте ГОСов высшего образования и проекта TUNING.// Высшее образование сегодня. – 2007.- №11. - С.22-27.

3. Федеральный государственный образовательный стандарт высшего профессионального образования по направлению подготовки 030900 Юриспруденция (квалификация (степень) «Бакалавр»)/Министерство образования и науки РФ [Электронный ресурс]. – URL: http://www.garant.ru/products/ipo/prime/doc/98430/ (дата обращения: 10.03.2014).

4. Исаева Т.Е. Культурно-образовательный потенциал иностранного языка в развитии личности специалиста в процессе получения высшего профессионального образования. // Труды РГУПС. - 2013. - №3 (24). - С.56-59.

5. Ремизова Л.П. Культурно-образовательный потенциал иностранных языков в системе подготовки специалистов в вузе (на примере английского языка): дисс. ... канд.пед.наук: 13.00.08/ Л.П.Ремизова. – Комсомольск-на-Амуре, 2002. – 203 с.

6. Головко Е.В. Формирование нравственной устойчивости младшего школьника к отрицательным влияниям микросреды: Автореф. дис. ... канд.пед.наук. Белгород, 2004. – 23 с.

7. Семенова Е.В. Формирование профессионально-нравственной устойчивости курсантов и слушателей ВУЗов МВД России: Автореф. дис. ... канд.пед.наук. - Тула, 2011.- 22 с.

8. Кононенко Т.В. Воспитание нравственной устойчивости у студентов педагогических вузов: Автореф. дис. ... канд. пед. наук. Майкоп, 2004. - 17 с.

9. Данилова В.А. Формирование нравственной устойчивости у студентов технического вуза: Автореф. дис. ... канд. пед. наук. Чебоксары, 2007. – 19 с.

10. Божович Л.И. О нравственном развитии и воспитании детей / Л.И. Божович, Т.Е. Конникова // Вопросы психологии. - М.,1975. - №1. - С. 80—89.

11. Рогова Г.В. Методика обучения иностранным языкам в средней школе. Г.В.Рогова, Ф.М. Рабинович, Т.Е. Сахарова. – М.- Просвещение, 1991. – 287 с.

12. Батурина О.А., Высотова И.Е. Педагогический потенциал иностранного языка как учебного предмета в формировании общекультурной компетентности студентов-бакалавров. // Вестник Томского государственного педагогического университета. - 2012. - №11(126). - С.125-128.

13. Ежова Т.В. Педагогический потенциал иностранного языка в формировании общекультурной компетентности студентов. // Вестник ОГПУ. – 2004. - №3(37). - С.68-72

Ускова И.И.,
кандидат филологических наук,
филиал ФГБОУ ВПО «РГЭУ (РИНХ)»
в г. Волгодонске Ростовской области

ПРОФЕССИОНАЛИЗАЦИЯ ЛИЧНОСТИ ОБУЧАЮЩЕГОСЯ ПОСРЕДСТВОМ ФОРМИРОВАНИЯ КОММУНИКАТИВНОЙ КОМПЕТЕНТНОСТИ

В настоящее время все чаще говорят о проблемах молодежи, связанных с трудоустройством по окончании вузов. Активная работа центров занятости населения, всевозможные встречи с работодателями, ярмарки вакансий и подобные мероприятия нацелены на то, чтобы помочь выпускнику найти возможность реализовать в профессиональной сфере те знания, умения и навыки, которые он получил в ходе обучения, чтобы быть востребованным на рынке труда. Актуальность проблемы очевидна: само время выдвигает особые требования к деятелю любого профиля. С определенным багажом теоретических знаний, выпускник вуза зачастую испытывает недостаток практических умений и навыков. А способами, методами организации общения не владеет даже теоретически. Методом проб и ошибок такой «специалист» нарабатывает опыт. Сейчас все чаще в списке требований к кандидатам на должность работодатели выдвигают следующее: наличие опыта работы обязательно. Что это означает? Наличие записи в трудовой книжке? Отнюдь нет. Любой организации нужен профессионально зрелый специалист. Специалист – это подготовленный человек, обладающий определенными профессиональными знаниями, умениями, навыками и личностными особенностями, необходимыми для выполнения профессиональной деятельности, самостоятельно вырабатывающий средства достижения поставленной ему цели, результат которой соответствует замыслу (установленному нормативу) [10]. Наиболее часто для обозначения успешного работника, специалиста используют слово профессионал. Однако мы придерживаемся более широкого понимания этого термина и знак равенства между специалистом и профессионалом не ставим. Если специалист только воспроизводит полученные, присвоенные умения и способы выполнения деятельности в любых ситуациях [1,9], то профессионал способен выйти за пределы собственной деятельности для ее анализа, оценки и последующей организации. Это человек, осознавший свое жизненное предназначение, являющийся субъектом своего труда и владеющий деятельностью в целом, осознавший свою нравственную ответственность за последствия реализации деятельности и обладающий свободой в создании средств ее выполнения [10,34]. Профессионализм есть результат самоактивности человека. Быть просто специалистом на сегодняшний день недостаточно. Приоритетом в любой области пользуется специалист, достигший профессиональной зрелости.

Профессионализм специалистов - это внутренний ресурс личности. Его детерминируют мотивы профессиональной самореализации [6]

Профессиональная зрелость характеризуется степенью психологической готовности к постоянному самоизменению, укреплению у себя "ресурса успеха" и уверенности в своих силах, отсутствие сопротивления инновациям, индивидуальную, социальную и экономическую ответственность, конкурентоспособность.

Профессиональная зрелость определяется, с одной стороны, **личностной зрелостью** (личность человека обычно оказывает позитивное влияние на ход профессиональной адаптации, поддерживает профессиональное мастерство, стимулирует творчество) [5,4; 7,249], с другой – **профессиональной компетентностью.**

Профессиональная компетентность понимается нами как совокупность дополненных коммуникативной компетентностью глубоких научно-предметных знаний, умений и навыков и способность реализовать их в заданной предметной области.

Коммуникативная компетентность – необходимая составляющая профессиональной компетентности. Она обеспечивает успешность осуществления основных профессиональных задач и задач общения, самореализации личности. Коммуникативная компетентность выражается во владении лингвистическими умениями, соблюдении специфических социально-культурных норм речевого поведения и психологических законов установления контактов между общающимися, поддержания благоприятной атмосферы, развития эмоционально-чувственной сферы личности [2,55].

Именно коммуникативная компетентность помогает специалисту, находясь в постоянном общении с другими людьми, организуя и направляя их деятельность, полностью реализовать свои профессиональные цели. Более того, это средство саморазвития личности, это «способ приобщения к профессиональной и общечеловеческой культурам, компонент социальных связей и один из показателей интеллигентности» [3,64].

Коммуникативная компетентность подразумевает развитую литературную устную и письменную речь, а также владение как минимум одним из распространенных в мире иностранных языков [9].

В условиях современной действительности русский язык переживает не лучшие времена: расшатывание литературных норм, вульгаризация речевой практики и языковая агрессия, экспансия разговорной речи, иностранизация речи. Специалисты зачастую приступают к профессиональной деятельности, не имея четких представлений о специфике общения как особого вида взаимодействия людей, об особенностях грамотной речи, стилистике современного русского языка.

Их речь бедна и убога. Некоторые даже не осознают того, что их бедная и убогая речь – показатель их мышления, поскольку бедность, серость, однообразие языка связывается с серостью и неоригинальностью мысли. Тем не менее все большее количество людей все же осознает критичность ситуации. Свидетельство тому – результаты проводимых в последнее время опросов [8,79].

Учитывая небольшой объем учебного времени, отводимого на изучение дисциплин «Русский язык и культура речи», «Культура речи и деловое общение» в нефилологических вузах, целесообразно принять выделение базовых и интегративных содержательных модулей курса, учитывающих специфику коммуникативных задач, с которыми столкнутся будущие специалисты в профессиональной сфере [4,32].

Вторая составляющая коммуникативной компетентности, как было указано ранее, – владение иностранными языками. Двадцать первый век назван ЮНЕСКО «веком полиглотов», поскольку и вступление стран в Европейский союз, и Положения Болонской декларации требуют от современного специалиста владения как минимум двумя иностранными языками. Специалист должен не только читать и понимать литературу по специальности, но и быть подготовленным к общению с коллегами из зарубежных стран, международной научно-исследовательской деятельности, возможности прохождения стажировок в зарубежных учреждениях. Но повсеместно применяемая экстенсивная методика обучения иностранным языкам студентов неязыковых вузов не в состоянии обеспечить практическое владение языком в той мере, которая требуется в нынешней ситуации.

Причины создавшегося положения, на наш взгляд, в следующем: нерациональное распределение учебных часов, отводимых на изучение языка; игнорирование различного уровня подготовленности абитуриентов; отсутствие у обучающихся стойкого интереса к языку как результат невидения студентом перспективности дальнейшего применения приобретаемых знаний, умений и навыков в иностранном языке.

Низкая концентрация учебных часов на 1-2 курсах, полное прекращение обучения иностранному языку начиная с третьего курса может быть компенсировано факультативами, специальными интенсивными программами обучения. Именно с третьего курса студент непосредственно приступает к изучению спецдисциплин. В этот момент не прекратить следует обучение языку, а усилить, активизировать, акцентируя внимание на профессиональной направленности обучения. Используя современные формы и методы обучения, компьютерные и мультимедийные технологии, необходимо создать преемственность в обучении иностранному языку между вузом и будущей профессиональной деятельностью.

Некоторая преемственность между школой и вузом, можно сказать, существует. Но те крупицы положительного, что она в себе несет, нейтрализуются недифференцированностью подхода к обучению первокурсников. Ориентация на некий усредненный уровень знаний и способностей приводит к тому, что более подготовленные студенты теряют накопленный потенциал. Следует учитывать уровень подготовленности и способностей абитуриентов и, проведя комплексное тестирование, формировать группы, например, трех уровней: начального, среднего, высокого (продвинутого). Работа с группами разного уровня, непрерывность языкового образования в течение всего вузовского обучения дает большие возможности для перехода от изучения иностранного языка как учебного предмета к его практическому применению в профессиональных целях.

Должное внимание к проблеме коммуникативной компетентности будет способствовать профессионализации личности специалиста.

Литература

1. Глуханюк, Н. С. Психологические основы развития педагога как субъекта профессионализации [Текст]: Автореф. дис. / Уральский государственный проф.-педагогический университет. – Екатеринбург: Уральский госуд. проф. – педагог. университет. – 2001.
2. Исаева, Т.Е. Классификация профессионально-личностных компетенций вузовского преподавателя [Текст] // Педагогика, 2006, №9.
3. Исаева, Т.Е. Совершенствование содержания лекции в вузе в ракурсе формирования коммуникативной компетенции специалиста // Русский язык и культура: духовное и нравственное начало в преподавании гуманитарных дисциплин в техническом вузе [Текст] // Труды всероссийской науч.-практ. конф. – Ростов н/Д: РГУПС, 2007.
4. Кашаева, Е.Ю. О проблемах преподавания курса «Русский язык и культура речи» в свете современной лингвокультурной ситуации / Е.Ю. Кашаева // Русский язык и культура: духовное и нравственное начало в преподавании гуманитарных дисциплин в техническом вузе [Текст] // Труды Всероссийской науч.-практ. конф. – Ростов н/Д: РГУПС, 2007.
5. Кузьмина, Н. В. Творческий потенциал специалиста: Акмеологические проблемы развития [Текст] / Н. В. Кузьмина // Гуманизация образования. – 1995. – № 1.
6. Портнова А.Г., Холодцева Е.Л. Влияние личностной и трудовой зрелости специалиста на достижение уровня профессионализма. 2-я международная научная интернет-конференция «Профессиональное самосознание и экономическое поведение личности» [Электронный ресурс] / http://konfep.narod.ru

7. Реан, А. А. Проблемы и перспективы развития концепции локуса контроля личности [Текст] / А. А. Реан // Психологический журнал. – 1998. – № 4.

8. Сагирян, И.Г. О состоянии культуры речи в студенческой среде / И.Г. Сагирян // Русский язык и культура: духовное и нравственное начало в преподавании гуманитарных дисциплин в техническом вузе // Труды Всероссийской науч.-практ. конф. – Ростов н/Д: РГУПС, 2007.

9. Татур, Ю.Г. Компетентность в структуре модели качества подготовки специалистов [Текст] // Высшее образование сегодня. – М, 2004, №3.

10. Холодцева, Е. Л. Конкурентоспособность в системе разноуровневых характеристик личности специалистов социальной сферы [Текст] / Е. Л. Холодцева. Дисс. на соиск. учен. степ. канд. психол. наук: 19.00.01. – Барнаул, БГПУ. – 2006.

Лебедева О.В.
к.п.н., доцент, Нижегородский государственный университет
Гребенев И.В.
д.п.н., профессор, Нижегородский государственный университет
lebedeva@phys.unn.ru

ПРИНЦИПЫ И ЗАКОНОМЕРНОСТИ ОРГАНИЗАЦИЯ ИССЛЕДОВАТЕЛЬСКОЙ ДЕЯТЕЛЬНОСТИ В УЧЕБНОМ ПРОЦЕССЕ

Исследовательское обучение активно развивается в зарубежной педагогической науке и применяется на практике. В частности, в настоящее время широко применяется в обучении как естественным, так и гуманитарным наукам Inquiry-based learning (IBL) или обучение, основанное на исследовании. Цель IBL состоит в том, чтобы вовлечь ученика в активное обучение, в идеале основанном на собственных вопросах. При изучении проблем учащиеся должны знакомиться с методами, которые используются учеными, и получать новые знания в качестве результата [1].

Анализ исследований зарубежных авторов показывает, что в основном рассматриваются формы организации исследовательского обучения, не ограниченные рамками классно-урочной системы. Это мастерские, некоторые варианты дистанционных технологий обучения (Wiki, интернет-среда для исследовательского обучения). Наибольшее распространение IBL имеет в США, в том числе в учебном процессе, организованном в школах. Однако, теоретических работ по проектированию этого метода в учебный процесс, в частности, по физике, не обнаружено, в основном приводятся примеры отдельных уроков с применением IBL. Видимо, эта ситуация типична для современного уровня развития теории исследовательского обучения как в России, так и за рубежом.

Для реализации требований, которые перед нами ставят новые образовательные стандарты, необходимо спроектировать целостный учебный процесс, в котором учащиеся систематично и последовательно включаются в исследовательскую деятельность, как на уроке, так и во внеурочных формах организации. Соответственно, необходимо разработать теоретическую модель проектирования и организации исследовательской деятельности в учебном процессе, в которой нужно обеспечить преемственность при переходе с одного уровня школьного образования на другой, а также вклад каждой учебной дисциплины с учетом специфики изучаемых предметов. Дидактическая теория организации исследовательского обучения как единая продуктивная конструкция, вряд ли может быть создана, поскольку в тех науках, учебными копиями которых являются наши предметы, содержание и методы исследований совершенно различны. Дидактическая теория организации исследовательской деятельности на уроке является контекстно-зависимой, т.к. должна учитывать специфику изучаемого предмета, в частности, используемые в соответствующей науке методы исследования [2].

Такая теория должна включать в себя принципы организации исследовательской деятельности, алгоритмы отбора методов обучения для различных дидактических ситуаций, указания на способы выбора оптимальных сочетаний форм организации обучения, методику формирования УУД на уроках, специфические способы эффективного применения учебного оборудования и УМК.

Принципы организации исследовательской деятельности в учебном процессе, включающие как общедидактические нормы, так и принципы, специфические для методики предмета, составляют, наряду со спецификой предметного содержания и конкретных методов исследования в предметной области, основание разрабатываемой дидактической теории и описаны нами ранее [3].

В качестве **первой** выделенной нами **закономерности организации исследовательского обучения** укажем *закономерность непрерывного развития ориентировочной основы исследовательской деятельности* и последовательного формирования системы исследовательских элементов учебной деятельности учащихся. Выделенная закономерность реализует принципы познавательной активности учащихся, сотрудничества учащихся и педагога в исследовательской деятельности, сочетания исследовательской деятельности на уроке и во внеурочных формах обучения. Выделенная закономерность реализует принципы систематичности и последовательности, сотрудничества учащихся и педагога в исследовательской деятельности, сочетания исследовательской деятельности на уроке и во внеурочных формах обучения, междисциплинарной интеграции.

Второй важнейшей закономерностью в разрабатываемой нами теории является необходимость *дидактического проектирования исследовательской деятельности,* закономерная связь отобранного содержания, методов обучения и форм его организации с уровнем проектируемой исследовательской деятельности учащихся. Выделенная закономерность следует из следующих принципов организации исследовательской деятельности: научности, контекстности, рационального сочетания индивидуальных и коллективных форм обучения. Наиболее актуален принцип контекстности, который наряду с принципом научности позволяет провести анализ содержания обучения физике и выделить содержание, на котором возможна организация исследовательской деятельности, определить уровень самостоятельности учащихся при ее выполнении. Полный цикл, полный набор исследовательских действий учащихся не может быть реализован всегда, при любом содержании, независимо от контекста. Для учебного предмета «физика», в максимальной степени из всех школьных предметов близким базовой науке, принципиально важно положение изучаемого элемента содержания в структуре теории (эмпирическое основание, теоретическое ядро, выводы и следствия).

В учебном процессе, включающем в себя исследовательскую деятельность учащихся, проектируется три аспекта:

– предметное содержание ученических исследований, логика его развертывания;

– деятельность учащихся, включенных в учебное исследование и её развитие;

– необходимые формы взаимодействия учитель – ученик, ученик – ученик, групповые, индивидуальные, фронтальные формы обучения.

Третья закономерность определяет роль вводимых элементов *исследовательской деятельности в формировании общеучебных умений и развития личности учащихся,* детализирует принципы прочности результатов обучения и развития познавательных сил учащихся, наглядности обучения и развития теоретического мышления учащихся, междисциплинарной интеграции. Реализация разработанной модели организации исследовательской деятельности в учебном процессе позволит повысить эффективность усвоения предметного содержания, т.е. обеспечить предметные результаты образовательных программ, развивать мотивацию к обучению и целенаправленной познавательной деятельности, формировать коммуникативную компетентность в общении и сотрудничестве со сверстниками и взрослыми.

Подчеркнем, что для организации учебного процесса, позволяющего сформировать у выпускников школ достаточный уровень исследовательских умений, навыков учебно-исследовательской деятельности необходимо:

во-первых, разработать его теоретическую модель и соответствующую методику организации учебного процесса[4];

во-вторых, организовать подготовку учителя к реализации разработанной методики, как в процессе получения высшего профессионального образования, так и в процессе повышения квалификации;

в-третьих, управлять учебно-воспитательным процессом, обеспечивая поэтапное и последовательное включение учащихся в исследовательскую деятельность в образовательном процессе на всех ступенях обучения в школе через предметное содержание каждой дисциплины с учетом ее специфики на уроках и внеурочную деятельность.

Литература:

1. Kirschner, P. A., Sweller, J., and Clark, R. E. (2006). Why minimal guidance during instruction does not work: an analysis of the failure of constructivist, discovery, problem-based, experiential, and inquiry-based teaching. *Educational Psychologist* **41** (2): 75–86. doi:10.1207/s15326985ep4102_1.
2. Гребенев И.В. Дидактика предмета и методика обучения// Педагогика, 2003, №1, с.14-21.
3. Лебедева О.В. Принципы организации исследовательской деятельности в учебном процессе по физике в средней школе // Наука и школа. – 2012. - № 4. – С. 113 – 116.
4. Лебедева О.В., Гребенев И.В. Проектирование и организация исследовательской деятельности учащихся в учебном процессе // Педагогика. – 2013. - № 8, С. 52-58

Витовтов И.Г., Попов В.Г.

Витовтов И..Г. – доцент, к.ф.-м.н., доцент кафедры вычислительной техники Челябинского института путей сообщения – филиала федерального государственного бюджетного образовательного учреждения высшего профессионального образования УРАЛЬСКИЙ ГОСУДАРСТВЕННЫЙ УНИВЕРСИТЕТ ПУТЕЙ СООБЩЕНИЯ

Попов В. Г. - доцент, к.т.н., доцент кафедры вычислительной техники Челябинского института путей сообщения – филиала федерального государственного бюджетного образовательного учреждения высшего профессионального образования УРАЛЬСКИЙ ГОСУДАРСТВЕННЫЙ УНИВЕРСИТЕТ ПУТЕЙ СООБЩЕНИЯ

Витовтов И. Г. - vitovtovig@gmail.com
Попов В. Г. – pvg-chel@mail.ru

БЕРЕЖЛИВОЕ ОБУЧЕНИЕ В ОТРАСЛЕВОМ ВУЗЕ

ВВЕДЕНИЕ

Система бережливого обучения, как элемент любой бизнес-стратегии, реализующей принципы бережливого производства, направлена на выявление и устранение потерь для увеличения производительности труда, в конкретном случае – производительности обучения.

В [1] отмечается, что ключевые факторы бережливого обучения (LEAN+Training) принципиально не отличаются от факторов бережливого производства и включают в себя:

- выявление и устранение потерь в обучении;
- непрерывный поток обучения;
- время такта и продолжительность цикла;
- вытягивающее обучение;
- стандартизация учебного процесса;
- 5s – организация рабочего (учебного) места (класса);
- визуализация учебного процесса;
- осведомленность и вовлечение обучающихся;
- кайзен – непрерывное улучшение.

Обучение само по себе является своеобразным производственным процессом, в ходе которого некоторому «продукту» (обучаемому) сообщается добавленная стоимость (знания и навыки). Отличие обучения как процесса от иных видов производства заключается, в первую очередь, в трудности измерения отдачи вложенных средств, а также в активном воздействии «продукта» (обучаемых) на процесс.

Принцип бережливого производства во главу угла ставит минимизацию, а в идеале - полное исключение потерь. Это полностью соответствует запросам потребителя (заказчика), который готов платить деньги только за те составляющие производственного процесса, которые реально добавляют стоимость продукту.

Однако, как известно, инвестиции в образование являются самыми выгодными инвестициями, так как в процессе обучения стоимость работника как «продукта» увеличивается многократно, что позволяет рассчитывать на скорую отдачу вложенных средств.

Существенные траты необходимы также на подготовку квалифицированных инструкторов (преподавателей) в случае реализации внутреннего обучения, либо, в силу тех или иных соображений, оплату услуг внешних провайдеров. Оплата помещений, закупка учебного оборудования, демонстрационных образцов, фильмов, библиотек, приобретение и поддержание необходимых лицензий и многое другое выливаются в итоге в весьма и весьма большие суммы. Поэтому вопрос о сокращении потерь в процессе обучения стоит очень остро.

Выявление и анализ потерь на всех этапах учебного процесса являются важнейшим этапом по пути создания системы LEAN+Training.

КЛАССИФИКАЦИЯ ПОТЕРЬ В УЧЕБНОМ ПРОЦЕССЕ

К числу основных параметров оценки эффективности обучения как процесса можно отнести:

- общие затраты на обучение.
- общее число часов, отводимых на обучение.
- затраты на обучение одного студента.
- другие виды оценок.

Перечисленные выше параметры являются количественными показателями, однако, они плохо увязывают соотношение входных и выходных параметров процесса обучения. Достаточно очевидно, например, что вложение средств в обучение может привести к повышению его качества, однако, совсем неоднозначна взаимосвязь затраченных средств с целями обучения – подготовкой специалиста, отвечающего заданным требованиям, и реализацией полученных знаний на благо компании.

В последние годы получил известность обобщенный показатель ROI (Return On Investment), отражающий взаимосвязь учебной программы с целями обучения с точки зрения финансовой эффективности вложений в обучение. В настоящее время не сложилось пока простых, четких и однозначно принятых процедур оценки ROI, что сдерживает распространение этого показателя.

В качестве «неколичественного» инструмента, то есть не отражающего взаимосвязь финансовых вложений и результатов обучения, в настоящее время широко используется модель оценки эффективности обучения Дональда Кирпатрика, предложенная им еще в 1959 году. Модель базируется на 4-х уровнях оценки:

1. Реакция обучаемых.
2. Уровень знаний.
3. Поведение на рабочем месте.
4. Влияние на результаты бизнеса.

Исходные данные для модели берутся на основе опросов обучаемых, их руководителей, финансовых представителей (родителей, применительно к обучению в вузе). В их основе все же лежит субъективное мнение опрашиваемых, что выдвигает модель Кирпатрика в разряд инструментов скорее качественной, чем количественной оценки.

Следовательно, с точки зрения выявления потерь, не представляется пока возможным оценивать эффективность учебного процесса интегрально. Необходим дифференцированный подход, в основу которого весьма удобно ложатся принципы производственной системы Toyota.

В соответствии со ставшими уже классическими принципами бережливого производства существуют следующие виды потерь [2,4]:

1. Перепроизводство.
2. Избыточные запасы.
3. Брак.
4. Потери при транспортировке.
5. Излишняя обработка.
6. Простои.
7. Лишние операции и перемещения на рабочем месте

Считается, что данный перечень является в достаточной мере универсальным. В [1] предлагается следующая их классификация потерь применительно к учебному процессу (таблица 1).

Таблица 1. Классификация потерь в учебном процессе

Описание потерь	Источники потерь
Перепроизводство	
Перепроизводство в учебном процессе проявляется в виде обучения специали-	Источниками данного вида потерь являются:

стов в большем объеме, чем требуется обществу, производству, а применительно к обучению в вузе проведение обучения, не соответствующего по своей сути основным бизнес-задачам организации-заказчика (производства, бизнеса). Иными словами, перепроизводство в обучении можно рассматривать как абсолютно непродуктивную, с точки зрения общества и бизнеса, работу по обучению персонала тому, что со всей очевидностью не будет востребовано в повседневной деятельности компании или организации. Потери перепроизводства в обучении ведут к: • неоправданному расходу людских резервов на подготовку ненужного обучения и учебных материалов • трате средств на обучение студентов в отрыве от основных задач производства • расходу ресурсов (преподаватели, площади, оборудование, материалы) • искажению представления выпускников о целях организации потребителя.	• ошибки в планировании потребности общества в специалистах тех или иных специальностей. • отсутствие у заказчиков (бизнеса, государственных предприятий) понимания целей и задач, стоящих перед ними. • отсутствие надлежащего контроля на расходованием бюджета на обучение • отсутствие надлежащего контроля над проведением обучения со стороны заказчика (бизнеса, государственных предприятий) • отсутствие у заказчика (бизнеса, государственных предприятий) четкого понимания конкретных потребностей в обучении • отсутствие необходимой координации между заказчиком и вузом. • отсутствие, либо неразвитость системы оценки персонала
Избыточные запасы	
Избыточные запасы в учебном процессе являются результатом несбалансированности взаимоотношений в цепочке «заказчик-поставщик» и проявляются в виде подготовки избыточного числа специалистов и, как следствие, отсутствия потребностей в реализации выпускниками полученных знаний. Данный вид потерь, кроме того, обладает еще и так называемым «эхо-эффектом», проявляющимся в необходимости повторного обучения спустя некоторое время. Иными словами, нельзя готовить специалистов «впрок». Знания, не подкрепленные их востребованностью при решении регулярных задач, улетучиваются в геометрической прогрессии. Избыточные запасы, реализуемые в ходе учебного процесса, ведут к: • неоправданному расходу средств на	Источники потерь «избыточные запасы»: • отсутствие у заказчика (бизнеса, государственных предприятий) четкого плана производственных работ, требующих применения новых знаний. • отсутствие налаженной схемы взаимоотношений в цепочке «Заказчик-Поставщик». • несоблюдение вузом заранее оговоренных с заказчиком сроков подготовки специалистов. • неоптимальная структура оплаты обучения.

подготовку специалистов, чьи знания не будут востребованы в обозримом будущем.

- снижению ценности продукта, то есть новых знаний, вследствие их неприменимости непосредственно после обучения.

- необходимости дополнительных трат на дополнительное обучение (ретренинги) к моменту, когда полученные знания без практического подкрепления благополучно выветрятся из головы и одновременно остро встанет производственный вопрос об их применении.

Брак	

Применительно к учебному процессу в качестве брака (дефектного изделия) можно рассматривать выпускника, закончившего обучение, но не соответствующего требованиям заказчика по уровню и глубине полученных знаний и навыков. Брак в учебном процессе ярко показывает отличие последнего от промышленного производственного процесса, в ходе которого дефектное сырье или деталь не поступает на обработку. В учебном процессе входной контроль не всегда объективен, так как зачастую студенты несерьезно подходят к входному тестированию знаний перед обучением. А контроль знаний после обучения приводит к необходимости дополнительных затрат на дообучение неуспевающих студентов. Данный вид потерь, хотя и не является наиболее весомым с точки зрения финансовой эффективности, тем не менее, наиболее заметен и по этой причине наиболее часто критикуем со стороны заказчика. Последствиями, к которым может привести брак, являются: - необходимость в корректировке учебных планов вуза для устранения последствий брака (дообучение неуспевающих студентов). - вынужденный (в случае необходимо-	В данном случае диапазон источников потерь чрезвычайно широк. Это могут быть: 1. Персональная неспособность студента к обучению по конкретной дисциплине 2. Несогласованность программы обучения с требованиями заказчика 3. Низкое качество обучения, а именно: - неквалифицированность преподавателя. - отсутствие или низкое качество адекватных, добротных и наглядных учебных материалов. - несоответствие объема обучения и времени, отводимого на него. - заниженность требований к обучаемому. - завышенность требований к обучаемому. - плохие условия проведения обучения (несоответствующие физическим требованиям - влажность и температура в помещении, высокая плотность людей, недостаточная освещенность, устаревшее и плохо функционирующее оборудование, другие причины). - непродуманность расписания учебных занятий. - другие причины.

сти) ретренинг для «бракованного» студента. • затраты ресурсов на исправление брака (дополнительные консультации, пересдача тестов, экзаменов). • при принятии заказчиком (бизнесом, государственным предприятием) «бракованного» сотрудника резко возрастает вероятность привнесения таким сотрудником реального брака в реальный производственный процесс.	
Потери при транспортировке	
Применительно к учебному процессу данный вид потерь следует отнести не к «продукции», а, скорее, к организации обучения. Примером «потерь при транспортировке» может служить неоправданно частое использование внешних совместителей в тех случаях, когда очевидно, что потребности вуза диктуют необходимость подготовки собственного обучающего персонала. И в том, и в другом случае есть смысл стоимостного сравнения целесообразности привлечения внешних совместителей с выращиванием собственных квалифицированных преподавателей.	Источники потерь: • отсутствие долгосрочной политики вуза в области обучения и подготовки преподавателей. • отсутствие требований к поиску путей экономии средств на обучение. • отсутствие мотивации у учебного заведения по подготовке собственных преподавателей. • размещение учебных помещений в разных районах. • ограничения, связанные с использованием лицензионных программных средств.
Излишняя обработка	
Завышенные, по сравнению с требованиями заказчика, требования к обучаемому со стороны преподавателя. Завышенные требования приводят к дополнительным затратам материальных, временных и людских ресурсов, а также порождают так называемый «псевдобрак» - сотрудника, знания которого удовлетворяют требованиям заказчика, но, по оценке организаторов обучения, являются несоответствующим установленными ими критериям.	Источники потерь: • отсутствие согласования между заказчиком и вузом по оценке качества выпускников, в данном случае, уровня и глубины знаний и навыков обученного студента. • отсутствие согласованной с заказчиком программы обучения. • отсутствие четкой постановки задачи преподавателю по определению планки его требований к обучаемым.
Простои	
Как правило, этот вид потерь в учебном процессе имеет подоплеку организационного характера и проявляется в виде срыва расписания занятий, искажения или сокращения их программ, непроизводи-	Источники потерь: • плохая организация учебного процесса.

тельного расхода учебного времени, отрыва студентов от учебного процесса на несвойственные ему занятия (работы, конкурсы, соревнования). Зачастую эти потери проявляются в простоях учебных помещениях (использование их неполный рабочий день, в одну смену, либо только в рабочие дни).	

Лишние операции и перемещения на рабочем месте	
Аналогом данного вида потерь в учебном процессе может служить нарушение известного принципа «лучше один раз увидеть, чем десять раз услышать». Наличие качественного и наглядного демонстрационного материала существенно облегчает задачу обучения и сокращает время, необходимое для усвоения новых знаний.	Источники потерь при обучении:
	• слабая материальная учебная база.
	• низкая квалификация преподавателя.
	• отсутствие или незнание современных методик обучения по конкретной дисциплине.
Кроме того, к этим потерям приводят также несвоевременная подготовка (либо полное отсутствие) примеров, тестов, задач, а также демонстрационных материалов и образцов.	• ошибки и просчеты в подготовке и организации обучения.
	• отсутствие ясной, открытой и согласованной последовательности обучения по конкретной дисциплине (curriculum).
Значительный вклад в потери этого вида может быть внесен отсутствием так называемых пререквизитов в результате нарушения следования установленной цепочке учебных курсов. В итоге преподаватель тратит время на объяснение материала, который, по требованию данного курса, должен быть уже знаком обучаемым.	

Классификация потерь учебного процесса позволит акцентировать внимание на их выявление, оценку, разработку мероприятий по их ликвидации и непосредственно ликвидацию.

МИНИМИЗАЦИЯ «БРАКА» В УЧЕБНОМ ПРОЦЕССЕ

Известно, что наибольшая потеря времени при изучении дисциплины происходит тогда, когда студент не выполняет текущие задания и его не допускают до экзамена, зачета. Это приводит к необходимости дополнительных затрат на дообучение неуспевающих студентов. Целью исследования стало выявление таких студентов на более ранних этапах обучения и введения управляющего фактора, позволяющего ответственным студентам осознать свои проблемы и предпринять соответствующие шаги для исправления такого положения.

Для исследования была выбрана дисциплина информатика, первый курс, первый семестр. На кафедре ВТ ЧИПС УрГУПС эту дисциплину ведут три преподавателя. От каждого преподавателя случайным образом была выбрана одна группа. Общая база исследованных студентов составила 79 человек.

По дисциплине информатика в ЧИПС УрГУПС проводились следующие мероприятия (упорядоченные по времени).

1.   Входное тестирование.
2.   Рейтинг №1.
3.   Рейтинг №2.
4.   Рейтинг №3.
5.   Экзамен.

Прежде всего, нас интересовала зависимость между входным тестированием и рейтингами.

На Рис. 1 представлена зависимость между входным тестированием и рейтингом №3. Горизонтальная ось (ось абсцисс) – эта ось относительных частот в процентах входного тестирования. Вертикальная ось (ось ординат) – ось относительных частот в процентах рейтинга №3. Как видно из этого рисунка, не наблюдается заметного тренда между входным тестированием и рейтингом №3. Таким образом, можно сделать вывод о независимости рейтинга №3 от входного тестирования. Подобный вывод подтверждается сериальным критерием Вальда-Волфовитца [3,526] с доверительной вероятностью 0,95. Аналогично наблюдается независимость между входным тестированием и рейтингами №1 и №2.

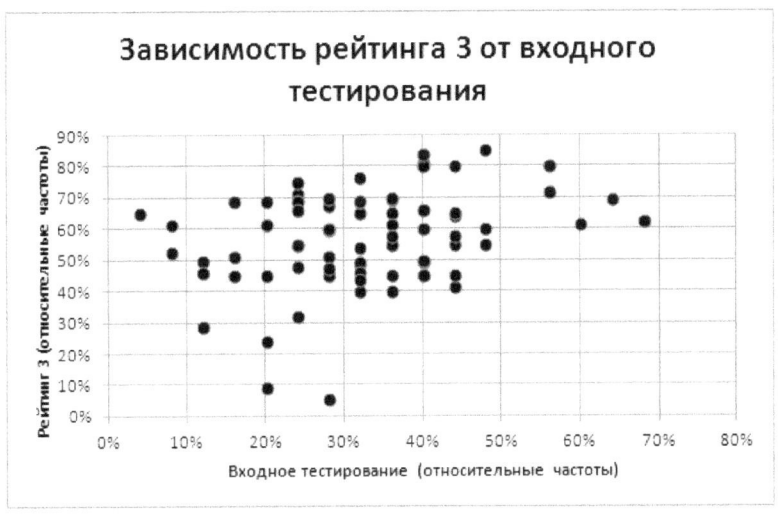

Рис. 1 – Зависимость рейтинга №3 от входного тестирования

Вывод. Так как рейтинг 3 не зависит от входного тестирования, то, следовательно, уровень знаний студентов до изучения дисциплины мало влияет на результирующий уровень знаний в конце обучения.

На следующем этапе проводилось исследование зависимости между рейтингами 1 и 2 и рейтингом 3. На Рис. 2 представлена зависимость между рейтингом 2 и рейтингом 3. Ось абсцисс – это относительные частоты рейтинга 2, ось ординат – относительные частоты рейтинга 3.

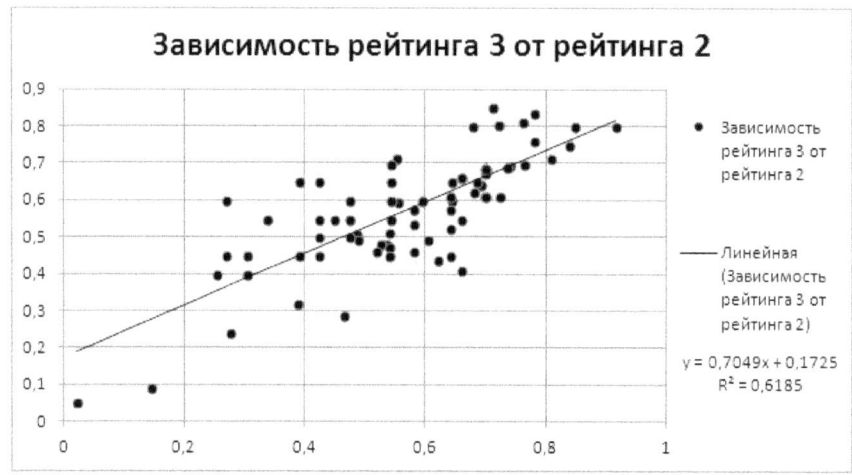

Рис. 2 – Зависимость рейтинга №3 от рейтинга 2

Из этого рисунка видно, что наблюдается явная возрастающая зависимость между данными этих рейтингов. Полученные данные удовлетворительно аппроксимируются линейной линией тренда с множественным коэффициентом детерминации $R^2 = 0,62$. На Рис. 2 показана для линейной аппроксимации аналитическая зависимость между рейтингом 3 (переменная y) и рейтингом 2 (аргумент x).

Более точная линейная аппроксимация между рейтингом 3 (Р3) и рейтингами 1 (Р1) и 2 (Р2) получена с помощью регрессионного анализа: Р3 $= 0,1485 + 0,163 \cdot$ Р1 $+ 0,5833 \cdot$ Р2 с множественным коэффициентом детерминации $R^2 = 0,65$. Заметим, что все коэффициенты регрессии и множественный коэффициент детерминации значимы с вероятностью 0,95.

Самым важным, на наш взгляд, является исследование зависимости между данными рейтингов и результатами экзамена. Сразу заметим, что нецелесообразно сравнивать непосредственно данные рейтингов и результаты экзамена. Это связано с тем, что результаты рейтинга меняются от 0 до 100 баллов, и эти данные можно приближенно считать значениями непрерывной случайной величины. С другой стороны, результаты экзамена –

значения дискретной случайной величины, которая может принимать от двух до четырех значений.

Для уменьшения потерь информации при сравнении данных рейтинга 3 и результатов экзамена применим следующую методику. Разобьем данные рейтинга на классы: в первый класс входят студенты, набравшие от нуля до 5 баллов, во второй класс входят студенты, набравшие от 6 баллов до 10 баллов и т.д. Далее найдем выборочные условные вероятности того, что студент получил определенную оценку на экзамене при условии попадания студента в определенный класс.

На рисунках 3,4 и 5 представлены зависимости различных видов условных вероятностей от рейтинга 3 и их линейные аппроксимации. На этих рисунках ось абсцисс – относительные частоты рейтинга 3. На Рис. 3 ось ординат – относительные частоты числа студентов, сдавших экзамен, при условии попадания студента в определенный класс. На Рис. 4 ось ординат – относительные частоты числа студентов, не сдавших экзамен, при условии попадания студента в определенный класс. На Рис. 5 ось ординат – относительные частоты числа студентов, получивших на экзамене 4 или 5, при условии попадания студента в определенный класс.

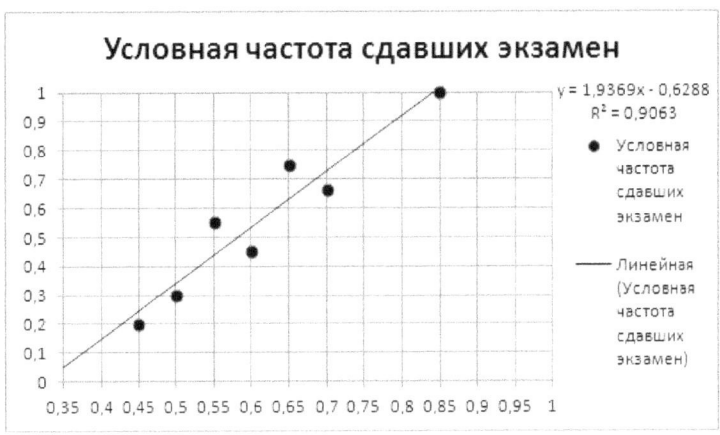

Рис. 3 – Зависимость выборочных условных вероятностей сдавших экзамен от рейтинга 3

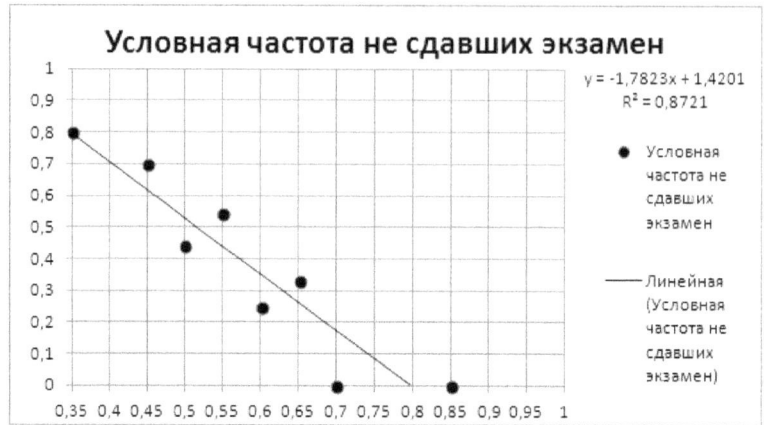

Рис. 4 – Зависимость выборочных условных вероятностей
не сдавших экзамен от рейтинга 3

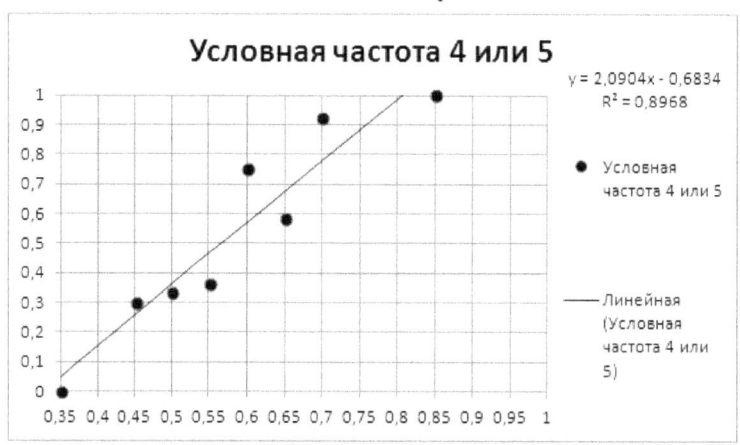

Рис. 5 – Зависимость выборочных условных вероятностей
получения оценки 4 или 5 на экзамене от рейтинга 3

Выводы. Как видно из рисунков 2, 3, 4 и 5 линейная аппроксимация имеет достаточно высокий множественный коэффициент детерминации и может быть использована для прогнозирования результатов рейтинга 3 и оценок на экзамене.

Таким образом, используемая в ЧИПС УрГУПС рейтинговая система оценки деятельности студентов в процессе изучения дисциплины позволяет на ранней стадии (12-ая неделя учебного семестра) выявить «брак» - потенциально неуспевающих студентов. Что позволяет достаточно эффективно проводить «корректирующие и улучшающие мероприятия» (в терминах системы менеджмента качества) по повышению качественной успеваемости студентов. В частности, при проведении рейтингов можно ввести дополнительные графы (разделы) в рейтинговых таблицах, в которых будет указана вероятность получения студентом той или иной оценки на экзамене или зачете в зависимости от набранных баллов. На наш взгляд это будет дополнительной мотивацией для студентов и приведет к повышению количественной и качественной успеваемости – «минимизации брака».

ЛИТЕРАТУРА

1. Погребняк, С.И. LEAN+Training или бережливое обучение [Электронный ресурс].- http://www.leancor.ru/article2/10393

2. Бережливое обучение & шесть сигм: метод. Рекомендации / В.С. Жабреев.- Челябинск: Челяб. ин-т путей сообщения, 2012.- 32с.

3. Кобзарь, А. И. Прикладная математическая статистика. Для инженеров и научных работников [Текст]. – М.: ФИЗМАТ-ЛИТ, 2006. – 816 с. – ISBN 5–9221–0707–0.

Алиханова Р.А.

к.п.н., доцент кафедры педагогики
Чеченский государственный педагогический институт
arovzat@mail.ru

СОВРЕМЕННАЯ ЧЕЧЕНСКАЯ СЕМЬЯ В ТРАНСФОРМИРУЮЩЕМСЯ МИРЕ

В данной статье рассматривается проблемы семьи в условиях глобальных перемен на примере отношения к семье и семейным ценностям молодежи Чеченской Республики.

Ключевые слова: молодежь, глобализация, семейные ценности, семейная политика.

Смена социальных ориентиров, переоценка базовых ценностей, явившиеся следствием системного кризиса последних двух десятка лет, затронули практически всю социальную структуру российского общества. Изменчивость ценностных систем на уровне массового сознания привела к ценностно-нормативной дезориентации российского общества, что, естественно, отразилось на формирование социальных интересов и ценностей молодежи.

Молодежь как лакмусовая бумага впитывает все то, что не похоже на привычное: яркое, преподносящееся как эталон, которому нужно следовать, в сети Интернет, СМИ.

Родители, чье мировоззрение и нравственные ценности формировались в эпоху социализма, оказавшись лицом к лицу с новыми вызовами и требованиями времени, новой моралью, оказалась не подготовленной к совмещению старых нравственных принципов и новой рыночной морали. Как справедливо отмечает академик С.В.Дармодехин, многие семьи в течение всего периода реформ так и не сумели сформировать «защитные» стратегии и механизмы [3,с.10].

Совершенно очевидно, что в обществе, в котором нет стабильности и определенных ориентиров в плане воспитания, морали, нормы, присутствует несовпадение, а часто и противоречия в интересах разных возрастных групп (даже на уровне семьи).

Молодежь часто ответы на интересующие их вопросы ищет не у старшего поколения, а в сети Интернет, СМИ. Интернет и СМИ часто работают не во благо общества и семьи, а, скорее, наоборот.

Процессы социализации и включения молодежи в культурную традицию делегированы государству и обществу. Соответственно, возникло много проблем, связанных с преемственностью культур, различных субкультур в обществе. При подготовке молодёжи к семейной жизни следует учитывать, что современные юноши и девушки совершают свой семейный выбор в совершенно иной ситуации, чем их родители, а тем более бабушки и дедушки.

Стремительная трансформация общественных отношений на протяжении XX и начала XXI века привела к существенным изменениям и в системе брачно-семейных отношений: произошёл фундаментальный пересмотр представлений о ценностях семейной жизни. На протяжении последних полутора веков изменялся и сам подход к подготовке подрастающего поколения к семейной жизни.

Все эти проблемы, связанные с современной семьей, можно разделить на следующие группы:

- **социально-экономические** (низкий уровень доходов семей, особенно молодых, которые без поддержки родителей не в состоянии продержаться, хотя бы на первых порах, т.к. прожиточный минимум такой семьи ниже среднего);

- **социально-бытовые** (отсутствие жилья, невозможность без поддержки государства или родителей приобрести или построить жилье);

- **социально-психологические** - брачно-семейная адаптация: не всегда будущие супруги бывают подготовлены к семейной жизни, неумение и не всегда желание согласовывать внутрисемейные роли, частые семейные конфликты, связанные с неумением и частым нежеланием идти на уступки друг другу),

- **насилие в семье** - одна из важных проблем на сегодняшний день;

- **проблемы в межличностном общении, неудовлетворенность супругами друг в друге**;

- **проблемы рождаемости и планирования семьи**;

- **проблемы стабильности семьи** - частые разводы в молодых семьях, которые пасуют при первых же трудностях (что интересно, большинство молодых родителей поддерживают такую практику, лишь бы «дитя» не перетруждалось), удовлетворенность браком, его социально-психологические характеристики;

-**проблемы семейного воспитания** - сегодня большинство родителей передоверило эту функцию государству, не прививается с детства культура семейных взаимоотношений

Являясь частью общекультурного российского пространства Чеченская Республика не явилась в этом отношении исключением.

Интерес к данной проблеме связан еще и с тем, что именно молодежь является индикатором, определяющим будущее государства и общества. Для анализа ситуации нами был проведено анкетирование среди молодежи для выявления отношения к институту семьи и семейным ценностям. Учитывая то, что исследования подобного рода проводятся сегодня часто, есть возможность выявить особенности в отношение к семье, семейным ценностям чеченской молодежи.

С этой целью был проведен опрос студенческой молодежи. Было опрошено 123 человека (из них – 61 человек лиц мужского пола, 62 человека – лиц женского пола), студентов 2 и 3 курсов технолого-экономического и физико-математического факультетов Чеченского государственного педагогического института.

Вопросы, затронутые в анкете, позволяют определить отношение студенческой молодежи к ценностям семейной жизни, мотивацию вступления в брак, отношение к измене, к лидерству в семье, насколько прочно с современными веяниями уживаются традиции в семье, как они влияют на становление и развитие молодой семьи, с какими трудностями и преградами на пути создания семьи встречается молодежь, вступившая в брак.

Среди проблем, которые наиболее часто становятся препятствием на пути становления молодой семьи, многочисленных разводов называются проблемы:

- недоступность жилья,
- невозможность найти работу,
- неустроенный быт,
- неподготовленность и незнание проблем и трудностей семейной жизни,
- нереализованность многих законов и положений молодежной семейной политики в вопросах защиты ее интересов.

Таким образом, подводя итоги, можно констатировать следующее:

Молодежь считает, что создание семьи – это долг каждого человека перед обществом(57%).

Главными факторами, влияющими на формирование брачно-семейных установок, являются менталитет, родительская семья, образовательная среда и средства массовой информации. Влияние каждого компонента разное: от положительного - (менталитет, родительская семья, образовательная среда) до отрицательного - (средства массовой информации).

Возрастные границы вступления в семейно-брачные отношения называются от 21 до 30 лет. Наиболее прочными молодежь считает браки по любви – 77,7 %; 17,6 % считает прочными браки для создания семьи и 10 % - браки на основе дружбы.

Сказывается более позднее взросление, по сравнению с предыдущими поколениями, современной молодежи, некоторая инфантильность в вопросах ответственности, принятия решений в трудных жизненных ситуациях, преобладание нерационального и эмоционального подхода к браку.

В русле традиционного построения семейных отношений в чеченском обществе звучат ответы о лидерстве (модель семьи) и обеспечении семьи.(62,3%) Это явно показывает, насколько влиятельными оказываются стереотипы, декларируемые обществом, и насколько это расходится с реалиями. Ведь сегодня женщина, в силу сложившихся обстоятельств, вынуждена обеспечивать семью. Это не вина большинства мужчин, а их беда – некуда приложить свое умение, силы.

И конечно, не удивляют нас ответы на вопрос анкеты относительно измены мужа (свыше 70%): наряду с осуждением, допускают измену из-за различных ситуаций, которые возникают в жизни (свыше 17%) Сказывается влияние житейской морали, что для мужчины это иногда допустимо, но для женщины – это позор.

Большая часть молодого поколения осознают огромную ответственность, трудности и проблемы, связанные с реалиями сегодняшней жизни и предпочитают жить совместно с родителями, хотя бы на первых порах (67%), 17,8% - хотят жить самостоятельно. В наше нестабильное время, когда кризис пронизывает все сферы жизнедеятельности человека, у части молодежи присутствует некоторый страх перед будущим. Положительный ответ на первые два вопроса свидетельствуют о том, что более уверенно они будут чувствовать себя рядом с родственниками, которые поддержат, направят и помогут в нужную минуту.

Интересными и неожиданными оказались ответы на вопрос анкеты: «На какие семейные ценности и традиции своего народа Вы будете ориентироваться в своей семье?» В первую очередь названы традиции и обычаи народа, уважительное отношение к старшим, родственникам мужа, жены, далее респонденты называют мусульманскую религию.

Сегодня в чеченском обществе особо возрос интерес молодежи к религии и это не случайно. Религия оказала огромное воздействие на духовно-нравственную жизнь человечества. В ней содержится поддержка народных традиций, а традиционная культура обладает средствами сохранения преемственности, она своего рода гарант благоразумного поведения этноса в истории.

Современная молодежь, оказавшись в ситуации социальных сломов, переходного периода, культурной трансформации этнических обществ России ищет ориентир и базу, на основе которой она должна формироваться и строить свою будущую семью.

Представление о счастливой семье у каждого свое, но все они едины в утверждении, что основывается такая семья на любви, чувстве уважительного отношения друг к другу и поддержке.

Бернар де Вос, уполномоченный по правам ребенка в Бельгии, предупреждает, что технологический прорыв, который наблюдает общество, не влечет за собой улучшение в нравственной жизни. Дети как самая незащищенная часть общества чувствуют это на себе более других, очень точно отражая положение вещей на сегодня. Источники получения необходимой информации - Интернет, телевидение - предлагают вместе с нужной информацию негативного, а иногда и преступного порядка. [3,с.244].

Опасность и тревожность данной ситуации в том, что если на государственном уровне не предпринять соответствующий комплекс мер, то формирование мировоззрения нового поколения россиян, включающий в себя и формирование у них семейных ценностей, может выйти из-под контроля семьи и школы, а это чрезвычайно опасно для будущего нашей страны.

Так что же делать?

Решение этой сложной задачи требует системного и комплексного подхода.

Во-первых, ценностная система семьи обладает мощным потенциалом воспитательного воздействия на молодое поколение в плане его личностного развития.

Во-вторых, в условиях глобальных изменений и возникшей на этом фоне неопределенности целей в деятельности ряда социальных институтов, наличие в семье устойчивой системы ценностей может служить противовесом негативных воздействий и гарантией адекватного воспитания молодого поколения.

В-третьих, трансформация российского общества привела к утрате многих социальных ценностей эпохи социализма, а взамен не сформированы новые. В этом состоит главная трудность осуществления воспитательного процесса в условиях меняющегося общества: нет устойчивых ориентиров будущего развития, не определена перспективная стратегия социальных приоритетов.

Выявить проблемы на сегодняшний день – это половина дела, на что конкретно должно быть направлено внимание государства и общества для улучшения ситуации – это главный вопрос.

В первую очередь необходимо решить проблемы молодежи, связанные:

- с положением социально-экономического порядка; уровнем и структурой доходов; жилищными условиями; уровнем занятости;
- уровнем общего и профессионального образования;
- уровнем социальной защиты;
- прогнозированием и разработкой концептуальных основ молодежной семейной политики.

В этом плане на государственном уровне Чеченской Республики предпринято ряд шагов, призванных выправить ситуацию в положительное русло:

1. Народным Собранием Чеченской Республики принят Закон о государственной поддержке молодых семей в Чеченской Республике от 14.07.2008г.

Основными направлениями государственной поддержки молодых семей в Чеченской Республике являются:

1) принятие законов и иных нормативных правовых актов, предусматривающих меры государственной поддержки молодых семей;

2) принятие и реализация целевых программ по государственной поддержке молодых семей;

3) содействие в трудоустройстве членов молодых семей;

4) поддержка развития предпринимательской деятельности молодых семей и (крестьянских) фермерских хозяйств;

5) развитие системы социальных пособий молодым многодетным и малоимущим семьям;

6) разработка и реализация системы льготного ипотечного кредитования молодых семей для строительства или приобретения жилья;

7) поддержка деятельности социально-психологических служб по предупреждению разводов, оптимизации взаимоотношений разведенных супругов, реабилитации одиноких матерей (отцов);

8) создание условий для совмещения трудовой деятельности с выполнением семейных обязанностей;

9) реализация мер по охране здоровья членов молодых семей;

10) создание и развитие учреждений, осуществляющих деятельность по охране репродуктивного здоровья молодых граждан и планированию семьи;

11) поддержка деятельности по изданию литературы по вопросам воспитания детей и проблемам семейных отношений;

12) создание условий для активного участия молодых семей в общественной жизни республики.

2.Разработана Единая концепция духовно-нравственного воспитания подрастающего поколения (13 марта 2007года)

В ней, в частности, отмечается, что в Чеченской Республике ценностная шкала духовно-нравственного воспитания основана **на трех постулатах – гражданственность (патриотизм), религиозные ценности и вайнахские адаты (обычаи и традиции народа).**

Предпринятые меры должны способствовать улучшению ситуации в вопросах воспитания и подготовки молодежи к созданию семьи и формированию духовно-нравственной составляющей молодого поколения – будущего нашего государства и общества.

ЛИТЕРАТУРА

1. Закон о государственной поддержке молодых семей в Чеченской Республике от 14.07.2008 года.
2. Единая концепция духовно-нравственного воспитания подрастающего поколения от 13 марта 2007 года.
3. Кривцова Е. В. , Мартынова Т. Н. Семья глазами студенческой молодежи// Психология в вузе.-2003.-№ 4
4. Дармодехин С.В. Проблемы развития системы воспитания детей в Российской Федерации// Педагогика. – 2001. – № 1.

Воробьева Н.М.
доцент, к.ф.н.
Финансовый университет при Правительстве Российской федерации
vormami@yandex.ru

ОСОБЕННОСТИ ОЦЕНИВАНИЯ РАБОТЫ С КЕЙСОМ НА ЗАНЯТИЯХ ПО ИНОСТРАННОМУ ЯЗЫКУ У СТУДЕНТОВ ЭКОНОМИЧЕСКОГО ВУЗА

В современной экономической ситуации к специалисту предъявляются высокие требования на рынке труда. В такой атмосфере жесткой конкуренции недостаточно обладать прочными фундаментальными знаниями, непосредственно связанными с выбранной профессией. В сложившихся условиях чрезвычайно востребованы умение действовать мобильно, продуктивно, эффективно и способность решать поставленную задачу совместными усилиями, взаимодействуя с сотрудниками в рамках коллектива. Особенно привлекательным для работодателя является специалист, который может взять на себя ответственность за принятое решение и спрогнозировать возможные последствия предпринятых действий.

Все эти навыки и умения довольно прочно закрепляются в процессе обучения, где ведущая роль отводится интерактивным методам. И не последнее место здесь занимает метод, успешно применяемый в Европе, Америке и в последнее время в России, а именно, метод кейсов (case study). Исследователи дают разные определения case study, но их объединяет одна общая идея: метод кейсов это способ обучения, который используется как инструмент для того, чтобы показать, как теория может быть применена ситуационно, на практике. Работа с конкретными случаями из реальной профессиональной среды и поиск оптимального решения «способствует развитию аналитического и стратегического мышления, это трансформация внешнего объективного мира во внутренний мир обучающегося». Такой подход означает для будущего специалиста «приобретение умения находить выход из сложных жизненных ситуаций и развитие навыков устной коммуникации. Это генеральная репетиция спектакля, именуемого жизнью»[4, 224].

Особенно актуально использование метода анализа конкретных ситуаций для обучения студентов неязыкового экономического вуза иностранному языку. В нашем случае речь идет об обучении бакалавров английскому языку. В таком случае работа в русле методики case study дает возможность максимально близко воссоздать атмосферу деловой среды и позволяет обучающемуся погрузиться в ситуацию, связанную с решением задач и искоренением проблем, типичных для мира бизнеса. Применение case study способствует развитию критического мышления, управленческих и организационных навыков, навыков делового общения, как в устной, так и в письменной речи [3].

Анализ многочисленных источников показывает, что метод кейсов представляет большой интерес для исследователей с различных точек зрения. Наибольшее внимание авторов привлекает: а) история появления и развития метода кейсов; б) характеристика case study как метода обучения; в) классификация кейсов; г) этапы работы над кейсом; д) технология создания кейса. Изучение литературы по case study позволяет сделать неутешительный, на наш взгляд, вывод о том, что наименее разработанной темой является процедура и критерии оценивания выступлений по кейсу.

Безусловно, есть интересные и очень ценные, по нашему мнению, выводы и идеи, которые высказывают авторы отдельных исследований по оцениванию аудиторной работы с кейсом. В частности, трудно не согласиться с доводами М.В. Антиповой в пользу проверки и оценки знаний студентов, участвующих в анализе конкретной ситуации и требований, предъявляемых к процедуре оценивания, а именно, объективности, обоснованности оценок, систематичности, всесторонности и оптимальности [1, 17].

Тем не менее, наиболее проблематичной зоной в интересуемой процедуре является объективное и обоснованное выставление оценки преподавателем, поскольку, как правило, приходится справляться с непосильной задачей – выставлять отметки многочисленной группе студентов, которые проводят разбор кейса. При этом, важно учитывать вклад каждого участника дискуссии по различным критериям, что практически невозможно сделать одному человеку. Решение этой проблемы описано в работе профессора К. Херрейда. Ученый предлагает проводить анализ кейса в мини-группах (5-6 человек) и рекомендует процедуру выставления оценки целиком переложить на плечи участников дискуссии [5, 431-433]. Вряд ли, как мы считаем, это повысит степень объективности оценивания, потому что в такой ситуации трудно будет исключить влияние человеческого фактора со стороны студентов ввиду их прямой заинтересованности в высоких результатах.

Наиболее справедливым, как нам кажется, будет использовать мнения различных сторон, а именно и точку зрения преподавателя, и студентов. Для этого оптимальным вариантом для процедуры выставления итоговой отметки будет привлечение одного или нескольких студентов в качестве экспертов, оценивающих индивидуальный вклад каждого участника. В таких условиях, за преподавателем сохраняется право подсчета баллов с учетом мнения экспертов, что, безусловно, повысит объективность оценки и сделает этот процесс более открытым и, соответственно, менее субъективным.

Если обратиться непосредственно к критериям оценки работы по кейсу, то здесь, как нам кажется, целесообразнее использовать 100-балльную систему, поскольку это упрощает процедуру подсчета результатов. В итоге, соблюдается требование о всесторонности и оптимальности выставления оценок. Есть мнение, что можно использовать 50-балльную систему для подведения итогов [2, 23-24]. Однако, в такой ситуации трудно будет учесть все аспекты работы над кейсом, включая языковую составляющую (адекватное, грамотное использование лексических единиц и грамматических конструкций сообразно требуемому стилю общения), содержание выступления и организационные навыки.

Приведенный ниже рабочий вариант таблицы критериев оценки по 100-балльной шкале является результатом многолетней работы с бакалаврами экономического направления:

No.	**Case Analysis. Assessment Criteria**	Points
	LANGUAGE	**40**
1.	Lexical resource - a wide vocabulary range is used - flexible use of EAP - natural & accurate use of idiomatic vocabulary - effective use of functional language	10
2.	Communicative achievement - appropriate register (style) is used - a good range of formal vocabulary is used - adequate level of formality is shown	10
3.	Grammatical range & accuracy - a flexible use of a wide range of structures - the majority of error-free sentences is produced	10
4.	Fluency & coherence - coherent speech - appropriate use of cohesive devices - fluency is achieved - any hesitation is content related	10
	CONTENT / SOCIAL SKILLS	**40**
5.	Task achievement - careful analysis of various aspects of the case - all requirements of the task are fulfilled - relevant ideas are used	10
6.	Decision-making skills - effective problem-solving skills - efficient motivation of the decision made	10
7.	Interactive communication - effective asking & answering questions - justifying your position when answering questions	10
8.	Group interaction - cooperation & collaboration skills - effective problem-solving in a team	10
	ORGANISATIONAL SKILLS	**20**
9.	Time-keeping	10
10.	Active performance	10
		Total: 100

Таким образом выстроенная 100-балльная система оценки знаний на занятиях по английскому языку позволяет охватить все многообразие устного выступления по кейсу. Во-первых, учитывается лингвистическая составляющая, а именно, владение языком как на лексическом, так и на грамматическом уровнях. Особое внимание уделяется связности и беглости речи. Кроме того, оценивается знание стилистических особенностей официального стиля, поскольку в основном выступления имитируют атмосферу деловых собраний и переговоров, для которых в основном характерно общение в формальном ключе.

Во-вторых, в процессе оценки содержания выступления учитываются такие моменты, как полный, всесторонний анализ ситуации, аргументация «за» и «против», адекватные идеи для принятия решения.

Кроме того, для хороших результатов необходимо иметь социолингвистическую и социокультурную компетенции, т.е. быть способным к конструктивному диалогу, к продуктивной работе в команде, важно умение мотивировать принятое решение с учетом всех плюсов и минусов предлагаемого варианта выхода из сложившейся ситуации.

Следует отметить, что приведенные критерии составлены в соответствии с требованиями международных экзаменов, в частности, BEC и IELTS, где результат ответа зависит от всех указанных моментов. Это особенно актуально при нынешнем состоянии глобализации и интеграции, когда Россия не может себе позволить быть оторванной от Европы и не принять во внимание текущую ситуацию в сфере экономики, образования и науки. В связи с этим, важно применять требования, соответствующие не только отечественным, но и Европейским стандартам.

Последнее, на чем хотелось бы остановиться – это соблюдение четкого регламента выступления. При составлении критериев оценки работы по кейсу мы сочли нужным отдельно отметить этот момент, поскольку умение правильно и грамотно планировать время - очень нужное и ценное качество, глубоко востребованное в деловом мире. Анализ кейса – идеальная платформа для формирования этого важного навыка и на примере анализа конкретной ситуации за строго обозначенный временной промежуток студенты учатся грамотно владеть техникой, именуемой в деловой среде time management.   Можно поставить следующее ограничение – не более 7-10 мин. на обсуждение каждого пункта в рамках повестки дня или отдельного вопроса, если студенты имитируют деловые переговоры.

Не стоит забывать, что адекватная процедура оценки кейса не только позволяет провести контроль знаний, навыков и умений обучающихся, повысить уровень языковой компетенции и степень мотивации студента, развить определенные личностные качества индивида. Это еще и возможность для преподавателя рассмотреть пространство для совершенствования своей собственной методики и для повышения качества применяемых им техник.

Литература

1. Антипова М.В. Метод кейсов (case study). Методическое пособие для преподавателей филиала. - Мариинско-Посадский филиал ФГБУ ВПО «МарГТУ». – Сентябрь, 2011. – 24 с.

2. Варданян М.Р., Палихова Н.А., Черкасова И.И., Яркова Т.А. Практическая педагогика. Учебно-методическое пособие на основе метода case study. – ТГСПА им. Д.И. Менделеева. – Тобольск, 2009. – 188 с.

3. Daly P. Methology for Using Case Studies in the Business English Language Classroom. The Internet TESL Journal, Vol. VIII, No. 11, November 2002. - [Электронный ресурс]. - URL: http://iteslj.org/Techniques/Daly-CaseStudies/ (дата обращения 26. 06. 14)

4. Herreid Clyde F. Case study in science – a novel method of science education. – National Center for Case Study Teaching in Science, JCST. – Buffalo, US, February, 1994. – 352 с. - [Электронный ресурс]. - URL: http://sciencecases.lib.buffalo.edu/cs/pdfs/Novel_Method.pdf (дата обращения 26. 06. 14)

5. Herreid Clyde F. When justice peeks: evaluating students in case study teaching. – Journal of College Science Teaching, Vol. 30 No. 7, May 2001. – 629 с. - [Электронный ресурс]. - URL: http://sciencecases.lib.buffalo.edu/cs/pdfs/When%20Justice%20Peeks-XXX-7.pdf (дата обращения 26. 06. 14)

Нестерова Л.В.
директор Нефтеюганского индустритального колледжа (филиала) ФГБОУ
ВПО «ЮГУ», e-mail: n-lv@mail.ru

ВОСТРЕБОВАННОСТЬ ВЫПУСКНИКОВ ТЕХНИЧЕСКИХ СПЕЦИАЛЬНОСТЕЙ СРЕДНЕГО ПРОФЕССИОНАЛЬНОГО ОБРАЗОВАНИЯ И ВЫСШЕГО ПРОФЕССИОНАЛЬНОГО ОБРАЗОВАНИЯ В ПРОЦЕССЕ НЕПРЕРЫВНОЙ ПРОФЕССИОНАЛЬНОЙ ПОДГОТОВКИ СПЕЦИАЛИСТОВ НА ТЕРРИТОРИИ ХАНТЫ-МАНСИЙСКОГО АВТОНОМНОГО ОКРУГА-ЮГРЫ

В современных экономических условиях подготовка грамотного специалиста, способного оперативно «включиться» в производство, принимать решения, обладать необходимыми компетенциями, приобретает особое значение. В условиях нестабильного спроса на рынке труда возрастает ответственность образовательных организаций за дальнейшую профессиональную судьбу выпускника. В разряд качеств, направленных на повышение конкурентоспособности, подлежащих формированию у выпускника технических специальностей ВУЗа в современных условиях можно смело отнести потенциальную способность к расширению сферы знаний, переквалификации, мобильность, инициативность, активную позицию к инновациям и поиску. В процессе становления системы непрерывной профессиональной подготовки (Огнев А.С., Гончар С.Н. и др.) рассматривая проблемы непрерывного профессионального образования, высказывали точку зрения о том, что непрерывное профессиональное образование является ведущим фактором, определяющим успешность профессиональной реализации и развития личности. Современная концепция непрерывного профессионального развития нашла отражение в документах ООН, Организации экономического сотрудничества и развития (ОЭСР), ЮНЕСКО и Совета Европы. Центральная идея документов - создание последовательных стратегий для обеспечения образовательных и обучающих возможностей для всех людей на протяжении всей жизни.

Стабильно высокий уровень промышленности Ханты-Мансийского автономного округа-Югры также в большой мере нуждается в наличии действующей модели непрерывной профессиональной подготовки специалистов технического профиля. Понимая потребности, высшие учебные заведения в последнее время начали движение в направлении непрерывного образования в различных сферах. В некоторой мере, это вынужденная мера реагирования на демографический спад. Последние годы многие ВУЗы организуют на базе средних профессиональных учебных заведений филиалы, в которых реализуются как программы среднего профессионального образования, так и ведется подготовка по рабочим профессиям, профессиональная переподготовка кадров,а в некоторых случаях реализация смежных и сопряженных программ высшего профессионального образования. Кроме того, на практике многие ВУЗы создают для выпускников среднего профессионального образования условия для прохождения соответствующей процедуры аттестации, после которой становится возможным освоение основных образовательных программ высшего профессионального образования по индивидуальной образовательной траектории в сокращенные сроки. Широкое распространение в последние годы также получила практика присоединения к ВУЗам образовательных учреждений среднего профессионального образования, лицеев, профильных классов. Сегодня все чаще высшие учебные заведения лицензируют программы среднего профессионального образования, профессиональную переподготовку, подготовку по рабочим специальностям. Эти меры, несомненно, способствуют расширению возможностей практического применения непрерывной профессиональной подготовки специалистов, обеспечивают возможность профессионального роста, развития и совершенствования личности. Однако, неоспорим тот факт, что в данном направлении еще предстоит провести широкомасштабную работу по формированию и внедрению действующей модели непрерывной профессиональной подготовки специалистов. Одним из ожидаемых результатов этого должно стать изменение точки зрения работодателя на молодого специалиста, выпускника СПО или ВУЗа. Не секрет, что сегодня, к сожалению, имеет место мнение, что выпускник не обладает достаточными свойствами для самостоятельного ведения профессиональной деятельности и будет в течение некоторого времени для предприятия сотрудником, от которого не предполагается получение «экономического эффекта». При подборе персонала кадровые службы отдают предпочтение лицам, имеющим определенный производственный стаж. Выпускнику ВУЗа или СПО в реальных условиях трудно выдержать конкуренцию. В результате зачастую они вынуждены трудоустраиваться не по специальности. В таком случае затраченные финансовые средства на подготовку фактически «не окупаются» дальнейшей производственной деятельностью молодого специалиста на благо развития экономического и социального благосостояния нации. На территории Ханты-Мансийского автономного округа-Югры по постановлению Правительства округа от 9 октября 2013 года № 413-п принята государственная программа «Развитие образования вХанты-Мансийском автономном округе – Югре на 2014-2020 годы». Цели создания данного документа обозначены как:

1. Обеспечение доступности качественного образования, соответствующего требованиям инновационного развития экономики,

современным потребностям общества и каждого жителя Ханты-Мансийского автономного округа – Югры.

2.   Повышение эффективности реализации молодежной политики в интересах инновационного социально ориентированного развития Ханты-Мансийского автономного округа – Югры.

Ожидаемым результатом от реализации Программы предполагается увеличение доли выпускников профессиональных образовательных организаций и образовательных организаций высшего образования очной формы обучения, трудоустроившихся в течение одного года после окончания обучения по полученной специальности (профессии), в общей численности выпускников профессиональных образовательных организаций и образовательных организаций высшего образования очной формы обучения с 59 % до 70,0%.   Востребованность выпускников в настоящее время остается одной из основных задач, которые стоят перед образовательными организациями любого уровня.   В процессе формирования современной экономической ситуации в стране очевидным фактором является стремительное изменение требований современных производств к уровню и содержанию подготовки молодых претендентов на рабочие места.   Вместе с тем, действующая система подготовки специалистов в силу множества ограничений не всегда в состоянии оперативно реагировать на системно изменяющиеся потребности экономики. В случае отсутствия заинтересованности со стороны учебного заведения результат такой несогласованности всегда проявляется в виде низкого процента трудоустройства выпускников по специальности. Выпускник, не нашедший предложения по трудоустройству в выбранной сфере, зачастую вынужден принимать другие предложения, не соответствующие уровню вложенных в его подготовку затрат. В масштабе страны это большая проблема нерационального использования как бюджетных, так и личных средств населения.   Ликвидация системы распределения выпускников лишила молодых людей возможности гарантированно получить рабочее место по выбранной специальности, а учебные заведения – оперативной обратной связи для быстрого реагирования на динамику кадровых потребностей. Проблема обостряется тенденцией снижения спроса на молодых специалистов, не имеющих практического опыта работы, особенно на высокотехнологичных производствах. Поиск выхода из объективно сложившейся ситуации – задача каждого уважающего себя учебного заведения.   Нефтеюганский индустриальный колледж (филиал) ФГБОУ ВПО «Югорского государственного университета» ведет подготовку кадров среднего звена для предприятий нефтегазового комплекса с 1969 года. Анализируя результаты трудоустройства выпускников последних лет, администрация колледжа пришла к выводу о необходимости возрождения системы взаимодействия с базовыми предприятиями региона в вопросах обеспечения рабочими местами молодых специалистов, выходящих в свет с дипломами среднего профессионального образования. Очевидно, что серьезную конкуренцию молодым людям составляют выпускники родственных специальностей ВУЗов, также готовые занять на первом этапе рабочие места. Кадровые службы предприятий зачастую отдают выпускникам ВУЗов предпочтения по формальному признаку, снижая тем самым возможности трудоустройства для выпускников среднего профессионального образования. Одной из возможностей изменить взгляд работодателя на выпускников является, несомненно, качество подготовки, демонстрация уровня сформированности у них общих и профессиональных компетенций. Выстраивание системного взаимодействия по организации производственных практик, безусловно, играет немаловажную роль. Но чаще всего решение о зачислении на рабочие места принимают работники кадровых служб предприятий. Не всегда при принятии этих решений учитываются реальные достижения и характеристики студента в процессе прохождения им практического обучения. Для сопряжения вышеназванных факторов в колледже создана и постоянно совершенствуется система комплексного взаимодействия с ведущими базовыми предприятиями не только в ходе организации производственного обучения, посредством проведения совместных имиджевых мероприятий «Дней карьеры» в форме деловых игр.

Цели совместных деловых игр:

- Повышение у участников интереса к выбранной профессии;

- Формирование устойчивых и эффективных связей с ведущими представителями процессных подразделений базовых предприятий;

- Формирование действующей схемы «обратной связи» с работодателем для планомерного совершенствования модели непрерывной профессиональной подготовки специалистов технического уровня.

- Оценка уровня сформированности общих и профессиональных компетенций у выпускников;

- Оказание содействия трудоустройству выпускников по выбранной специальности.

В ходе реализации системы взаимодействия учебного заведения с работодателем решаются следующие задачи:

- Обучение выпускников умению правильно представить себя работодателю, показать свои профессиональные знания и умения, уровень сформированности общих компетенций, умение решать поставленные задачи.

- Формирование у участников личного видения перспектив развития соответствующей отрасли, своей роли и возможностей карьерного продвижения;

- Организация соревновательного процесса, повышающего интерес участников к происходящему;

- Формирование у участников устойчивого представления об имидже ведущих предприятий отрасли.

Первые серии игр были организованы на базе Нефтеюганского индустриального колледжа (филиала) ФГБОУ ВПО «Югорский государственный университет» три года назад. Уже с первого раза стало ясно – данный опыт интересен как выпускникам, преподавателям и администрации учебного заведения, так и работодателям. На первом этапе совместного имиджевого мероприятия, проводимом на базе и силами учебного заведения, отрабатываются навыки общения с кадровыми службами, способы подачи информации о себе в выгодном свете в форме резюме соискателя в рабочем режиме. По результатам первого этапа игры студенты получают допуск для самостоятельной подготовки на основной, профессиональный этап игры.. Через установленное время, проанализировав резюме и информацию от процессных подразделений своих предприятий, комиссии от предприятий включаются в Игру на территории колледжа. Опыт показал, что наиболее эффективно мероприятие проходит в случае, когда делегация от предприятия включает как специалистов кадровых служб, так и ведущих специалистов процессных подразделений. На основном этапе в игровой форме проходит оценка профессиональных знаний и компетенций будущих выпускников, осведомленность в вопросах охраны труда и промышленной безопасности. Но главным итогом, все же остается то, что неуклонно меняется мнение работодателя об уровне подготовки выпускника СПО его возможности быть реально полезным на объектах промышленных производств. Кроме того, наглядно демонстрируется результат реального участия студентов в модели непрерывной профессиональной подготовки на определенном этапе и вырисовывается определенный вектор дальнейшей реализации в этом направлении. По итогам игр выстраивается рейтинг выпускников, а лучшие в качестве бонуса получают приглашение на трудоустройство сразу после получения диплома, а зачастую практически сразу. Отчасти, данная форма взаимодействия напоминает существующее ранее распределение, но уже в адаптированной к современным условиям форме. Радует, что, например, в ООО «РН-Юганскнефтегаз», к участникам, особенно победителям деловых игр, устанавливается особое отношение.

Их не просто принимают на работу, а принимают по специальной программе «Молодой рабочий», которая предоставляет массу льгот и возможностей для профессионального роста и совершенствования. Абсолютное большинство участников выбирают индивидуальную траекторию дальнейшего обучения по формуле: наработка производственного стажа плюс расширение сферы теоретических знаний по заочной форме. Конечно, в условиях стремительных изменений запросов и кадровых потребностей, невозможно найти панацею и обеспечить трудоустройство выпускников по полученной профессии на 100%. Но в рамках реализации непрерывной профессиональной подготовки специалистов технического профиля создание традиционных системных мероприятий с ведущими работодателями в форме деловых игр – один из способов, способствующих:

- реальному решению проблемы трудоустройства;
- включению работодателей в систему непрерывной профессиональной подготовки не только в плане формирования запроса, но и в плане практической реализации результатов различных уровней подготовки.
- повышению имиджа учебного заведения как ведущего звена в системе непрерывной профессиональной подготовки специалистов технического профиля;
- формированию, укреплению эффективных связей с работодателями;
- повышению качества подготовки специалистов.

Используемая литература:

1. Огнев А.С., Гончар С.Н. Позитивная психология в системе непрерывного профессионального образования (на примере курса «Жизненная навигация)//Непрерывное образование: XXI век. Выпуск 2, 2013.
2. Концепция социально-экономического развития Ханты-Мансийского автономного округа Югры до 2020 года Электронный ресурс. Режим доступа: http://www.admhmao.ru/economic/strateg/frame.htm.
3. Концепция долгосрочного социально-экономического развития Российской Федерации на период до 2020 года. / Утвержденараспоряжением Правительства Российской Федерации от 17 ноября 2008 г., № 1662-р.
4. Государственная программа Ханты-Мансийского автономного округа – Югры «Развитие образования вХанты-Мансийском автономном округе – Югре на 2014 – 2020 годы».

Блинова А.С.

Московский городской психолого-педагогический университет
Межведомственный ресурсный центр мониторинга и экспертизы
безопасности образовательной среды

ГАРМОНИЗАЦИЯ ВЗАИМООТНОШЕНИЙ МЕЖДУ СУБЪЕКТАМИ ОБРАЗОВАТЕЛЬНОЙ СРЕДЫ КАК УСЛОВИЕ ЕЁ ФУНКЦИОНИРОВАНИЯ

Неоспоримым является тот факт, что получение образования - неотъемлемая часть жизненного пути любого человека. Американский философ и педагог Джон Дьюи [2] главнейшей задачей современной ему школы видел развитие у детей навыков рефлексивного мышления и адаптации в социуме, а в воспитании – активных, самостоятельных людей. Это невозможно без обучения эффективному и гармоничному взаимодействию с другими людьми. Таким образом, с нашей точки зрения, обеспечение и поддержание психологической безопасности образовательной среды должно основываться на понимании ведущей роли межличностных отношений субъектов образовательной среды.

В научном и педагогическом сообществе уже много лет ведется дискуссия о неэффективности и даже травматичности образовательной системы для ребенка. В конце 60-ых годов 20 века Карл Роджерс, характеризуя современную ему школу, пишет следующее [3]: "Невидимые связующие нити, объединяющие людей как членов одной семьи, одного круга, соседей, школьников-однокашников, сегодня натянуты до предела. На протяжении последних трех десятилетий граждане, средства массовой информации и педагогическая общественность многократно выражали беспокойство по поводу состояния наших школ". Он приводит статистические данные, касающиеся правонарушений, совершенных в школьной среде современного ему исторического периода и, к сожалению, как мы видим, статистика с тех пор мало меняется.

Конечно, сложно связать снижение уровня психологической безопасности с каким-либо одним негативным социальным явлением. В современных исследованиях по данной проблематике мы сталкиваемся с целым комплексом проблем. Однако, проанализировав современную научную литературу [1], [4], мы пришли к выводу, что большинство современных исследователей сходятся во мнении - полное исключение угроз из образовательной среды невозможно, возможен только их контроль. Возникает некоторое противоречие: мы видим, что подавляющее большинство угроз носят характер нарушений во взаимоотношениях между людьми. Почему, в таком случае, речь не идет о налаживании контакта между субъектами образовательной среды, а лишь о работе непосредственно с уже возникшими проблемами? Помимо этого, зачастую, работа ведется не со школьным сообществом в целом, а лишь с отдельными его частями – группами риска. По нашему мнению, возникновение групп риска – это индикатор нарушения взаимоотношений между субъектами образовательной среды. В эмпирической части нашей работы мы постараемся доказать определяющую роль отношений в решении этой проблемы.

Можно говорить о том, что человек, не являясь идеальным существом, может иметь как конструктивные потребности (в любви, заботе, самовыражении), так и деструктивные (нанесении ущерба, агрессии). Однако, с точки зрения психологического здоровья и благополучия личности, если подразумевается, что она (личность) находится в благоприятных социальных условиях, возникновение деструктивных потребностей не представляется возможным. В контексте взаимоотношений, под «деструктивными» потребностями подразумеваются предполагающие нанесение сознательного или бессознательного ущерба другим людям. В психологии это чаще всего называют психологическим насилием, которое, как известно, может принимать различные формы. Этот вопрос уже обсуждался выше.

Основная задача образования – формирование целостной, полноценно функционирующей личности и, в конечном счете, – полноценного общества. Таким образом, нельзя говорить о полноценности и адекватности образовательной среды, если речь идет об интересах и потребностях каких-то отдельных групп. Любой человек имеет право находиться в среде, отвечающей его потребностям. Выстраивая отношения между собой, люди стремиться создать комфортные условия, в которых смогут свободно выражать и удовлетворять свои потребности.

В реальной школьной среде мы сталкиваемся с тем, что обучающийся воспринимается как объект воздействия, который должен подчиняться воле вышестоящего учителя, соответствовать требованиям и четко выполнять указания. Проблемы, возникающие во взаимоотношениях между учителем и обучающимися игнорируются, либо решаются в пользу одной из сторон конфликта. Все это приводит к нарушениям безопасности среды и эти нарушения носят принципиально иной характер, нежели просто возникновение рисков – это проблема мировоззрения. То, как люди воспринимают среду и себя в ней, определяет их дальнейшие действия и, в конечном итоге, приводит к формированию определенной стратегии действий. Эта стратегия имеет тенденцию повторяться и распространяться на всех участников образовательного процесса.

Список литературы:

1. Баева И. А., Волкова И. А., Лактионова Е. Б. Психологическая безопасность образовательной среды: учебное пособие. М.: Эконом-Информ, 2009. – 248 с.
2. Дьюи, Дж. Школа и общество / Дж. Дьюи. – М.: Госиздат, 1924.
3. Роджерс К., Фрейберг Д. Свобода учиться. М., 2002.
4. Langhou R. D., Annear L. Safe and Unsafe School Spaces: Comparing Elementary School Student Perceptions to Common Ecological Interventions and Operationalizationsy // Journal of Community & Applied Social Psychology J. Community Appl. Soc. Psychol., 2011.

Збанацкая А.Б.
кандидат психологических наук, МПСУ (филиал г. Одинцово)
odmpsi@mail.ru
Гребенникова О.В.
доцент, кандидат психологических наук, МПСУ (филиал г. Одинцово)
grebennikova577@mail.ru

СОЦИАЛЬНАЯ ИДЕНТИЧНОСТЬ КАК ОТРАЖЕНИЕ ВЗАИМОДЕЙСТВИЯ ЛИЧНОСТИ В ПРОЦЕССЕ СОЦИАЛИЗАЦИИ

Формирование социальной идентичности личности, позволяющей ей ориентироваться в своем социальном окружении и являющейся «призмой» для интерпретации собственного опыта взаимодействия с другими людьми, является одним из важнейших результатов социализации.

Социальная идентичность - это результат процесса социальной идентификации, под которым понимается процесс определения себя через членство в социальной группе. Социальная идентификация выполняет важные функции, как на групповом, так и личностном уровне: именно благодаря этому процессу общество получает возможность включить индивидов в систему социальных связей и отношений, а личность реализует базисную потребность групповой принадлежности, обеспечивающей защиту, возможности самореализации, оценки другими и влияния на группу [3, 25].

Одним из первых о важности социальной идентичности заговорил Курт Левин, который полагал, что человек нуждается в прочном ощущении групповой идентификации, чтобы сохранять ощущение внутреннего благополучия. Социальная идентичность возникает из осознания своего членства в различных социальных группах - гендерных, этнических, возрастных, профессиональных и т.д. - вместе с ценностным и эмоциональным значением, придаваемым этому членству, и, следовательно, обладает смысловой природой. Она образуется с помощью механизмов отождествления и дифференциации с теми или иными группами (соответственно ин-группами и аут-группами) и развивается на протяжении всей жизни человека в соответствии с изменениями социального контекста в форме идентификации человека с теми или иными социальными группами и реализации соответствующих им социальных ролей.

В.Н. Павленко отмечает, что социальная идентичность теснейшим образом взаимосвязана с ин-групповым подобием и межгрупповой дифференциацией, личностная идентичность - с отличием от всех других людей ... Поскольку же очень трудно представить, как можно в каждый данный момент, одновременно чувствовать себя и подобным членам ин-группы (проявляя социальную идентификацию), и отличным от них (в рамках личностной идентичности), то это противоречие породило идею о неизбежности определенного конфликта между двумя видами идентичности [2, 139].

Большая выраженность в самосознании социальной идентичности влечет за собой переход от межличностного поведения к межгрупповому. Основной чертой последнего является то, что оно контролируется восприятием себя и других с позиций принадлежности к социальным категориям. Как только на первый план в «Я-концепции» выходит социальная идентификация, личность начинает воспринимать себя и других членов своей группы как имеющих общие, типичные характеристики, которые и определяют группу как целое. Это ведет к акцентуации воспринимаемого сходства внутри группы и воспринимаемого различия между теми, кто относится к разным группам.

Идея о социальной идентичности получила отражение в работах основоположников теории самокатегоризации М. Шерифа и Г. Тэджфела. Одним из основных понятий этой теории является понятие социальной категоризации. Процесс социальной категоризации или процесс распределения социальных событий или объектов по группам необходим человеку для определенной систематизации своего социального опыта и одновременно для ориентации в своем социальном окружении. Данное понятие было введено Г. Тэджфелом (1982) для заявления своей концептуальной позиции при решении вопроса о противоречивости межгрупповых и межличностных начал в человеке, позиции, в соответствии с которой межгрупповые и межличностные формы взаимодействия рассматриваются как некоторый континуум, на одном полюсе которого можно расположить варианты социального поведения человека, полностью обусловленные фактом его группового членства, а на другом – такие формы социального взаимодействия, которые полностью определяются индивидуальными характеристиками участников [1, 127].

В соответствии с теорией самокатегоризации, процесс становления социальной идентичности в процессе социализации личности включает в себя три когнитивных процесса.

Во-первых, индивид самоопределяется как член некоторой социальной категории.

Во-вторых, человек не только включает в свой «Я»-образ общие характеристики собственных групп членства, но и усваивает нормы и стереотипы поведения, им свойственные (процесс социального взросления и состоит, по сути, в апробировании различных вариантов поведения и выяснения, какие из них являются специфическими для собственной социальной категории).

В-третьих, процесс становления социальной идентичности завершается тем, что человек приписывает себе усвоенные нормы и стереотипы своих социальных групп, они становятся внутренними регуляторами его социального поведения [1, 129].

По мнению С.А. Баклушинского и Е.П. Белинской, в ситуации быстрых социальных изменений, когда идет процесс создания новых общностей и групп, или изменение их роли и значимости в глазах индивида, когда как никогда остро встают вопросы этнического и регионального самоопределения, именно концепция социальной идентичности позволяет понимать, осмыслять и прогнозировать многие процессы, которые имеют место в нашем обществе [1, 135].

Литература

1. Идентичность: Хрестоматия / Сост. Л.Б. Шнейдер.-М.: Издательство Московского психолого-социального института; Воронеж: Издательство НПО «МОДЭК», 2003.
2. Павленко В.И. Представления о соотношении социальной и личностной идентичности в современной западной психологии // Вопросы психологии. – 2000. - № 1. – С. 135-142.
3. Ядов В.А. Саморегуляция и прогнозирование социального поведения личности / Под ред. В.А.Ядова.- М.: Культура и спорт. ЮНИГИ, 1994.

Яковлев Б.П., Гафарова Г.И., Медведева И.И., Степанова И.Н.
д.псх.н., профессор и аспиранты ГБОУ ВПО «Сургутский
государственный университет ХМАО-Югры»
boris_yakovlev@mail.ru

ЛИЧНОСТНАЯ ГОТОВНОСТЬ НА ВЛИЯНИЕ ПСИХИЧЕСКОЙ НАГРУЗКИ В УСЛОВИЯХ УЧЕБНОЙ ДЕЯТЕЛЬНОСТИ

Современная система образования акцентирует внимание учащихся преимущественно на получение как можно большего объема информации, теоретических знаний и упускает проблему практической реализации полученных знаний с учетом собственных потенциальных возможностей в повседневной жизни. Именно в активной личностной позиции, заключается важнейшее условие полноценного физического и психического и социального здоровья, устойчивости к чрезмерным психическим нагрузкам.

При анализе психической нагрузки следует учитывать, что процесс учебной деятельности - это в большинстве своем не только внешне наблюдаемая учебная деятельность, а внутренне скрытая форма произвольной и непроизвольной активности сознания и в целом личности учащегося. Большое содержательное (качественное) и процессуальное разнообразие предметной деятельности является важной особенностью психической нагрузки в учебном процессе и основным отличием от особенностей учебной нагрузки, которая определяется государственным образовательным стандартом. Поэтому учёные и специалисты указывают на то, что дети устают и перегружаются не от количества учебных часов самих по себе и, которые устанавливаются в соответствии с возрастными нормами, а с психологическими особенностями непродуктивной и нетворческой учебы, от зубрежки и того, что им приходится заниматься неинтересным делом долго и усидчиво. Дело ведь в том, чем и как наполнены эти учебные занятия и внеклассные часы. Менять надо не нормированный объём нагрузки, тем более что, как выяснилось, мы и не вправе это делать. Менять надо сами подходы к содержанию учебной деятельности учащихся в школе.

Психическая нагрузка так же как и любой психический процесс личности учащегося, проявляется в результате взаимодействия внешних (образовательных, социальных) и внутренних условий. Между внешними и внутренними условиями существует взаимное влияние. С психологической точки зрения, внешние образовательные условия оказывают только косвенное влияние на успешность обучения, вызывая у учащегося динамическое взаимодействие психических процессов, образующих в соответствии с требованиями, диктуемыми конкретной предметной деятельностью, субъективные состояния, представляющие собой подвижную систему, (детерминирующие способность учащихся к быстрому переходу от относительно фоновых состояний к периодам предельной мобилизации функциональных ресурсов и резервов, и наоборот) и являющихся частью комплексной и динамической системы взаимовлияния между внешними и внутренними условиями деятельности человека.

Рациональное, оптимальное управление средствами и методами обучения и воспитания дает возможность воздействовать на психологию учащегося, чтобы выработать у него необходимые субъективные состояния, индивидуальные качества, отношения, мотивы, определяющие его направленность к самореализации своих возможностей. Следовательно, исходя из принципа единства сознания и деятельности, взаимосвязи внешних и внутренних условий, можно сделать вывод, что психическая нагрузка в системе учебной деятельности вызывает определенные мобилизационные изменения которые образуют индивидуальную структуру качеств и состояний субъекта, необходимых для успешного осуществления учебной деятельности и самореализации своих возможностей.

Психическая нагрузка детерменируется личностной готовностью, которую можно охарактеризовать как адекватная мобилизация организма и психики на суммарное воздействие факторов внешних и внутренних условий учебной деятельности. Установление зависимости между достигнутыми результатами при выполнении учебных задач и показателями уровня готовности есть путь определения индивидуальной величины влияния психической нагрузки на продуктивность и успешность учебной деятельности ученика. Внешней причиной обуславливающей оптимальный уровень влияния психической нагрузки, являются обучающие требования, предъявляемые к учащемуся особенностями учебного предмета, стилем преподавания, программой, дидактическими технологиями, конкретными задачами по сложности, креативности и другими факторами его деятельности. Внутренними условиями отражающие адекватность и оптимальность обучения является активно-личностная готовность.

Мы придерживаемся положения о том, что активно-личностная готовность - это такое психодинамическое, системно-функциональное состояние, которое отражает уровень продуктивности и мобилизованности (напряжённости) субъекта деятельности на сложившуюся величину психической нагрузки в ситуациях учебной деятельности. При данных условиях, через систему "субъект-субъектных отношений" формируется активно-личностная готовность к саморазвитию, самопознанию, самосовершенствованию учащегося.

Наши научно-экспериментальные исследования на учащихся 1класса - 11 класс, по методам «Психическая нагрузка в учебной деятельности» и

«Психолого-педагогический паспорт учащегося (ПППУ)», позволили выделить три вида психической нагрузки- минимальную, оптимальную, предельную [1,2].

Минимальная нагрузка - характеризуется не высоким уровнем личностной готовности, связанной с решением простых, репродуктивных задач, отработки навыков, умений, в благоприятных школьных условиях.

Оптимальная нагрузка, связана с мобилизационной готовностью всех систем организма и выражается в эффективной, согласованной, координированной работе, требующей концентрированного внимания, оперативного мышления. Такая психическая нагрузка формирует у учащихся активно-личностную готовность к учебным нагрузкам. Под такой оптимальной нагрузкой мы понимаем соответствие учебной деятельности (внешних обучаемых воздействий) ученика наличному уровню проявлений его личностной готовности.

При предельных (чрезмерных) нагрузках - личностная готовность также связана с мобилизацией всех систем организма на решение сложных творческих, проблемных задач, с включением больших волевых усилий, интуитивных механизмов. После периода подъема замечается спад интереса, и достигнутое не закрепляется, а затем следует новое увлечение, то есть устойчивой системы нет ни в одном виде занятий из-за отсутствия привычки к волевому усилию.

Обычно, предельная нагрузка это стрессовая ситуация, что сказывается на умственной работоспособности учащихся, на большом расходовании функциональных энергетических ресурсах, на физиологических и психических проявлениях, на успешности решения поставленных задач.

Хотя предельные нагрузки иногда нужны, так по определению Ж.Пиаже, интеллект есть способность адаптации к трудным условиям (в том числе - новым). Следовательно, интеллект активизируется в той мере, в какой условия будут максимально жёсткими с точки зрения требований адаптации.

Целесообразность и необходимость исследовательской работы в поиске оптимальных психических нагрузок в условиях напряжённой учебной деятельности несомненна важна для более адекватного и рационального построения, планирования предметного содержания учебной нагрузки в том или ином семестре, периоде образовательного процесса. При переходе из одной ступени школьного образования на другую ступень, у учащегося должна быть сформирована не просто активно- личностная готовность к новой ступени обучения и воспитания, но и активизированы в развитии определённые способности. Таким образом, педагог должен обладать компетентностью в особенностях и величине психической нагрузки на разных ступенях школьного образования.

В качестве обобщения вышесказанного можно выдвинуть следующее положение: успешность деятельности учащихся обеспечивается детерминацией активно-личностной готовности, задействованием адекватных способностей предлагаемым требованиям, задачам учебной деятельности, поддержанием силы мотивации достижения. Пасуя перед преодолением трудностей и препятствий учебной деятельности, учащийся с каждым разом формирует обратное состояние пассивно-личностной готовности – отказ от творческой самореализации, со временем теряя способность продуктивно использовать движущую силу психической нагрузки.

Активная здоровая жизнедеятельность человека не мыслима без определенной величины психической нагрузки (также как и без физической нагрузки), являющая причиной стрессовых состояний. Так как психическая нагрузка это не состояние, а непрерывный развивающийся процесс, в ходе которого личность стремится путем многочисленных взаимосвязей с внешними и внутренними условиями жизнедеятельности достичь максимума самореализации своих потенциальных возможностей.

Но для каждого человека важно найти свою оптимальную величину психической нагрузки, в том числе и для одарённых детей. Иначе воздействие предельной или минимальной величин психической нагрузки будут определенным образом негативно оказывать влияние на состояние здоровья и эффективность учебной деятельности человека.

Поэтому необходимой и важной научно-экспериментальной и практической задачами в настоящее время является оценка обучающих воздействий (на психолого-педагогической основе), позволяющая контролировать механизмы регуляции психической нагрузки в условиях учебной деятельности и возможность их оптимальной коррекции с учетом индивидуально - психологических особенностей. В настоящее время много факторов усугубляющих воздействие психической нагрузки на организм и психику ученика. Например, обязательный компонент современного обучения - компьютер. Компьютер требует сосредоточенности, концентрированности, оперативного мышления и огромного психического напряжения, которого практически не бывает на обычных занятиях. Эта область весьма мало изучена, поскольку современная мультимедиа-техника появилась лишь недавно.

В понимании применительно к учебной деятельности: психическую нагрузку можно трактовать как функцию от величины совокупности обучающих воздействий и познавательной активности, обусловливающих личностную готовность и базирующихся на индивидуальных различиях. Изучение индивидуальных особенностей психических нагрузок у одарённых детей, может способствовать обогащению представлений о механизмах внутренней регуляции при тех или иных обучающих воздействиях в условиях учебной деятельности. Поэтому от объективного контроля возникающих психических проявлений в различных ситуациях учебной деятельности и от умения прогнозировать их влияние на познавательную активность и творческое мышление, способности учащегося зависит решение целого ряда важных практических задач, в том числе и решение проблемы оптимизации учебной нагрузки.

Литература

1.Яковлев Б.П., Краснобаева Л.В. Особенности проявления познавательной активности школьников.-Великие Луки, Изд-во Великолукская городская типография, 2000.-140с.

2. Яковлев Б.П.. Психическая нагрузка в современном образовательном процессе.- Журнал «Психологическая наука и образование» №4, 2007. – С.72-80.

Kamneva E.V.
Annenkova N.V.
Docent, PhD, Associate Professor Department of Applied psychology,
Financial University under Russian Government

INTERRELATION OF VALUES OF YOUNG PEOPLE AND THEIR RELATION TO MONEY

In modern society, money symbolize value, which is created by human's imagination and it has no real value. Coin or banknote have their value only because people accept them as means of payment. The importance of money within the economy is determined by its purchasing power, but economic theory does not explain, how humanity came to the usage of money. This process has rather more psychological and social than economic roots. Money is a social institution, which was established by people's common agreement and a symbol, which is based on common consent.

O.S. Deyneka states, that human's perception of money is subjective and it influences the way, people deal with it [1, 36-46]. Consequently, people's reaction on money differs according to their position in society and is determined by their social and psychological differences. The use of money is regulated by psychosocial norms and social values, which by majority of authors are considered to be «notional establishments, connecting cognitive and motivating spheres». Values act as criteria for reality appreciation and behavior regulators, which give meaning to person's actions. Values are defined as subject's attitude to various events, life fact, object and another subject and it is recognition as important, having living value.

Experimentally psychological research of money as phenomena are quite rare so far. Scientists note a huge variety of attitudes to money: money is a measure of success and welfare; it is a socially accepted object of existence and at the same time the reason of contempt and even moral evil; money acts as the means of comfortable living and, finally, money is a conservative commercial value.

Even less researched is the influence of money on the development of personality and personal qualities - people's perception of money. According to M.U. Semenov's research, teenagers usually associate money with authority [3]. Females generally consider money in the operational aspect (physical form), while males think of it in terms of its usage.

In modern Russian researches is marked the increasing role of money as a new factor of socialization, i. e. that factor, which plays a significant role in the development of modern personality. At the same time money may act as a factor of development, increase of opportunities as well as lead to stagnation in personality' development, becoming over- estimated formation.

Students consider money as a measure of social value and prestige. However, for many of them money is also a source of tension and complexes. In Deyneko's opinion, students have incomplete and unsustainable concept of essence and importance of money.

Objectives: discovery of interconnection between students' personal value orientation and their attitude to money.

In the research took part 24 students (11 males and 13 females) of Financial University under Russian Government, aged from 20 to 25. We used morphology test of life values to ascertain participants' life values. Students' attitude to money was found out with a help of M.Y. Semenov's poll.

17% (54 points and more) of respondents have good skills in dealing with money. Money can symbolize power and independence for these students and be used to control other people.

29% of students underestimate the importance of money. Their financial position is less important for them, than their relations with other people. High level of anxiety caused by money, too much control over their financial resources, and fear of losing their source of income is shown by 34% of respondents. At the same time, 17% of them are confident in their financial position and underestimated value of money.

Negative attitude to money, contempt and a wish to get rid of them, thinking of money as means of humiliation and violence was demonstrated by 17% of respondents. Money cause neutral and positive emotions at 21 students. For 50% of respondents is characteristic impulsive consumer behavior, which characterizes their immature personality. They often think and dream about money, using it as a remedy for depression and despondency.

With a help of correlation analysis we found interconnection between students' attitude to money and their life values. Let us consider the most significant features of this interconnection.

Positive and rational attitude to money are directly connected with importance of social life ($r=0,586$, $p\leq0,01$) and have reversed proportional dependence from the importance of self-development ($r=-0,631$, $p\leq0,01$) and self-prestige ($r=-0,545$, $p\leq0,01$). Consequently, social life is very important for those respondents, who have good skills in dealing with their finances, they a tendency to be self-sufficient. They are not eager to be a leader, avoid failures and conflicts.

Motivation of financial saving have direct interconnection with students' achievements ($r=0,871$, $p\leq0,01$) and financial position ($r=0,891$, $p\leq0,01$). Respondents, which are concentrated on money, have prevailing motivation for saving and overestimate importance of money, want to achieve exact and appreciable results. Such people usually plan their lives and have exact aims for every life stage. Achievement of these aims is crucially important for them. Their life achievements act as the foundation for high level of self-esteem. These students also crave for a high level of welfare. They are persuaded that high level of income is the main attribute of success in their lives. High level of welfare very often maintains the foundation for the feeling of self-importance and too high level of self-esteem.

Motivation for financial security is directly interconnected with social life (r=0,641, p≤0,01). Such people often get involved into the political or social life; political views play a huge role in their lives.

Negative attitude to money is reversely interconnected the values of saving individuality (r=-0,736, p≤0,01), education (r=-0,667, p≤0,01) and family (r=-0,511, p≤0,01). Those respondents, who have tension, caused by money are oriented on conformism and are less communicative, also they dislike taking responsibility and do not crave for improving their level of education. Welfare in their families is not the main goal.

Therapeutic function of money has reversed proportional dependence from values of financial position (r=-0,606, p≤0,01). Those respondents, who consider money as pleasure or medicine, are indifferent to money. Impulsive consumer ignores financial position as an aim to achieve.

Our research has shown, that students' attitude to money differs significantly [2, 65]. Some students underestimate money, others have huge tension because of money or too strict control of their finances and a fear of losing their money. We have also clarified interconnection between attitude to money and life values (moral and pragmatical).

Bibliography

1. Дейнека О.С. Динамика макроэкономических компонентов образа денег в обыденном сознании // Психологический журнал. 2002. Т.23. № 2. С.36-46.

2. Камнева Е.В., Анненкова Н.В. Взаимосвязь жизненных ценностей и отношения к деньгам в молодости // Гуманитарные науки в XXI веке. 2014. № XIX. С. 62-65

3. Семенов М.Ю. Особенности отношения к деньгам людей с разным уровнем личностной зрелости. Автореф. дисс. канд. психол. наук. – Ярославль, 2004. 22 с.

Епифанцев В.В.

профессор, доктор сельскохозяйственных наук, профессор кафедры «Садоводство, селекция и защита растений»

Ковальчук О.А.

аспирантка 3-го года обучения кафедры «Садоводство, селекция и защита растений»

ФГБОУ ВПО «Дальневосточный государственный аграрный университет»

E-mail: viktor.iepifantsiev.59@mail.ru

ВЛИЯНИЕ СРОКОВ ПОСЕВА НА ПОСТУПЛЕНИЕ ЗЕЛЕНИ И УРОЖАЙНОСТЬ СЕМЯН УКРОПА В ПРИАМУРЬЕ

Вступление России в ВТО требует повышения конкурентноспособности, эффективного импортозамещения и развития экспортного потенциала от отечественных производителей овощной продукции. Следовательно, задачи по сглаживанию сезонности и расширению ассортимента овощной продукции в Дальневосточном Федеральном округе довольно актуальны на современном уровне развития сельскохозяйственной науки и производства.

Укроп пахучий (Anethum graveolens L.) – однолетнее травянистое растение семейства Сельдерейные (Apiaceae). Культура холодостойкая, требовательная к свету, влажности и чистоте почвы, ее гранулометрическому составу. При продолжительном световом дне и недостатке влаги в почве быстро переходит к образованию цветоносных побегов. При сокращении длины дня до 10 – 12 часов, растения остаются в фазе розетки и к цветению не приступают. Наибольшую ценность в качестве источников витаминов, флавоноидов и минеральных веществ, представляют зеленые листья и молодые надземные побеги. В условиях Приамурья практически не изучена связь урожайности зелени и семян укропа со сроками посева в открытом грунте для реализации конвейерного поступления свежей продукции и заготовки ее с целью длительного хранения.

Цель исследований - выявить оптимальные сроки посева, влияющие на рост, повышающие урожайность, качество зелени и семян, позволяющие сгладить сезонность поступления и обеспечивающие конвейерное производство продукции укропа в условиях открытого грунта Приамурья.

Исследования проводили в 2012 -2013 гг. на опытном участке ДальГАУ, расположенном в Благовещенском районе, в типичных условиях южной зоны Амурской области. Варианты опыта: контроль - 20 апреля, 5, 10, 15 мая, 10, 20 июня, 5 и 15 июля. Высевали сорт Супердукат ОЕ, рекомендованный для Амурской области [1, 225]. Схема посева 32+32+76 см на грядах с шириной между грядовыми бороздами 140 см. Расстояние между растениями в рядке при выращивании зелени укропа – 1 см, семян – 5 см. Площадь посевной делянки 14 м^2, для учета зелени - 4,2 м^2 и семян укропа - 2,8 м^2, повторность 4-х кратная [2, 8]. Учёты и наблюдения проводили согласно разработанным методикам.

Весна в 2012 г. была поздней затяжной с резкими перепадами температур и неравномерным распределением осадков. Май 2012 г. был необычно теплым и сухим. Сумма осадков за апрель составила 25, а за май 19 мм, что на 7 и 23 мм меньше многолетней. Во все декады мая 2013 г. температура воздуха была выше нормы соответственно на 3,4^0, 1,9^0 и 1,1^{0}С. Сумма осадков за апрель равна 25 мм, за май 115 мм, отклонение от многолетней суммы было на -7 и +73 мм. Летний период 2012 г. характеризовался необычно теплой погодой. Сумма осадков за летние месяцы соответственно им распределялась: 94, 212 и 35 мм. Лето 2013 года так же было теплым с неравномерным распределением осадков. Температура воздуха за июнь была равна +19,7^0, за июль - +21,7^0 и за август – +19,8^{0}С. Осадков за летний период выпало на 56,8% больше нормы.

В 2012 г. первый возможный срок посева семян был 16 апреля, массовые всходы появились через 21 сутки после него 7 мая. К посеву укропа в 2013 г. приступили после просыхания верхнего слоя почвы на глубине 5 см - 20 апреля. Всходы появились 2 мая, период от посева до всходов длился 12 суток. В мае 2012 – 2013 гг. сроки посева соответствовали их датам, приведенным в методике. При посеве 5 мая 2012 г. всходы появились 18 мая, при посеве 10 мая – 22 мая и при посеве 15 мая – 25 мая. В 2013 г. всходы появились соответственно срокам посева - 16, 21 и 24 мая. В летнее время 2012 г. первый посев семян укропа был проведен 15 июня, после выпадения осадков в конце первой – начале второй декады месяца, всходы появились – 25 июня. В 2013 г. посев проведен 30 мая, а всходы появились 13 июня. Между датами посева второго июньского срока посева в 2012 и 2013 гг. различия составили 10 суток. Всходы соответственно в 2012 г. появились 4 июля и в 2013 г. – 22 июня. К уборке зелени укропа раньше приступили в 2013 г. – 29 мая при посеве его семян 20 апреля. Средняя за два года дата сбора зелени укропа была соответственно срокам посева: при 1-ом – 6 июня, 2-ом – 15, 3-ем – 24 и 4-ом – 29 июня, 5-ом – 16 июля, 6-ом – 22 июля, 7-ом – 6 августа и 8-ом – 17 августа. Поздно уборку зелени проводили в 2012 г. – 19 августа при сроке посева 15 июля. В среднем за два года в зависимости от срока посева, период от массовых всходов до уборки продукции длился от 21 суток при летних посевах (5 и 15 июля) до 34 - 36 суток при весенних сроках посева - 10 и 15 мая. Раньше плоды укропа начали созревать при посеве семян в 2013 г. 20 апреля – 16 июля, позже других вариантов опыта в этом же году они зрели при посеве 15 июля – 10 сентября. Средние за два года даты созревания семян соответственно срокам посева были: 9, 14, 18,

24 июля, 4, 13, 25 августа и 8 сентября. Двухлетние наблюдения показали, что при посеве в летние сроки сокращается на период от всходов до сбора продукции на 8 – 15 суток, а вегетационный период растений укропа на 18 – 21 сутки в сравнении с весенними посевами.

Наибольшую урожайность товарной продукции в 2012 г. укроп сформировал при сроке посева 5 мая – 28,46 т/га и наименьшая продуктивность зелени отмечена контрольном варианте - 8,17 т/га. Соответственно срокам посева была получена прибавка урожайности при сроке посева 5 мая – 20,29 т/га, 10.05 – 7,9, 15.05 – 2,26, 15.06 – 9,9, 25.06 – 17,91, 5.07 – 12,24 и 15.07 – 10,4 т/га. В 2013 г. наибольшую урожайность товарной продукции укроп обеспечил также при посеве 5 мая – 13,5 т/га, а наименьшая урожайность его зелени была при посеве 15 мая – 7,68 т/га. Прибавка урожайности в сравнении с контролем была получена при посеве 5.05 – 7,1%. Уступали контрольному сроку посева по урожайности на 30,5% посев 10.05, на 39% - 15.05, на 14,1% - 30.05, на 7,5% - 15.06, на 4,4% - 5.07, и на 1,9% урожайность ниже при посеве 15.07. В среднем за два года наибольшая урожайность зелени укропа формировалась при посеве 5 мая, остальные варианты опыта существенно уступали ему на 54,1% - 15.05 и 10,05% - 20.06..

В 2012 г. семян было больше собрано при посеве 16 апреля – 0,322 т/га, а наименьшая урожайность их была получена варианте опыта - срок посева 15 июля – 0,062 т/га. Ошибка опыта составила $s_x = 0,0009$ т/га, и наименьшая существенная разность $НСР_{05} = 2,19\%$. Наибольшая продуктивность семян в 2013 г. отмечена при посеве 15 мая – 0,43 т/га, а наименьшая при посеве 15 июня – 0,34 т/га. Соответственно $НСР_{05} = 0,46\%$. В среднем за два года наибольшая урожайность семян получена при посеве 20 апреля. Другие варианты опыта уступали ему на 29,7 – 40,5%. Таким образом, посев укропа в поздние летние сроки существенно снижает урожайность его семян.

Таким образом, определены сроки, для получения максимальной урожайности зелени 20,98 т/га - при посеве семян 5 мая, а семян укропа 0,37 т/га - при посеве 30 апреля.

Литература

1. *Епифанцев В.В.* Адаптивные технологии возделывания овощных культур в условиях среднего Приамурья: Монография. – Благовещенск: ДальГАУ, 2012. – 296 с. С. 225.
2. *Епифанцев В.В.* Особенности постановки опытов с овощными культурами: Методические указания. – Благовещенск: ДальГАУ,2007. – 35 с. С.8.

Доросинский Л.Г.
доктор технических наук, профессор Уральского федерального
университета имени первого Президента России Б.Н. Ельцина

СИНТЕЗ ОПТИМАЛЬНОГО ИЗМЕРИТЕЛЯ ОБЩЕГРУППОВОГО ПАРАМЕТРА ПОТОКА СИГНАЛОВ

Проблема определения класса сигнала [1,2] представляет собой ключевую задачу систем технического зрения.

Вся доступная информация о потоке сигналов содержится в апостериорной плотности вероятности $P(\bar{x}_Ц; \bar{x}_1 ... \bar{x}_n; n)$, где $\bar{x}_Ц$ – общегрупповой параметр потока, n - число элементарных сигналов, $\bar{x}_1 ... \bar{x}_n$ - пространственные координаты отдельных элементов группы.

Определяющее значение для решения задачи синтеза устройства оценки центра потока имеет апостериорная плотность вероятности

$$P(x_Ц) = \langle P(x_Ц; n; x_1 ... x_n)\rangle_{n,\bar{x}}. \tag{1}$$

В выражении (1) усреднение производится по всем возможным значениям как числа элементарных сигналов, так и комбинациям их пространственных координат.

При заданной априорной вероятности $P(\bar{x}_Ц)$ и коэффициенте правдоподобия $\Delta(\bar{U}/\bar{x}_Ц)$ выражение апостериорной плотности вероятностей определяется по формуле Байеса

$$P(\bar{x}_Ц) = CP(\bar{x}_Ц)\bar{\Delta}(\bar{U}/\bar{x}_Ц), \tag{2}$$

где $\bar{U}$ - вектор комплексных амплитуд наблюдаемых данных.

Коэффициент правдоподобия в формуле (2) определяется статистическим усреднением частного коэффициента правдоподобия $\Delta(\bar{U}/\bar{x}_Ц; x_1, x_2, ...x_n)$, записанного в предположении, что координаты отдельных сигналов известны и фиксированы, по всем возможным значениям вектора $\bar{x}_n = (\bar{x}_1, \bar{x}_2, ... \bar{x}_n)$:

$$\bar{\Delta}(\bar{U}/\bar{x}_Ц) = \langle \Delta(\bar{U}/\bar{x}\_Ц; \bar{x}_1, \bar{x}_2, ... \bar{x}_n)\rangle_{\bar{x}_n}. \tag{3}$$

Усреднение в (3) производится по плотностям вероятности $\pi_n(\bar{x}_1, ... \bar{x}_n; \Omega/\bar{x}_Ц$. $\tag{4}$

Вероятность ΔP_n нахождения в области пространства Ω, занятой сигналом, ровно n элементарных сигналов, координаты которых попали в интервалы:

$$(\bar{x}_1, \bar{x}_1 + \bar{\Delta}_1), ... (\bar{x}_n, \bar{x}_n + \bar{\Delta}_n)$$

определяется выражением:

$$\Delta P_n = \pi_n(\bar{x}_1, ... \bar{x}_n; \Omega)\bar{\Delta}_1, ... \bar{\Delta}_n[1 + 0(\bar{\Delta})]. \tag{5}$$

При сделанных предположениях операция усреднения (3) может быть конкретизирована следующим образом:

$$\Delta[\overline{U}/x_{\text{Ц}}] = \sum_{n=0}^{\infty} \frac{1}{n!} \int_{(n)} \Delta_n(\overline{x}_n)\pi(\overline{x}_n/x_{\text{Ц}})d\overline{x}_n \,. \qquad (6)$$

Если сигналы разрешены по каждой из своих координат, то справедливо выражение:

$$\Delta_n(\overline{x}_n) = \prod_{i=1}^{n} \Delta_1(\overline{U}, \overline{x}) \qquad (7)$$

и, следовательно, для (6) можно записать:

$$\Delta[U/x_n] = \sum_{n=0}^{\infty} \frac{1}{n!} \int_{(n)} \left\{ \prod_{i=1}^{n} \Delta_1(\overline{U}, \overline{x}_i) \right\} \pi_n(\overline{x}_n/x_{\text{Ц}}), \qquad (8)$$

где $\Delta_1(\overline{U}, \overline{x}_i)$ - коэффициент правдоподобия для одного элементарного сигнала с пространственной координатой $\overline{x}_i$.

Вероятностной характеристикой для задания расположения элементарных сигналов может служить производящий функционал

$$L(u) = \sum_{n=0}^{\infty} \frac{1}{n!} \int_{(n)} \pi\left(\frac{\overline{x}_n}{\overline{x}_{\text{Ц}}}\right) \prod_{i=1}^{n} [u(\overline{x}_i) + 1]d\overline{x}_n \,. \qquad (9)$$

Сравнивая выражения (8) и (9), нетрудно установить следующее соотношение:

$$\Delta[\overline{U}/x_{\text{Ц}}] = L[\Delta_1(u) - 1/x_{\text{Ц}}]. \qquad (10)$$

Априорная информация о координатах отдельных элементов группы цели задается ниже в двух вариантах:

координаты отдельных элементов представляют собой поток Пуассона;

координаты отдельных элементов аппроксимируются потоком Бернулли.

Для потока Пуассона производящий функционал имеет вид:

$$L[u] = exp\left\{ \int_{\Omega} \beta(x)u(x)dx \right\}, \qquad (11)$$

где $\beta(x)$ - интенсивность пуассоновского потока, заданная как функция от координат потока.

Сравнение выражений (11) и (10) позволяет непосредственно получить выражение для усредненного коэффициента правдоподобия при моделировании сигнальных отсчетов пуассоновским потоком

$$\Delta[\overline{U}/x_{\text{Ц}}] = exp\left\{ \int_{\Omega} \beta(x/x_{\text{Ц}})\left[\Delta_1(\overline{U}, x) - 1\right]dx \right\}. \qquad (12)$$

Для другого частного случая, когда поток координат элементов аппроксимирован потоком Бернулли, выражение производящего функционала может быть представлено следующим образом:

$$L[u] = \prod_{j=1}^{k}\left[1 + \int_{\Omega} u(x)e_j(x)dx\right],\qquad(13)$$

где К - максимальное число отдельных элементов группового сигнала (число элементов разрешения, приходящихся на весь поток максимально возможных размеров).

$e_j(x)$ - парциальная плотность вероятности наличия элементарного сигнала на j-й позиции (с номером j), не обязательно нормированная к единице, то есть

$$\int_{\Omega} e_j(x)dx = v_j \le 1 ,\qquad(14)$$

что допускает отсутствие отражающего элемента цели в j-м элементе разрешения с вероятностью $\mu_j = 1 - v_j$. $\qquad(15)$

Сравнение выражений (10) и (13) позволяет получить коэффициент правдоподобия

$$\Delta[\overline{U}/x_Ц] = \prod_{j=1}^{k}\left[1 + \int_{\Omega} e_j(x/x_Ц)[\Delta_1(\overline{U},x_Ц) - 1]dx\right].\qquad(16)$$

С учетом (14) и (15) последнее выражение может быть записано в следующем виде

$$\Delta[\overline{U}/x_Ц] = \prod_{j=1}^{k}\left[\mu_j(x) + \int_{\Omega} e_j(x/x_Ц)\Delta_1(\overline{U},x)dx\right].\qquad(17)$$

В тех случаях, когда решение принимается по критерию максимума апостериорной плотности вероятности, оценка координаты центра находится из выражения

$$\hat{x}_Ц = argmax\{\ln P(x_Ц) + \ln \Delta[\overline{U}/x_Ц]\}\qquad(18)$$

и определяется формулами:
для пуассоновского потока

$$\hat{x}_Ц = argmax\left\{\ln P(x_Ц) + \int_{\Omega} \beta(x/x_Ц)[\Delta(\overline{U},x) - 1]dx\right\},\qquad(19)$$

для потока Бернулли

$$x_Ц = argmax\left\{\ln P(x_Ц) \sum_{j=1}^{k} \ln\left[\mu_j(x) + \int_{\Omega} e_j(x/x_Ц)\Delta_1(\overline{U},x)dx\right]\right\}.\qquad(20)$$

ЛИТЕРАТУРА

1. Dorosinskiy L.G., The research of the distributed objects' radar image recognition algorithms. Applied and Fundamental Studies. Proceedings of the 2st International Academic Conference. Vol 1. March 8-10,2013, St Louis, Missouri USA. P.211-214.
2. Dorosinskiy L.G., Invariants for the radar image classification. Applied and Fundamental Studies. Proceedings of the 2st International Academic Conference. Vol 1. March 8-10,2013, St Louis, Missouri USA. P.214-217

Доросинский Л.Г.

доктор технических наук, профессор Уральского федерального
университета имени первого Президента России Б.Н. Ельцина

ИССЛЕДОВАНИЕ АЛГОРИТМОВ РАСПОЗНАВАНИЯ РАДИОЛОКАЦИОННЫХ ИЗОБРАЖЕНИЙ РАСПРЕДЕЛЁННЫХ ОБЪЕКТОВ

Использование сверхширокополосных сигналов и больших апертур позволяет получить на выходе устройства обработки достаточно подробное радиолокационное изображение (РЛИ) наблюдаемого пространственно-распределённого объекта. Одна из основных задач, стоящих перед разработчиками устройства обработки, заключается в создании эффективных алгоритмов классификации РЛИ при наличии искажений, обусловленных ограниченной разрешающей способностью приёмной апертуры, флуктуациями наблюдаемого сигнала и помехами. При этом необходимо выбрать вектор признаков, сочетающий высокую информативность с относительно небольшой размерностью. Такой вектор может быть построен на базе достаточных статистик [1] или моментов РЛИ [2]. Вторая часть названной проблемы заключается в нахождении эффективных и простых правил решения.

Поле, создаваемое отражённым сигналом в апертуре принимаемой антенны, может быть представлено в следующем виде:

$$\dot{U}_A(t,r) = \int_{Q_k} \dot{\alpha}(t,r,q)\sigma_k(q)f(t,r,q)dq + \dot{n}(t,r), \qquad (1)$$

где r и q – соответственно радиус-вектор точки приёмной апертуры и радиус-вектор точки наблюдаемого объекта; $\dot{\alpha}(t,r,q)$ - весовая функция, зависящая от свойств приёмной апертуры и геометрических соотношений, связывающих координаты объекта и апертуры, $\sigma_k^2(q)$ - исходное изображение объекта k-го класса – распределение мощности сигнала, излучаемого (отражаемого) объектом, по его координатам в пределах области пространства Q_k; $f(t,r,q)$ - случайное поле флуктуаций, определяющее мультипликативные искажения информационного поля $\sigma_k^2(q)$; $\dot{n}(t,r)$ - гауссово поле аддитивной помехи.

Если число элементов разрешения, приходящееся на поверхность объекта, достаточно велико, наблюдаемое поле (1) можно считать гауссовским. В этом случае статистика, соответствующая наблюдению k-го класса, может быть представлена следующим образом:

$$\lambda_k = \iint_T \iint_L U_A(t_1,r_1)U_A(t_2,r_2)W_k(t_1,t_2,r_1,r_2)dt_1dt_2dr_1dr_2, \qquad (2)$$

где Т и L – соответственно время наблюдения и область пространства, занимаемая антенной системой; $W_k(t_1, t_2, r_1, r_2)$ - весовая функция обработки, соответствующая k-му из распознаваемых классов.

В последнем выражении (2) предполагалось, что математическое ожидание поля (1) равно нулю. Это ограничение не носит принципиального характера, поскольку информационным параметром в рассматриваемой задаче является удельная плотность средней мощности флуктуаций $\sigma_k^2(q)$.

Кроме того, введём два предположения, обычно выполняющиеся на практике:

а) время наблюдения и размеры антенной системы значительно превышают время корреляции и интервал пространственной корреляции принимаемого сигнала;

б) сигналы от отдельных элементов пространственно-распределённого объекта статистически независимы.

Весовая функция обработки при этом может быть найдена из интегрального уравнения обращения методом Фурье [3] и выражение для k-й компоненты вектора достаточных статистик примет вид

$$\lambda_k = \int_{Q_k} \frac{\sigma_k^2(q)}{1 + \sigma_k^2(q)} z(q) dq, \qquad (3)$$

где

$$z(q) = \left| \iint_{T\,L} U_A(t,r) \dot{\alpha}(t,r,q) dt dr \right|^2 \qquad (4)$$

- РЛИ пространственно-распределённого объекта.

Другой способ формирования вектора признаков основан на вычислении моментов различных порядков от функции $z(q)$ [2], причём центральный момент $p_1 + p_2 + \ldots + p_n$ определяется из соотношения:

$$\mu_{p_1, p_2, \ldots, p_n} = \int_Q (q_1 - q_{10})^{p_1} (q_2 - q_{20})^{p_2} \ldots (q_n - q_{n0})^{p_n} z(q) dq, \qquad (5)$$

где

$$q_{i0} = \frac{\int_Q q_i z(q) dq}{\int_Q z(q) dq}. \qquad (6)$$

В статье сравниваются несколько параметрических и непараметрических способов принятия решения. В первом случае предполагается, что вектор признаков имеет многомерное нормальное распределение с математическими ожиданиями и ковариационными матрицами, оцениваемыми на этапе обучения. Решение (1-й способ) принимается по минимуму функции:

$$\hat{i} = \min_i \{ (\Delta - \hat{M}_i)' \hat{\Sigma}_i^{-1} (\Delta - \hat{M}_i) + \ln|\hat{\Sigma}_i| \}, \qquad (7)$$

где $\hat{i}$ - оценка номера класса объекта; $\Delta=\{\lambda_1,\lambda_2,\ldots\ldots\ldots\ldots\lambda_n\}$ - вектор признаков; $\hat{M}_i$ - оценка вектора средних для i-го класса объектов; $\hat{\Sigma}_i$ - оценка ковариационной матрицы вектора признаков для i-го класса.

Другой вариант решения (2-й способ) получен упрощением (7), основанным на предположении о независимости отдельных компонент вектора признаков.

Кроме того, приводятся результаты сравнения с непараметрическим правилом – методом К «ближайших соседей» [1] (3-й способ).

Основной статистический материал, используемый для исследования алгоритмов распознавания, получен путём моделирования двумерных РЛИ, адекватных полю сигнала на выходе устройства обработки в станции бокового обзора с синтезированной апертурой. Наблюдаемый объект моделируется с помощью отдельных блестящих точек и диффузионной составляющей. Распознаваемые классы отличаются расположением блестящих точек. Число классов равно трём. В качестве признаков используются векторы: достаточных статистик $\lambda=\{\lambda_1,\lambda_2,\lambda_3\}$, а также моментов $\mu_1=\{\mu_{20},\mu_{00},\mu_{02}\}$ и $\mu_2=\{\mu_{30},\mu_{20},\mu_{00},\mu_{02},\mu_{03}\}$.

При этом вероятности правильного распознавания по трём описанным правилам решения для каждого вектора приведены в таблице.

Итак, из полученных результатов следует, что при распознавании на небольшое число классов (ситуация, типичная для классификации РЛИ), вектор достаточных статистик обеспечивает более высокую вероятность правильной классификации, чем вектор моментов такой же и несколько большей размерности. Вариант решения, предполагающий статистическую независимость признаков (2-й способ), заметно уступает правилам, учитывающим эту зависимость (1-й и 3-й способы).

Таблица

Признак	Правило решения		
	1-й способ	2-й способ	3-й способ
λ	0,98	0,80	0,94
μ_1	0,76	0,58	0,65
μ_2	0,60	0,50	0,54

ЛИТЕРАТУРА

1. Дуда Р., Харт П. Распознавание образов и анализ сцен.-М.,1976._512с.
2. Ху Минг Куэй. Математическая модель зрительного восприятия.- В кн. Проблемы бионики. М., 1965Ю сю115-135.
3. Фалькович С.Е. Оценка параметров сигналов.-М., 1970.- 260с.
4. Доросинский Л.Г. Статистическое моделирование двумерного изображения пространственно-распределённого объекта.- В кн.

Труды XI Всесоюзного симпозиума: Методы представления и аппаратурный анализ случайных процессов и полей. Сухуми, 1980, с.61-63.

Доросинский Л.Г.
доктор технических наук, профессор уральского федерального
университета имени первого Президента России Б.Н. Ельцина
Fraden Jacob
Adjunct Professor, University of California, San Diego

ПЕРСПЕКТИВЫ РАЗВИТИЯ ИНФОРМАЦИОННЫХ ТЕХНОЛОГИЙ

Для реального позиционирования любого государства как страны действительно ведущей в области информационных и компьютерных технологий возможен только один путь: стратегическая ориентация на ключевые прорывные инновационные направления, которые пока далеко не очевидны, но в ближайшем будущем займут определяющие позиции в области информационных технологий. Успех стратегических инноваций для их инициаторов многократно увеличивается эффектом внезапности. У большинства экспертов ощущение неизменности и стабильности сложившихся традиционных подходов сохраняется, как правило, и накануне самых крутых поворотов в информационных технологиях: достаточно вспомнить программирование в кодах, казавшееся в начале 60-х годов основой компьютеризации на «всю оставшуюся жизнь» и через несколько лет навсегда ушедшее в историю

Примером уникального шанса быстрых революционных преобразований в области ИТ может служить пример Сергея Брина и Лари Пейджа, создателей поисковой системы Google, компания которых, начавшись с нуля, за считанные годы увеличила свою капитализацию до 23 млрд. долларов, а её владельцы Сергей Брин и Ларри Пейдж возглавили список ста самых влиятельных медиа-фигур Великобритании по версии экспертов газеты The Guardian (апрель 2010г.).

Основные функции ИТ сегодня сводятся к выполнению программ и управлению потоками данных в сетях, обработке числовой информации, т.е. вычислениям, обработке текстовых данных (миллиардов печатных, а в последнее время и речевых, текстов на естественном языке).

В названных направлениях необходимо ориентироваться на прорывные инновационные действия, которые заключаются в следующем: разработка новых неалгоритмических парадигм информационных технологий, включающих как базовые программные технологии, так и компьютеры новой архитектуры, внедрение новой математики и основанных на ней новых технологий вычислений, комплекс перспективных технологий обработки информации на естественном языке.

Самым серьезным тормозом на пути дальнейшего совершенствования аппаратного и программного обеспечения является ставшая по нынешним временам архаичной фон-неймановская архитектура. Компьютерный мир все плотнее и плотнее объединяется с миром реальным. Появился специальный термин «всепроникающие компьютерные системы» (pervasive computing). Компьютер перестал быть ЭВМ, электронной вычислительной машиной, и неожиданно выяснилось, что в своем первоначальном виде компьютер не вполне соответствует окружающей среде. Реальный мир во всех его проявлениях параллелен, а современный компьютерный мир по своей природе последователен: данные передаются по последовательным каналам, команды выполняются одна за другой, как следствие любые попытки распараллеливания и адаптации к условиям реального мира рождают чрезвычайно сложные и искусственные решения.

Алгоритм как базовая концепция ИТ, бывшая продуктивной на первом этапе развития информационных технологий, отработал свое. Уже формируется качественно новая парадигма, базирующаяся на концепции неалгоритмического самоорганизующегося асинхронного управления (САУ), обладающего естественной параллельностью и недетерминизмом. В ближайшем будущем парадигма САУ сделает самоорганизацию и параллельность естественным свойством любой информационной платформы следующего поколения, а это означает в частности: реализацию новой компьютерной архитектуры, обеспечивающей многоуровневую параллельность асинхронного вычислительного процесса на всех этажах от чипов до операционной системы, внедрение новых технологий программирования и операционных систем для ПО любой сложности с естественной децентрализацией их функционирования.

Основой нового аппарата вычислений является единый универсальный процесс, выделяющий все пространство решений и оперирующий с задачами, в которых (как и в реальности) недоопределенными могут быть и значения параметров и сама система отношений. Новая парадигма вычислений ориентирована на прямое взаимодействие с моделью, что обеспечивает скачок в расширении спектра задач и качестве получаемых результатов. Решая задачи, для которых часто отсутствуют стандартные алгоритмы, новый вычислительный аппарат во многих случаях в десятки раз повышает эффективность расчетов по сравнению с лучшими известными методами. Очевидно, что революция в вычислениях – это прорыв в инженерных, финансовых и экономических расчетах, управлении сложными объектами и процессами, десятках других жизненно важных – в частности, оборонных направлений.

Тексты на естественном языке являются основным видом информации практически в любом виде деятельности и поэтому обработка (а в пределе и понимание) естественного языка компьютером особенно важна для подавляющего большинства приложений ИТ, особенно связанных с поиском информации в больших массивах плохо формализованных данных, в частности, в Интернет. В ближайшей перспективе не менее важную роль играет развитие речевых технологий, приближающихся к порогу широкого внедрения: перехода от текста к разговорной речи, что сделает взаимодействие с компьютером по-настоящему естественным. Сегодня место любой страны в глобальной цивилизации определяется уровнем ее симбиоза с ИТ, вживлением ее языка в электронную «нервную систему» общества ближайшего будущего: компьютеризация образования, библиотек и административных систем, бизнеса, общедоступной медицины, двойных технологий и многого другого. В защите и развитии своей электронной территории мы можем опираться на отечественные школы лингвистики, информатики и искусственного интеллекта, которые пока еще являются одними из лучших в мире. Реализация этого потенциала позволит создать те высокие языковые технологии, которые обеспечат возможность бороться за достойное место России в области ИТ.

Делать прогнозы о перспективах - дело неблагодарное. Еще в 1957 году Нильс Бор сказал, что делать прогнозы очень тяжело. Посмотрите на некоторые прогнозы, связанные с информационными технологиями. Так, например, один из основателей компании DEC в 1977 году заявил, что нет никаких причин иметь компьютер у себя дома. А Билл Гейтс как-то сказал, что 650 Кбайт оперативной памяти вполне достаточно, чтобы выполнить любую работу. С другой стороны, всем известен закон Мура, одного из основателей компании Intel, который гласит, что сложность микросхем возрастает в два раза каждые 18 месяцев. Это один из примеров удачных длительных предсказаний, и за 30 лет развития интегральных схем плотность интегральных схем увеличилась в 18 000 раз. Что будет дальше, и есть ли у технологий возможности дальнейшего развития?

В связи с этим попытаемся оценить отдельные перспективные направления современной электроники

Если посмотреть на современные полупроводниковые технологии, то мы практически дошли до пределов возможного. Сейчас слой диэлектрика в транзисторе составляет 10-15 атомов. Теоретический предел - это пять-шесть атомов, и практически в развитии традиционной полупроводниковой электроники мы уже к нему приблизились. Одно из инновационных направлений - это наноэлектроника. В 1998 году ученые Дональд Эйтлер и Эрхард Швейцер из лаборатории IBM в Калифорнии сумели выложить 35 атомами ксенона на кристалле никеля логотип IBM. Это одно из первых свершений в области нанотехнологии, когда человечество научилось управлять структурами фактически на атомарном уровне.

Дальнейшее развитие это направление получило с изобретением так называемых кремниевых трубок. Кремниевая трубка на атомарном уровне может быть наполнена каким-то содержимым и изменяет свои качества в зависимости от геометрии и того, каким материалом она наполнена.

Размер такой трубки составляет 1-1,5 нанометра. Фактически это позволяет создавать интегральные микросхемы на принципиально другом уровне и в принципиально другой плотности. Причем эти нанотехнологии уже вышли за пределы теоретических разработок. Так, в лаборатории IBM в Швейцарии нобелевский лауреат Герд Биннинг обратил внимание на возможность формирования в определенных полимерах маленьких ямочек, которые имеют размер нанометров. И мало того, эти ямочки можно как создавать, так и сканировать, что позволило создать принципиально новую технологию записи информации. Плотность записи на таких устройствах памяти составляет порядка 1 Тбайт на квадратный дюйм, это 25 миллионов печатных листов на кристалле размером с почтовую марку. То есть на одном маленьком чипе памяти, созданном по этой технологии, можно записать 15-20 Гбайт информации.

Если вести речь о современных системах, то уже сегодня есть прототип устройства памяти, который построен на блоках. Принцип, который в него заложен, - это принцип избыточности. Когда вы работаете в Интернете, незаметно, что произошла поломка в какой-то его части. Аналогично, если происходит поломка одного из дисков, то за счет избыточности дискового пространства информация защищается тем, что она хранится на других дисках и в нужный момент извлекается. Если в каком-то модуле этого устройства сломался один, другой или третий чип, за счет избыточности вы этого не заметите. К чему это ведет? К тому, что устройство не нужно будет ремонтировать в течение многих лет. Устройство не будет требовать обслуживания. Именно это IBM называет автономным компьютингом.

Другая сторона автономных систем - это самоконфигурирование, самозащита, самооптимизация и самовосстановление. Нервная система человека следит за дыханием, пульсом и адреналином крови, и все происходит независимо от нашего мыслительного процесса. Если нужно догнать поезд, то адреналин выплескивается в мышцы ног и кислород быстрее поступает в легкие автоматически, мы же не думаем о том, что нам нужно больше адреналина и кислорода. Этот же принцип сейчас закладывается в разработку новых компьютеров

Еще одно направление - создание все более мощных суперкомпьютеров. На сегодняшний день самый быстрый компьютер в мире - IBM BlueGene/L. Этот проект был начат в еще 1997 году и получил условное название Lizard, что в переводе с английского означает "ящерица", поскольку, по некоторым усредненным показателям, интеллект машины можно сравнить с интеллектом ящерицы. BlueGene/L - это уникальная система, которая приближает нас к моменту, когда интеллект машины достигнет уровня интеллекта человека. Вполне возможно, с настоящими темпами развития информационных технологий это осуществится к 2015 году.

Доросинский Л.Г.

доктор технических наук, профессор Уральского федерального университета имени первого Президента России Б.Н. Ельцина

СИНТЕЗ АЛГОРИТМА РАСПОЗНАВАНИЯ КЛАССОВ РАДИОЛОКАЦИОННЫХ СИГНАЛОВ

Проблема определения класса сигнала [1,2] может быть формализована в рамках классической теории многоальтернативной проверки статистических гипотез. По одной из них вектор принимаемых колебаний $\bar{U}(t)$ порожден только шумом. Остальные гипотезы соответствуют наблюдению различных классов сигналов. Общее число возможных классов – M, число гипотез – $(M+1)$.

Классическое решение задачи многоальтернативной проверки гипотез приводит к структуре устройства обработки принимаемых сигналов, состоящей из M параллельных каналов формирования отношения правдоподобия или его логарифма

$$l_k[\bar{U}(t)] = ln\{L_k[\bar{U}(t)]\}$$

и решающего устройства, на M входов которого поступают значения l_k. Решающее устройство выносит решение в пользу одного из M сигналов. Способ принятия решения зависит от выбранного критерия качества. При использовании критерия максимального правдоподобия решение выносится в пользу гипотезы с максимальным значением l_k. В любом случае наибольший практический интерес представляет процедура формирования отношения правдоподобия и структурная схема устройства, реализующего это отношение.

Достаточная статистика для принятия решения представляет собой вектор, составленный из отношений правдоподобия для каждой из М конкурирующих гипотез. Логарифм отношения правдоподобия для k-й гипотезы может быть записан в виде:

$$l_k[\bar{U}(t)] = \Big\{0{,}5 \iint \bar{U}^*(t) Q_0(t,u) \bar{U}(u) dt du -$$
$$- \iint [\bar{U}^*(t) - \bar{U}_{k\sigma}^*(t)] Q_k(t,u) [\bar{U}(u) - \bar{U}_{k\sigma}(u)] dt du - ln(K_0/K_k)\Big\}, (1)$$

где K_0 и K_k – нормирующие коэффициенты функционалов плотности распределения вероятностей для случаев наблюдения только шума и k-го сигнала на фоне шума; $Q_0(t,u)$, $Q_k(t,u)$ – комплексные матрицы, обратные матрицам взаимной корреляции принимаемого вектора $\bar{U}(t)$ для гипотез о наблюдении только шума $R(t,u)$ и k-го сигнала на фоне шума $R_k(t,u)$.

Поскольку шум и диффузионная составляющая принимаемого сигнала $\bar{U}_{k0}(t)$ являются независимыми случайными процессами, то

$$R_k(t,u) = R_{k0}(t,u) + R_0(t,u), \qquad (2)$$

где

$$R_{k0}(t,u) = \langle 0{,}5\overline{U}_{k\sigma}(t) + \overline{U}_{k\sigma}^*(u)\rangle \qquad (3)$$

– матрица корреляционных функций диффузионных составляющих вектора принимаемого сигнала.

Для определения вида матриц $Q_0(t,u)$ и $Q_k(t,u)$ следует воспользоваться интегрально-матричными уравнениями обращения:

$$\int R_0(t,u)Q_0(u,v)du = I\delta(t-v); \qquad (4)$$
$$\int R_k(t,u)Q_k(u,v)du = I\delta(t-v), \qquad (5)$$

где I – единичная диагональная матрица.

Для последнего слагаемого в (1) справедливо равенство:

$$ln(K_0/K_k) = Sp\int_0^1 \frac{dA}{A}\iint R_0(t,u)Q_{Ak}(u,t)dt\,du, \qquad (6)$$

где Q_{Ak} (u,t) – решение интегрально-матричного уравнения:

$$\iint[R_0(t_1,u) + AR_{k0}(t_1,u)]Q_{Ak}(u,v)R_0(v,t_2)du\,dv = AR_{k0}(t_1,t_2) \qquad (7)$$

При условии, что шум «белый» с диагональной матрицей спектральных плотностей N_0 выражения (4 – 7) упрощаются:

$$Q_0(t,u) = N_0^{-1}\delta(t,u), \qquad (8)$$
$$\int R_{k0}(t,u)Q_k(u,v)du + N_0Q_k(t,v) = I\delta(t-v) \qquad (9)$$
$$ln(K_0/K_k) = Sp\int\frac{dA}{A}\int N_0Q_{Ak}(t,t)dt, \qquad (10)$$
$$N_0Q_{Ak}(t,v)N_0 + A\int R_{k0}(t,u)Q_{Ak}(u,v)N_0du = AR_{k0}(t,v). \qquad (11)$$

Пользуясь рекомендациями [1], ищем матрицу Q_k(t,u) в виде

$$Q_k(t,u) = N_0^{-1}[I\delta(t-u) - Q_{k0}(t,u)], \qquad (12)$$

В этом случае равенство (9) преобразуется следующим образом:

$$\int R_{k0}(t,u)N_0^{-1}Q_{k0}(u,v)du + Q_{k0}(t,v) = R_{k0}(t,v)N_0^{-1}. \qquad (13)$$

Сравнение (11) с (13) показывает, что матрица Q_{k0}(t,u) может быть найдена путем решения (11) при $A = 1$, т.е.

$$Q_{k0}(t,u) = N_0Q_{Ak}(t,u)_{|A=1}. \qquad (14)$$

Подставляя (8) в (1), получим:

$$I_k[\overline{U}(t)] = 0{,}5\Big\{\iint[\overline{U}^*(t) - \overline{U}_{k\sigma}^*(t)]N_0^{-1}Q_{k0}(t,u)[\overline{U}(u) - \overline{U}_{k\sigma}(u)]dt\,du -$$
$$-\int \overline{U}_{k\sigma}^*(t)N_0^{-1}\overline{U}_{k\sigma}(t)dt + 2Re[\int \overline{U}_{k\sigma}^*(t)N_0^{-1}\overline{U}(t)dt] - ln(K_0/K_k)\Big\} \qquad (15)$$

Последнее выражение позволяет представить один из возможных вариантов структуры устройства формирования логарифма отношения правдоподобия для k-й гипотезы (Рис. 1). Из (15) и Рис. 1 следует, что основу устройства формирования $I_k[\bar{U}(t)]$ составляют два корреляционных канала. В одном из них вычисляется корреляция принимаемой реализации вектора $\bar{U}(t)$, нормированного к мощности шумов, с вектором ожидаемого сигнала, порожденного отдельными детерминированными составляющими сигнала k-го класса $\bar{U}_{k\sigma}(t)$. Во втором канале разностный сигнал $\bar{U}(t)-\bar{U}_{k\sigma}(t)$ коррелируется с вектором

$$\int Q_{k0}(t,u)[\bar{U}(u) - \bar{U}_{k\sigma}(u)]du,$$

который представляет собой оценку диффузионной составляющей принимаемого сигнала в предположении о наблюдении сигнала *k*-го класса.

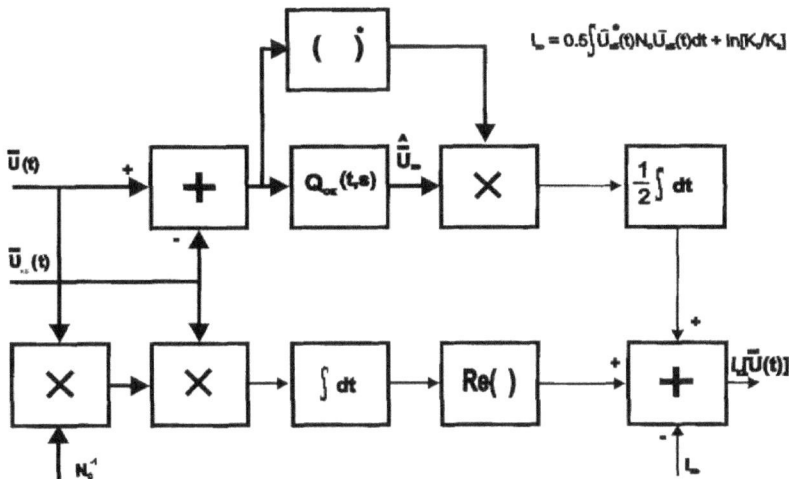

Рис. 1. Структурная схема формирования логарифма отношения правдоподобия

ЛИТЕРАТУРА

1. Dorosinskiy L.G., The research of the distributed objects' radar image recognition algorithms. Applied and Fundamental Studies. Proceedings of the 2st International Academic Conference. Vol 1. March 8-10,2013, St Louis, Missouri USA. P.211-214.

2. Dorosinskiy L.G., Invariants for the radar image classification. Applied and Fundamental Studies. Proceedings of the 2st International Academic Conference. Vol 1. March 8-10,2013, St Louis, Missouri USA. P.214-217

Koksharov S.A., prof., **Aleeva S.V.**, dr., **Lepilova O.V.**, dr.

G.A. Krestov Institute of Solution Chemistry of RAS

e-mail: ksa@isc-ras.ru

THE METHODS OF «GREEN CHEMISTRY» FOR NANOCONSTRUCTION OF LINEN MATERIALS

Fundamental importance has the formation scale of binder fibers in the structure of complex fiber in the advanced development process of refining the textile linen material. According to the massiveness of their formations they can be divided into four types (see scheme):

1 – incrusts - the remnants of parenchymal tissues of flax stem stem located as a sheer layer or discrete entities on the surface of bast fiber bundles;

2 – intercellular formations - large formation of bounding agents between the tightly-packed groups of filaments;

3 - middle lamella – nanoscale layers of binders between tight adjoining cells of elementary fibers;

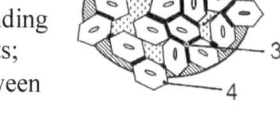

4 - the lignin-carbohydrate complex of cell wall in the elementary fibers.

The effects of biocatalysed nanoengeneering for linen textile materials are realized by selected destruction of polymeric impurities with spatially localized exposure of protein catalysts on certain types of structural formations [1,2279]. The tool in the process of reaching necessary modification structural level of linen complexes is the molecular size of a biocatalyst (see Table). Due to that their catalytic activity is shown only in fibrous material zones available for penetration of enzyme globule.

Table. Dimensional characteristics of decomposable structural formations and the applied biocatalysts at the different stages of linen material processing

Type formation of bounding agents and their thickness in the structure of bast fiber bundles, mcm		Enzyme globule size (nm) at the different stages of linen material processing		
		Rove preparation to spinning	Fabric bleaching	Finishing-treatment
1	to 15	50...80	–	–
2	to 15	50...80	20...40	–
3	up to 0,1	–	20...40	–
4	less than 0,02	–	–	less than 10

Biochemical nanoengineering of textile materials method is embodied in a set of eco-friendly ways of linen enzymatic modification fully covering the technological cycle "rove – yarn – woven material – gray goods bleaching – finishing-treatment". The developed set of biochemical technologies guarantees producing good quality products from linen raw including highly lignified fibers with raised stiffness, lowering of material and energy consumption in industry processes, harsh and eco-dangerous chemicals use reduction.

The objects of enzyme influence at the rove preparation to spinning stage are polymers of incrust and intercellular formations that prevent linen complexes splitting in the yarn formation process. It is necessary to keep middle lamella with that. The use of enzymes with the globule size 50…80 nm provides equal splitting of complex linen fiber (see Fig.2) unlike other traditional chemical methods of rove preparation.

a)   b)   c)

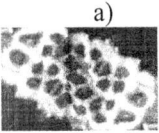 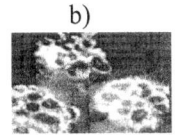 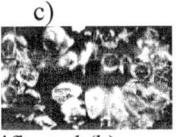

Figur. Bast fiber bundle type in the initial (a), biomodificated (b) and chemically prepared (c) rove

Technological regimes of processing soft and medium grades linen raw materials, blends with fiber of raised stiffness enclosed, rove preparation and dying. Biopreparations used include a mixture of pectinases and proteases fitting to them that allows effectively destroy carbohydrate-protein complex of incrust connective tissue and intercellular formations. The selection of surfactants wetting action made taking into account developed methods for preventing of the negative effects of atmospheric oxygen chemisorption [2,1512] and of polymer oxidative degradation in the fibrous material.

These technologies prevent from splitting elementary fibers off and provide the increasing output of finished products and 25% reduction of raw material loss with spinning downy cutting waste. Optimal impurity extraction from fibrous material with the use of recommended methods provides raising splitting equality of linen complexes in the process of spinning that allows to produce thinner yarn with increasing strength [1,2288].

To process highly lignified fiber types and to produce dyed semi-manufactured goods an original method was developed: the use of products of polysaccharide impurities enzymatic destruction of linen fiber as agents initiating lignin destruction [3,83; 4,47]. Spatially localized lignin destruction method in lignified intercellular formations prevents from lumpy yarn. This yarn has higher indices of strength, deformation and elasticity. Together it provides the reduction of yarn breakage in four times while multiple back winding and woven fabric producing.

While biochemical preparation of linen fabric the action of enzymes must be referred to the splitting of intercellular formation and middle lamella remaining residue. To reach a necessary level of fibrous material structural modification one should use protein catalysts with the globule size 20…40 nm.

A non-hypochlorite bleaching of linen fabric method was developed [1,2290]. It is based on the effective destruction of starch size dressing hybrid fraction and linen fiber pectin with generation of monomeric products

[5,77;6,69] intensifying the bleaching process of natural dyes and lignin. It guarantees a necessary level of textile materials bleaching excluding eco-dangerous chlorine-containing oxidizing agents. Implementing biomodificational multifunctional stage along with raising ecological indices of the industrial process and the goods produced allows to reduce total duration of the technological cycle in 2,5 times; heat energy and electric power consumption in 1,4 times.

The methods of textile materials biochemical modification on the level of elementary fibers with the use of enzyme isoforms with the size less than 10 nm were used to get unique consumer's effect of finishing-treatment.

For the first time **enzyme method of finishing-treatment** provides permanent mellowing of linen fabric and knitted yarn with high resistance to repeated washing of goods. The technology provides 5 times reduction of stiffness and raising of linen sheet draping effect.

For the first time **the methods of producing linen fabric and knitted yarn with the napping effect** were developed. Depending on the structure and the type of fabric construction the following variants of structure were offered: "peach-like skin" and "chamois leather type" [1,2291]. "Peach-like skin" provides a slight velvet effect on the fabric surface. It is recommended for the seamy side of the costume fabric. "Chamois leather type" provides a full cover-up of fabric construction. It can be recommended for upper garment face side. Reception of the linen textiles with different kinds of the nap invoice allows to regulated thermalphysic and sorption properties of the material. Variants of the regulation for thermalphysic properties of the linen materials depend from fabric density and from height of nap layer.

References:

1. Aleeva S.V., Koksharov S.A. Russian Journal of General Chemistry, Vol. 82, No. 13, p. 2279-2293. DOI: 10.1134/S1070363212130154.
2. Skobeleva O.A., Aleeva S.V., Koksharov S.A. Russian Journal of Physical Chemistry A. 2012. Vol. 86. No. 10. p. 1512–1514. DOI: 10.1134/S0036024412090129.
3. Lepilova O.V., Aleeva S.V., Koksharov S.A. Russian Journal of Organic Chemistry. 2012. Vol. 48. No. 1. p. 83–88. DOI: 10.1134/S1070428012010125.
4. Lepilova O.V., Aleeva S.V., Koksharov S.A. Chemistry of plant raw materials. 2013. No. 1. p. 47-52. DOI: 10.14258/jcprm.1301047.
5. Aleeva S.V., Sibirev A.L., Koksharov S.A. Izvestiya Vysshikh Uchebnykh Zavedenii, Seriya Khimiya i Khimicheskaya Tekhnologiya. 2004. Vol.47. No. 4. p. 77-81.
6. Lepilova O.V., Aleeva S.V., Koksharov S.A. Izvestiya Vysshikh Uchebnykh Zavedenii, Seriya Khimiya i Khimicheskaya Tekhnologiya. 2006. Vol. 49. No. 7. p. 69-73.

Байбулатов Т.С.
д.т.н., профессор
Абдулаев М.Д.
аспирант
Гаджиев Р.А.
магистр
ФГБОУ ВПО «Дагестанский ГАУ имени М.М. Джамбулатова», e-mail:
baitaslim@yandex.ru

КОМБИНИРОВАННАЯ ПОСАДОЧНАЯ МАШИНА

Республика Дагестан располагает достаточными земельными ресурсами и благоприятными природными условиями для производства картофеля, как этой важной продовольственной культуры, в объемах, обеспечивающих местные потребности, как в продовольственном, так и семенном секторах. Однако, в хозяйствах и в личном секторе, урожайность картофеля не превышает 65-70ц/га. Причиной этого является низкое плодородие почв, не применение научно-обоснованных инновационных технологий.

Проведя небольшой анализ использования удобрений, можно сделать вывод, что внесение удобрений во время посева или посадки сельскохозяйственных культур является эффективным. Практика показывает, что наиболее существенное влияние на развития картофеля оказывает внутрипочвенное двухуровневое внесение удобрений, что позволяет улучшить пищевой режим почвы, способствует появлению дружных всходов картофеля. Такое внесение удобрений позволяет создавать смесь удобрений и почвы непосредственно в местах развития корневой системы, для более легкой усваиваемости растениями.

Поэтому, нами предлагается технология, которая предусматривает внутрипочвенного двухуровневого внесения удобрений при посадке картофеля, позволяющая улучшить пищевой режим почвы и способствующая появлению дружных всходов картофеля, и обеспечивающая питательными элементами корневую систему по мере развития растения.

Технической задачей является возможность совмещения нескольких технологических операций, а именно: рыхление почвы; посадка картофеля; внутрипочвенное прикорневое внесение жидких органических удобрений с наиболее полным выполнением агротехнических и экологических требований.

Для решения данного вопроса, нами предлагается использовать комбинированную машину, состоящую из картофелесажалки СН-4Б, резервуаров, трубопроводов, насоса, распылителей. Также на раме картофелесажалки перед сошниками на большую глубину (на *h*) установлены дополнительные подкормочные лапы, в которых смонтированы распылители для внутрипочвенного внесения жидких органических удобрений (рис). Резервуар с раствором удобрений установлен на тракторе.

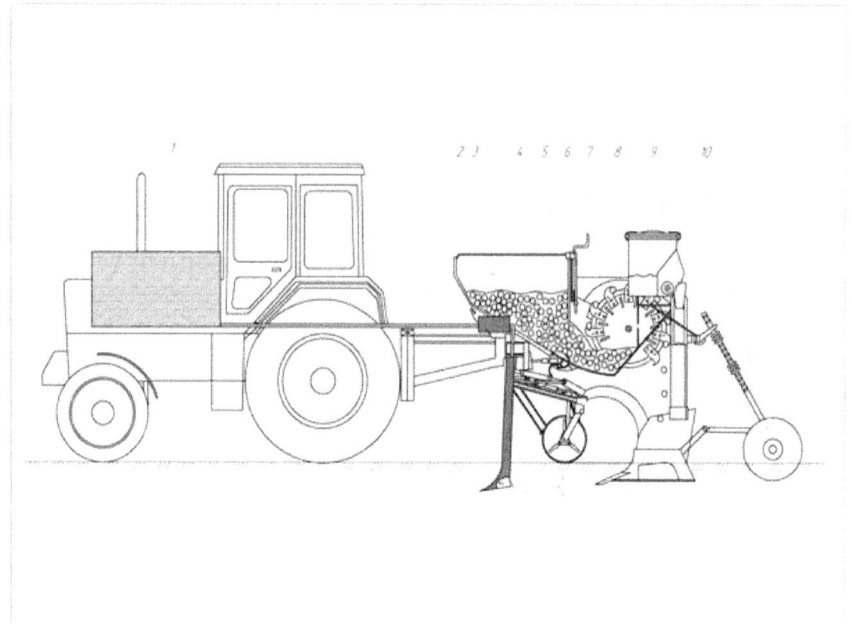

Резервуар – 1; трубопроводы – 2; бункер –3; насос – 4; подкормочная лапа – 5; распылитель – 6; вычерпывающий аппарат – 7; сошник – 8; туковысевающий аппарат – 9; заделывающие диски – 10.

Рисунок – Комбинированная посадочная машина

В процессе работы комбинированной машины, подкормочная лапа, установленная перед сошником на заданную глубину, срезает проросшие сорняки, разрыхляет почву. Посредством насоса жидкие органические удобрения по трубопроводам поступают в распылитель, впрыскивают в образованную под лапой воздушную полость и на дно борозды. Причем впрыскивание происходит одновременно с высадкой картофеля. Сошник нарезает в почве борозду, и клубни укладываются в нее. После высева клубней картофеля заделывающие диски закрывают борозду слоем почвы. Одновременно из туковысевающего аппарата через тукопровод в почву подаются и минеральные удобрения.

Таким образом, предлагаемая конструкция комбинированной машины позволяет распределять минеральные удобрения в борозды с клубнями картофеля, а жидкие органические удобрения в рыхлый, более глубокий слой почвы, что создает улучшенный пищевой режим почвы и способствует появлению дружных всходов картофеля и обеспечивает распределение питательных элементов на стратегически необходимых глубинах.

Карцан И.Н.

кандидат технических наук, доцент, Сибирский государственный
аэрокосмический университет имени академика М.Ф. Решетнева
kartsan2003@mail.ru

ТРУДОЗАТРАТЫ НА РАЗРАБОТКУ БОРТОВОГО
ПРОГРАММНОГО ОБЕСПЕЧЕНИЯ

Основой для достижения цели создания современных
высокоэффективных космических аппаратов (КА) является полное
использование опыта, стандартов, технических решений, технологий и
задела, полученных и подтвержденных в процессе создания и успешной
летной эксплуатации. В тоже время от новизны зависит эффективность и
конкурентоспособность КА. Поэтому при разработке изделий космической
техники необходимо найти компромисс между повторяемостью и
новизной свойств, т.е. определить уровень преемственности развития.

Разработка бортового программного обеспечения (БПО) – отдельный
аспект разработки надежных и отказоустойчивых информационно-
управляющих систем. Сбой в работе бортового программного обеспечения
может привести к катастрофическим последствиям. Поэтому одной из
основных задач при разработке БПО является создание таких алгоритмов
или методов разработки программного обеспечения (ПО), которые
обеспечивали бы устойчивость системы к программным и аппаратным
сбоям.

Разработка таких систем требует большего вклада временных,
трудовых и финансовых ресурсов. Поэтому в разработке БПО большую
роль играет предварительная оценка затрат. Расхождение планируемых и
фактических затрат может привести не только к срыву сроков реализации
БПО, но и к серьезным финансовым потерям и снижению качества
конечного продукта.

При планировании задач разработку модулей бортового
программного обеспечения часто используют диаграммы Ганта.

Таким образом, составляется последовательность выполнения задач
по каждому сотруднику, занятому в разработке БПО, также известны
трудозатраты по каждой задаче.

Исходные данные по диаграмме Ганта следующие:

J – множество сотрудников j $(1,..,J)$;

T_j – множество задач T, назначенных на сотрудника j $(T_1,..,T_j)$;

D_{ij} – трудозатраты на решение i-й задачи j-м сотрудником.

В рассматриваемой методике не рассчитывается время реализации
БПО, поэтому в исходных данных не учитывается последовательность
выполнения задач.

В методике оценки стоимости и трудозатрат на реализацию программного обеспечения описанной в [1, 101] описаны шаги по декомпозиции проекта отказоустойчивой программной системы, при разработке которой применяется программная избыточность, т.е. дублирование программных компонентов, но в ней не учитываются различные нормы оплаты труда по сотрудникам, занятым на одном и том же этапе жизненного цикла ПО.

Введение программной избыточности является одной из наиболее перспективных и уже положительно зарекомендовавших себя методологий обеспечения высокой надежности и отказоустойчивости программного обеспечения, в том числе и БПО. Но простое дублирование компонентов, как при аппаратном резервировании, недопустимо, так как программные дефекты имеют внутреннюю природу, в отличие от аппаратуры. При дублировании компонентов БПО будут копироваться имеющиеся в них ошибки. Поэтому при введении программной избыточности предполагается, что возникновение сбоя в функционально эквивалентных модулях (версиях) на одних и тех же входных данных должно происходить в различных точках исполнения.

Создание функционально-эквивалентных, но, тем не менее, разных модулей может быть достигнуто с помощью разнообразия при разработке версий одного модуля. Разнообразие применяют для разработки компонентов, к которым происходит наиболее частое обращение центрального управляющего модуля, или результаты работы которого участвуют в критических циклах управления.

Существует несколько подходов к реализации программной избыточности[2, 71]:

1. *NVP* (*N-version programming* – *N*-версионное программирование).

2. *RB* (*Recovery Block* – блок восстановления).

3. *CRB* (*consensus RB* – согласованный блок восстановления).

4. *NSCP* (*N-self-checking programming* – *NVP* с самоконтролем).

Надежность функционирования программного компонента зависит от глубины программной избыточности (количества версий).

Во многих случаях предварительные планы на создание БПО подготавливаются и оцениваются на основе не достаточно декомпозированных требований к функциям и характеристикам качества. В результате реализованные проекты БПО не соответствуют исходным функциональным и нефункциональным требованиям, а их реализация не укладывается в согласованные графики и бюджет разработки.

В предлагаемой методике при расчете размера оцениваемого БПО учитываются объектные указатели (функциональные точки), аналогично модели *COMOMO II*. Объектные указатели - это экранные формы, отчеты, модули, каждый из которых соотносится с одним из трех уровней – простой, средний и сложный в соответствии с уровнем сложности [3, 124].

Рассмотрим основные этапы методики оценки затрат на модернизацию программного обеспечения критических по надежности систем:

1. *Сбор и анализ технических требований заказчика.* Происходит анализ требований к реализации функций БПО. После проведенного анализа формируется проект технического задания на разработку БПО.

2. *Декомпозиция задач, дизайн архитектуры.* На этапе проектирования архитектуры системы, задачи декомпозируются на множество простых. Системный архитектор определяет общую структуру каждого архитектурного представления, декомпозицию представлений и интерфейсы взаимодействия элементов. Таким образом, происходит разбиение большой системы на более мелкие части (компоненты), в соответствии с определенным уровнем абстракции. Поэтому архитектурный компонент может быть определен по-разному в зависимости от архитектурного подхода и степени подробности описания архитектуры.

3. *Группировка компонентов.* Компоненты группируются на типы (функциональные точки) по аналогичному назначению и сложности.

4. *Определение избыточности программных компонентов.* Для уменьшения вероятности сбоя в наиболее важных компонентах определяется количество версий, которые будут реализованы разными командами разработчиков, или с использованием различных технологий. Также проводится оценка трудозатрат на разработку среды исполнения версий каждой функциональной точки.

5. *Оценка трудозатрат на разработку компонентов.* Вычисляется среднее время разработки компонента каждой функциональной точки, на основании предыдущих работ или с помощью экспертной оценки. Если тип компонентов ранее не разрабатывался, то время определяется экспертно, исходя из анализа подобных типов компонентов, разрабатываемых ранее по аналогичной технологии.

6. *Формирование графика работ по проекту.* Менеджер проекта составляет диаграмму Ганта, сопоставляя каждому сотруднику на каждом этапе жизненного цикла задачу по проектированию, разработке, тестированию, документированию каждого компонента.

7. *Вычисление трудоемкости разработки.* Суммируется трудоемкость разработки компонентов каждого типа. Если компонент реализуется с применением программной избыточности, то суммируются затраты на разработку всех его версий и среды их исполнения (мета-класса среды исполнения и алгоритма голосования или приемочного теста).

8. *Определение затрат на этапы жизненного цикла.* Предполагается что затраты времени на другие этапы работ в жизненном

цикле программного обеспечения пропорциональны затратам на этап разработки. На основании работ по более ранним проектам вычисляется соотношение среднего времени, затраченного на другие этапы жизненного цикла к среднему времени разработки. Вычисленные коэффициенты (соотношения) умножаются на трудоемкость этапа разработки. Другими этапами могут быть работы по анализу или проектированию, тестированию, документированию и работы менеджера по организации процесса.

Для проведения расчетов по приведенной методике и данным по построенной диаграмме Ганта используются следующие параметры:

J_{dev} – множество сотрудников-разработчиков;

T_j – множество задач T, назначенных на сотрудника j ($1,...,J_{dev}$);

M – множество типов компонентов (функциональных точек);

i – номер типа компонента, $i \in M$;

N_i – множество новых и подлежащих доработке компонентов k-го типа;

k – номер компонента k-го типа, $k \in N_j$;

T_{ij} – трудоемкость разработки компонента i-го типа j-м сотрудником, чел.-час;

v_{ik} – количество версий в k-ом компоненте i-го типа, если вводится программная избыточность (если программная избыточность не вводится, то $v_{ik} = 1$);

RB_i – трудоемкость разработки среды исполнения i-й функциональной точки, выполняемой j-м сотрудником, для блока восстановления, чел.-час. (если $RB_i>0$, то $NSCP_i=0$, $NVP_i=0$, $CRB_i=0$);

NVP_i – трудоемкость разработки среды исполнения i-й функциональной точки для N-версионного программирования, чел.-час. (если $NVP_i>0$, то $RB_i=0$, $NSCP_i=0$, $CRB_i=0$);

CRB_i – трудоемкость разработки среды исполнения i-й функциональной точки для согласованного блока восстановления, чел.-час. (если $CRB_i>0$, то $RB_i=0$, $NVP_i=0$, $NSCP_i=0$);

$NSCP_i$ – трудоемкость разработки среды исполнения i-й функциональной точки для N-версионного программирования с самопроверкой, чел.-час. (если $NSCP_i>0$, то $RB_i=0$, $NVP_i=0$, $CRB_i=0$);

T_{dev} – трудоемкость этапа разработки, чел.-час;

E – количество выделенных этапов в жизненном цикле производства БПО, помимо этапа разработки (кодирования);

s – номер этапа, $s \in (1,..,E)$;

J_s – множество сотрудников, занятых на s-ом этапе;

w_s – весовой коэффициент, определяющий долю трудоемкости этапа s от трудоемкости этапа разработки для каждой задачи;

T_s – трудоемкость этапа s, зависящего от этапа разработки;

T_p – общая трудоемкость проекта, чел.-час.

Трудоемкость разработки рассчитывается как сумма трудозатрат на разработку всех компонентов каждого типа, разрабатываемых каждым сотрудником, с учетом матрицы v_{ik}, и трудозатрат на реализацию среды исполнения, следующим образом:

$$T_{dev} = \sum_{j=1}^{J_{dev}} \sum_{i=1}^{M} \sum_{k=1}^{N_k} \left(T_{ij} + (v_{ik} - 1)T_{ij} + (NSCP_i + RB_i + NVP_i + CRB_i) \right)$$

Трудоемкость s-го этапа жизненного цикла рассчитывается по соответствующему весовому коэффициенту и трудоемкости этапа разработки для каждой задачи:

$$T_s = \sum_{j=1}^{J_s} \sum_{i=1}^{M} \sum_{k=1}^{N_k} w_s \cdot \left(T_{ij} + (v_{ik} - 1)T_{ij} + (NSCP_i + RB_i + NVP_i + CRB_i) \right).$$

Общая трудоемкость проекта рассчитывается как:

$$T_p = \sum_{s=1}^{E} T_s + T_{dev}.$$

Для проверки адекватности оценки по предложенной методике был проведен анализ оценочных и фактических данных на восьми различных доработках БПО. Расхождение фактических и прогнозируемых трудозатрат вычислялось по формуле:

$$Расхождение = \left| \frac{Трудозатраты_{прогнозируемые} - Трудозатраты_{фактические}}{Трудозатраты_{фактические}} \right|,$$

Таким образом, предложенная методика оценки затрат на реализацию БПО позволяет:

- учитывать распределение задач между сотрудниками, занятых на различных этапах жизненного цикла;

- определять размер системы исходя из количества различных функциональных точек;

- учитывать трудозатраты на введение программной избыточности различными методами.

Литература

1. Шеенок Д.А., Кукарцев В.В. Прогнозирование стоимости разработки систем с программной избыточностью. // Известия Волгоградского государственного технического университета: межвуз. сб. науч. ст. №14(117) / ВолгГТУ. – Волгоград: ИУНЛ ВолгГТУ, 2013. (Сер. «Актуальные проблемы управления, вычислительной техники и информатики в технических системах». Вып. 17) – С. 101-105.

2. Новой, А.В., Система анализа архитектурной надежности программного обеспечения: дис. канд. техн. наук: Красноярск, 2011 – 131с.

3. Глазова, М.А., Моделирование стоимости разработки проектов в ИТ-компаниях: дис. канд. экон. наук: Москва, 2008 – 205 с.

Резединова Е.Ю.
СПбПУ, г. Санкт-Петербург
rezedinova@gmail.com

МОДЕЛИРОВАНИЕ ВЕБ-ПРИЛОЖЕНИЙ

Веб-приложения обладают множеством параметров. Например, для браузера – это версия, настройки, подключенные плагины, установленные обновления, настройки безопасности, включение и отключение cookies.

Для сервера базы данных соответственно – используемый язык, версия, настройки привилегий и прав доступа, установленные обновления и модули.

Параметрами веб-сервера являются версия, настройки по умолчанию, параметры аутентификации, права доступа к каталогам.

Для скриптов – это язык программирования, используемые функции и особенности конструкций.

Каждый из указанных выше элементов может содержать те или иные уязвимости. Многообразие существующих в настоящее время уязвимостей веб-приложений требует их систематизации по тем или иным классификационным признакам. В качестве стандартной можно привести классификацию проекта OWASP.

К уязвимостям первого класса A1 относятся уязвимости, приводящие к внедрению кода. Такие уязвимости характерны для самых разных технологий, включая SQL, LDAP, XPath и запросов NoSQL, а также для команд операционной системы.

Второй класс A2 объединяет уязвимости, приводящие к некорректным аутентификации и управлению сессиями. Зачастую уязвимости содержатся в таких участках кода, как выход из системы, изменение паролей, тайм-ауты, проверка секретных вопросов и т.д.

Третий класс A3 включает в себя уязвимости, которые приводят к атаке «межсайтовый скриптинг (XSS)». В настоящее время уязвимости, приводящие к межсайтовому скриптингу являются наиболее распространенными.

К уязвимостям четвертого класса A4 относятся небезопасные прямые ссылки на объекты. Приложения не всегда проверяют, авторизован ли пользователь для доступа к целевому объекту.

Пятый класс A5 объединяет уязвимости, относящиеся к небезопасной конфигурации, которая возможна у любого объекта, том числе, веб-сервера, сервера базы данных и т.д.

Шестой класс A6 включает уязвимости, приводящие к утечке чувствительных данных. В основном это уязвимости, связанные с полным отсутствием шифрования, со слабыми алгоритмами генерации ключей, слабыми паролями и т.д.

Седьмой класс А7 содержит уязвимости отсутствия контроля доступа к функциональному уровню. Так, при разработке приложений не всегда обеспечивается защита его прикладных функций, доступ к которым возможен через настройки.

Восьмой класс А8 включает в себя уязвимости, ведущие к атаке «подделка межсайтовых запросов (CSRF)». CSRF реализуется через возможность для злоумышленников предсказать порядок действий пользователя сайта. В данном случае браузеры автоматически отправляют данные такие как сессия, cookies и т.д. Это позволяет создавать вредоносные веб-страницы, генерирующие фальшивые запросы, которые практически неотличимы от настоящих.

Девятый класс А9 включает себя уязвимости, содержащиеся в отдельных компонентах. Существование уязвимостей данного типа обусловлено нежеланием разработчиков приложений поддерживать компоненты и библиотеки в актуальном состоянии.

Десятый класс А10 включает в себя такие уязвимости как непроверенные запросы на перенаправления. Зачастую сайты перенаправляют пользователей на другие страницы или сайты. При этом адрес перенаправления формируется на основании информации, которой не всегда можно доверять. Жертва может быть перенаправлена на «фишинговый» сайт или сайт, содержащий вредоносное программное обеспечение.

В тоже время для целей моделирования имеет смысл систематизировать уязвимости в зависимости от места их зарождения, выделив следующие группы – уязвимости, возникающие: в скриптах, в серверах баз данных, в веб-серверах, а также на клиентской стороне (веб-браузере).

Анализ и моделирование уязвимостей является важным этапом при разработке веб-приложения. Например, в клиентском браузере Internet Explorer для воспроизведения файлов и контента применяется компонент ActiveX. В этой технологии могут скрываться уязвимости, которые злоумышленник может эксплуатировать. Указанный процесс может быть представлен следующим образом. Сначала веб-браузер запрашивает веб-страницу с удаленного веб-сервера. В ответ сервер возвращает веб-страницу, которая содержит вредоносный код. Этот код интерпретируется браузером, загружается и воздействует на настройки самого браузера, плагины или компоненты. Процесс происходит без согласия и незаметно для пользователя.

Рассмотрим, пример настройки браузера. Веб-браузеру разрешено читать, создавать, изменять кэш, историю, файлы cookies, временные файлы, а также файлы, созданные при аварийном завершении работы браузера.

Плагинам веб-браузера разрешено читать, создавать, изменять временные файлы, а также специфические файлы и пользовательские данные, необходимые для работы данных. Доступ к другим файлам, их создание и изменение считается несанкционированным.

Веб-браузеру разрешается создавать и завершать процессы, которые связаны с протоколами (например, почтовый клиент работает с протоколом mailto), процессы, связанные с аварийным завершением работы и т.д.

Кроме того, плагинам разрешается создавать и завершать процессы, зависимые от плагина (например, плагину MSN Messenger разрешается открыть мессенджера MSN). Создание или завершение любых других процессов считается несанкционированным изменением состояния.

В данной статье предлагается рассматривать веб-приложение как совокупность четырех основных элементов, которые можно считать *местом зарождения* уязвимости:

- скрипты – программы, написанные на языке Perl, PHP, C;
- сервера баз данных – Microsoft SQL Server, MySQL и т.д.;
- веб-сервер – Microsoft IIS, Apache, nginx;
- веб-браузер – Microsoft Internet Explorer, Mozilla Firefox и т.д.

Например, уязвимость SQL-инъекции можно условно отнести к элементу «сервер базы данных», уязвимость XSS (межсайтовый скриптинг) - к элементу «веб-сервер». Такое элементное деление позволяет классифицировать и структурировать уязвимости веб-приложений.

По данному признаку уязвимости можно разделить на четыре основные группы:

1. Уязвимости в скриптах:
- в методах передачи данных (HTTP GET, HTTP POST);
- инъекции кода PHP;
- при работе заголовка content-type (Perl);
- при работе с функцией open();
- инъекции кода Perl;
- вывод произвольных файлов(Perl, PHP);
- внедрение в функцию system();
2. Уязвимости сервера баз данных:
- SQL-инъекции;
- неверное разграничение прав доступа;
- небезопасность хеша пароля;
3. Уязвимости веб-серверов:
- ненадежное хранение паролей;
- раскрытие содержания произвольных файлов;
- переполнение буфера;
4. Уязвимости на стороне клиента
- приводящие к межсайтовому скриптингу;
- приводящие к переполнение буфера.

Объект «динамическое веб-приложение» может быть представлен следующим образом:

$$B = \{B_1, ..., B_i, ..., B_n\}, i = \overline{1, n};$$
$$W = \{W_1, ..., W_j, ..., W_k\}, j = \overline{1, k};$$
$$D = \{D_1, ..., D_l, ..., D_m\}, l = \overline{1, m};$$
$$S = \{S_1, ..., S_q, ..., S_v\}, q = \overline{1, v},$$ где В – множество клиентских браузеров; W – множество веб-серверов, D – множество серверов баз данных, S – множество скриптов.

Каждый элемент веб-приложения обладает рядом собственных параметров:

$(g_{i1}, ..., g_{it}, ..., g_{iT}), i = \overline{1, n}; t = \overline{1, T}$ – параметры браузера;

$(u_{j1}, ..., u_{jr}, ..., u_{jR}), j = \overline{1, m}; r = \overline{1, R}$ – параметры веб-сервера;

$(d_{l1}, ..., d_{ly}, ..., d_{lY}), l = \overline{1, k}; y = \overline{1, Y}$ – параметры сервера баз данных;

$(p_{q1}, ..., p_{qh}, ..., p_{qH}), q = \overline{1, v}; h = \overline{1, H}$ – параметры скрипта.

Таким образом, задачу создания наиболее безопасного и корректно функционирующего динамического веб-приложения можно выразить так:
$$\langle B, W, D, S, A, \Phi, \Psi_z, \Gamma_z \rangle \xrightarrow{F \to opt} \langle K \rangle,$$

где F – оператор, обеспечивающий оптимальные значения параметров.

Если в качестве исходного принять веб-приложение, работающее со стандартным набором (клиентским браузером, веб-сервером Apache, базой данных MySQL и скриптами, написанными на языках PHP или Perl), то выбор безопасных настроек можно представить следующим образом. Браузер пользователя нуждается в блокировке вредоносных сайтов, изоляции вкладок, настройке выполнение JavaScript, Adobe Flash, XML, а также AJAX. Между браузером и сервером необходимо настроить и проверить корректность работы криптографических протоколов SSL/TLS, сетевой аутентификация Basic/Digest/NTLM и безопасной передачи. Для веб-сервера необходимы следующие настройки: управление обновлениями для всех компонентов, разграничение доступа для файлов, разграничение доступа для процессов. Настройки сервера базы данных должны включать в себя управление обновлениями, разграничение доступа для файлов, разграничение доступа для процессов, разграничение доступа для баз. В данном случае выбор настроек рассмотрен отдельно для каждого элемента.

При проектировании веб-приложения первоначально следует выделить функциональные требования и описать, например, с помощью модели вариантов использования (в рамках данной работы этот этап не рассматривается). Затем следует рассмотреть поведение объектов и переходы под воздействием различных входных параметров. В данной работе предлагается сконцентрировать внимание на внутренних переходах, их моделировании и тестировании.

Рассмотрим сайт, который состоит из множества страниц. Пользователь может начать работу с любой страницы сайта. Браузер отправляет HTTP-запрос, веб-сервер в свою очередь передает HTTP-ответ. Получив HTTP-ответ, браузер отображает пользователю страницу. Исходный код страницы скрыт от пользователя, но может быть проанализирован и протестирован. Для этого представляется разумным представить код страницы, как совокупность элементарных областей, каждая из которых отвечает за одну конкретную функцию.

Веб-приложение можно проверить на общие свойства, например, на наличие тупиковых переходов. Переход по веб-странице – важнейший переход, который следует проверять при создании веб-приложения. Данный переход задается конечным автоматом.

Определение 1: Веб-страница описывается, как автомат $M_G = \langle Q_G, \Sigma, \delta_G, q_{0G} \rangle$, где Q_G – конечное множество состояний страницы;

Σ – конечное множество входных действий веб-приложения;

$\delta_G (\subseteq Q_G \times \Sigma \times Q_G)$ – отношение перехода;

$q_{0G} (\subseteq Q_G)$ – начальное состояние (стартовая страница).

Однако веб-страница не имеет самостоятельной ценности. Веб-страница является всего лишь формой для выражения внутренней логики веб-приложения. Поэтому важно смоделировать также и внутреннее состояние системы. Внутреннее состояние происходит переход одновременно с переходом на веб-странице.

Определение 2: Внутреннее состояние веб-приложения выражается автоматом $M_e = \langle Q_e, \Sigma, \delta_e, q_{0e} \rangle$, где Q_e – конечное множество состояний (внутренних состояний веб-приложения);

Σ – конечное множество входных символов (действий в веб-приложения);

$\delta_e (\subseteq Q_e \times \Sigma \times Q_e)$ – отношение перехода (переход внутреннего состояния);

$q_{0e} (\subseteq Q_e)$ – начальное состояние.

Учитывая изложенное, веб-приложение можно описать, как $M_G \times M_e$ и назвать произведением автоматов.

Определение 3: Произведение автоматов перехода веб-страницы $M_G = \langle Q_G, \Sigma, \delta_G, q_{0G} \rangle$ и автомата внутреннего состояния веб-приложения $M_e = \langle Q_e, \Sigma, \delta_e, q_{0e} \rangle$ представляется следующим образом $M = M_G \times M_e = \langle Q, \Sigma, \delta, q_0 \rangle$, где

1) $Q = Q_G \times Q_e$;

2) $((q_G, q_e), a, (q'_G, q'_e)) \in \delta \Leftrightarrow (q_G, a, q'_G) \in \delta_G$ и $(q_e, a, q'_e) \in \delta_e$;

3) $q_0 = (q_{0G}, q_{0e})$.

Пусть $X = \{x_1, ..., x_n\}$ это конечное множество переменных, которые сохраняют значения, полученные из внешнего ввода и переменные внутри системы (например, данные из БД).

Определение 4: Веб-страница с учетом переменных описывается автоматом

$$M_G = \left\langle Q_G, \square, \delta_G, q_{0G}, \{R\}_{i \in \{1, ..., n\}}, \{v_{0i}\}_{i \in \{1, ..., n\}} \right\rangle, \text{где}$$

Q_G – конечное множество состояний (страниц);

$\square$ – конечное множество входных символов (действий в веб-приложения);

δ_G – отношение перехода (переход внутреннего состояния);

q_{0G} – начальное состояние;

$\{R\}_{i \in \{1, ..., n\}}$ – конечное значение переменной x_i

$v_{0i}(\in R)$ – начальное значение переменной x_1

Определение 5: Внутреннее состояние с учетом переменных описывается автоматом $M_e = \left\langle Q_e, \square, \delta_e, q_{0e}, \{R\}_{i \in \{1, ..., n\}}, \{v_{0i}\}_{i \in \{1, ..., n\}} \right\rangle$, где

Q_e – конечное множество состояний (внутренних состояний веб-приложения);

$\square$ – конечное множество входных символов (действий в веб-приложения);

δ_e – отношение перехода (переход внутреннего состояния);

$q_{0e}(\in Q_e)$ – начальное состояние;

$\{R\}$ – конечное значение переменной x_i;

$v_{0i}(\in R)$ – начальное значение переменной x_1.

Одним из важнейших инструментов определения качества веб-приложения, соответствия его функциональным требованиям и требованиям информационной безопасности является тестирование. В настоящее время большинство исследований посвящено тестированию веб-приложений только с клиентской стороны[1,790; 2, 265]. Например, в литературе достаточно широко освещены вопросы проверки целостности ссылок. При этом веб-приложения представляются в виде двоичных деревьев, и проверка качества сводится к обходу дерева. Каждый объект просматривается и тестируется.

При этом большинство из прилагаемых способов тестирования основывается на анализе статических элементов веб-приложения, без учета динамических составляющих, к которым и в первую очередь относятся скрипты. Такой подход объясним, прежде всего, сложностью динамических структур, неопределенностью поведения, многообразием явных и неявных связей. Однако зачастую именно динамические составляющие несут в себе уязвимости.

Систему навигации веб-приложения представим с помощью диаграммы состояний. Страницы веб-приложения попарно соединены между собой либо навигационными ссылками (сплошные линии), либо продолжениями (пунктирные стрелки). В зависимости от выбора пользователя система демонстрирует разные варианты поведения.

Диаграмма состояний позволяет визуализировать переходы, а также визуально описать контроль доступа к веб-приложению или отдельным его частям, авторизацию и сеансы подключения. Технологические свойства (программные настройки, размещение скриптов) можно визуально представить при помощи диаграммы компонентов. Применение диаграммы компонентов позволяет представить в модели не только серверную часть, но и клиентскую.

Таким образом моделирование веб-приложений предпочтительно проводить с применением теории конечных автоматов, для визуализации применять диаграммы состояний UML.

1. **M. Alpuente**, **D. Ballis**, and **D. Romero**. Specification and Verification of Веб Applications in Rewriting Logic. In Proc. of the 16th International Symposium on Formal Methods (FM'09), volume 5850 of LNCS, pages 790{805. Springer, 2009.

2. **Alafi**, **M.H., Cordy**, **J.R., Dean, T.R.**: Modelling methods for web application verification and testing: state of the art.Softw. Test., Verif. Reliab. pages 265-296, 2009

Чернышова А.Н.
к.т.н., доцент, Школа биомедицины ДВФУ, г. Владивосток
cher_annik@mail.ru
Ершова Т.А.
к.т.н., доцент, Школа биомедицины ДВФУ, г. Владивосток
Божко С.Д.
к.т.н., доцент, Школа биомедицины ДВФУ, г. Владивосток
Салков В.О.
магистрант, Школа биомедицины ДВФУ, г. Владивосток

ИССЛЕДОВАНИЕ ВОЗМОЖНОСТИ КОМПЛЕКСНОЙ ПЕРЕРАБОТКИ ШАМПИНЬОНОВ

Проблема комплексной переработки сырья чрезвычайно актуальна не только с экономической, но и социальной точки зрения.

Для многих предпринимателей, выращивающих культивируемые грибы, довольно остро стоит вопрос их своевременной и наиболее эффективной реализации. Установлено, что шампиньоны, не реализованные в торговой сети в течении 4-6 дней с момента сбора, теряют товарный вид (темнеют), без ухудшения в этот период показателей пищевой и биологической ценности.

Нами предлагается один из возможных способов решения этой проблемы.

Подготовленные грибы измельчают до необходимых размеров и пропускают через мясорубку. Из полученной массы путем отжима получают 2 фракции: сок и жом. Жом используется для создания комбинированных паст и паштетов. Сок – для производства концентратов первых блюд.

Грибной сок – высокобелковая субстанция с низким содержанием жиров, которую можно использовать в качестве основы при производстве концентратов первых блюд. В составе основы концентратов первых блюд было использовано 3 вида крупяной муки: гречневая, рисовая и гороховая. Каждый вид содержит в себе большое количество полезных микроэлементов и витаминов [1, 52].

Производство концентрированных супов можно условно разделить на 2 этапа:

- производство крупяной основы с грибным соком для концентратов первых блюд;
- составление композиций первых блюд.

На первом этапе грибной сок нагревали до температуры 100°С и заваривали им крупяную муку, получая «крупяное тесто». В эксперименте определено оптимальное соотношение грибного сока и крупяной муки различного вида, при котором получившееся тесто хорошо сушится и измельчается. Готовое тесто раскатывали толщиной 0,5-0,7 см и высушивали при температуре 50-55°C до постоянной массы, после чего измельчали до порошкообразного состояния.

На втором этапе подготавливали остальные компоненты, входящие в рецептуру супа: морковь и репчатый лук очищали, промывали, нарезали мелким кубиком 0,5x0,5(см), помещали в духовой шкаф при температуре 50°C до влажности 8%. Укроп инспектировали, промывали, измельчали и также высушивали. Для производства концентратов можно использовать сушеные овощи, приготовленные пищевой промышленностью.

Далее все компоненты отвешивали в соответствии с разработанными рецептурами, добавляли соль, специи и картофельный крахмал (для структурообразования) и составляли композиции концентратов первых блюд. Разработаны следующие варианты концентратов первых блюд: *суп гречневый с зеленью, суп гречневый с грибами, суп гороховый с сухариками, суп гороховый с овощами, суп рисовый с грибами, суп рисовый с сухариками.*

Для приготовления готового супа необходимо концентрат залить кипящей водой в соотношении 1:2 и кипятить в течение 3-4 минут. Возможно приготовление супа в микроволновой печи при том же гидромодуле в течение 2-3 минут. При восстановлении продукт приобретает консистенцию супа-пюре.

Содержание белка в разработанных продуктах колеблется в пределах от 10,5 до 30,9%, жиров от 1,7 до 8,4%, углеводов от 49,4 до 80,4%. Калорийность разработанных супов от 563 до 788,4 кКал. Содержание же белка в супах, производимых пищевой промышленностью, колеблется в пределах от 8 до 9,8%, жиров - около 10%, а содержание углеводов от 63 до 65%. Калорийность находится в пределах от 375 до 390 кКал.

Жом использовали для создания комбинированных паст и паштетов.

Комбинирование заключается в добавлении к основному продукту сырья животного и растительного происхождения с целью регулирования белкового, аминокислотного, липидного, жирнокислотного, углеводного, минерального и витаминного состава конечного продукта [2, 12].

Необходимость создания комбинированных продуктов продиктована не только возможностью экономии основного сырья, но и, в гораздо большей мере, возможностью регулирования химического состава продуктов в соответствии с современными требованиями науки о питании, возможностью производства "здоровой" пищи [3, 117].

Разработаны рецептуры комбинированных паст и паштетов на основе грибного жома в сочетании с мясом птицы, рыбы, куриной печенью, яйцом с добавлением сливок, а так же с входящими в состав пассерованными луком и морковью. Разработанные продукты отличаются сбалансированным приятным вкусом и нежной текстурой.

Содержание белка в разработанных продуктах колеблется в пределах от 4,3 до 6,7%, жира – от 14,6 до 23,5 %, углеводов – 5,7 до 8,3%. Калорийность предлагаемых продуктов в пределах 215,5-224,3 ккал [4, 149].

Разработанные концентраты первых блюд на основе грибного сока, а также комбинированные пасты и паштеты из грибного жома можно рекомендовать для включения в рацион различных групп населения.

Список литературы

1. Текутьева Л.А., Божко С.Д., Ершова Т.А., Сон О.М., Мухортов С.А., Алексеев Н.Н. Разработка многокомпонентных рецептур сухих фитнес-каш. М.: Пищевая промышленность, 2013. №1, с. 52-53.
2. Липатов Н.Н., Рогов И.А. Методология проектирования продуктов питания с требуемым комплексом показателей пищевой ценности//Известия вузов. Пищевые технологии. 1987. № 2. С. 9-15.
3. Сбалансированное питание-путь к здоровью и долголетию: В. А. Горохов, С. Н. Горохова — Санкт-Петербург, Попурри, 2006 г.- 320 с.
4. Салков В.О., Чернышова А.Н. Использование грибного жома при производстве комбинированных продуктов. I научно-практическая студенческая конференция по итогам научно-исследовательской работы Школы биомедицины ДВФУ за 2012-2013 годы: Сборник материалов/Дальневосточный Федеральный университет, Школа биомедицины: Владивосток: Дальневост.федерал.ун-т, 2013. – 168 с.

Шабалин Л.П.
кандидат технических наук, КНИТУ-КАИ
Сидоров И.Н.
доктор физико-математических наук, КНИТУ-КАИ

ТРЕХСЛОЙНЫЙ ЗАЩИТНЫЙ ЭКРАН СО СКЛАДЧАТЫМ ЗАПОЛНИТЕЛЕМ ПРИ ВОЗДЕЙСТВИИ ВОЗДУШНОЙ УДАРНОЙ ВОЛНЫ

Создана методика исследования процесса деформирования панелей со складчатыми заполнителями, изготовленными из композитных материалов с различными схемами армирования и механизмами разрушения при воздействии воздушной ударной волны. Проведена серия вычислительных экспериментов для оценки эффективности поглощения энергии взрывной волны складчатым заполнителем (в сравнении с пеноалюминием и сотовым заполнителем). Методика основана на результатах исследования [1, 415]. Для моделирования воздействия взрыва на панель в работе использовалась встроенная в LS-DYNA функция CONWEP, в которой реализована эмпирическая модель Кингери и Балмэша. Геометрическая модель защитного экрана с заполнителем из пеноалюминия (рисунок 1) соответствует исследованию [2, 52]. Проведено исследование эффективности подобного защитного экрана. Для упрощения расчетов, из модели был исключен корпус БТР-80 и заменен на соответствующие граничные условия.

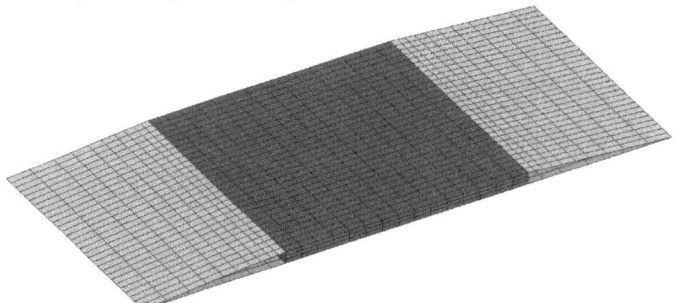

Рис. 1. Модель защитного экрана с заполнителем из пеноалюминия

В качестве моделей материалов применялись: для пеноалюминия-*MAT_CRUSHABLE_FOAM, стальная обшивка-*MAT_PLASTIC_KINEMATIC. Конечно-элементная модель защитного экрана с панелью из композитного складчатого заполнителя в форме V-гофра насчитывает 267000 конечных элементов SHELL163. В качестве моделей материалов применялись: для складчатых заполнителей - *MAT_ENHANCED_COMPOSITE_DAMAGE; стальная обшивка - *MAT_PLASTIC_KINEMATIC.

На рисунке 2 представлена диаграмма изменения внутренней энергии панелей с заполнителем из пеноалюминия и V-гофра (материал - арамид, схема армирования [0;+45;-45;0]). С приходом ударной волны, внутренняя энергия панели из пеноалюминия достигает своих максимальных значений за малый промежуток времени порядка 2,5E-4..5E-4 с., в то время как композитный складчатый заполнитель за счет сложного механизма разрушения и поглощения энергии демонстрируют продолжительный отклик 2,5E-4..2E-3 с. При этом, максимальное значение для V-гофра составляет 7,27E+3 Дж, для пеноалюминия 4,87E+3 Дж.

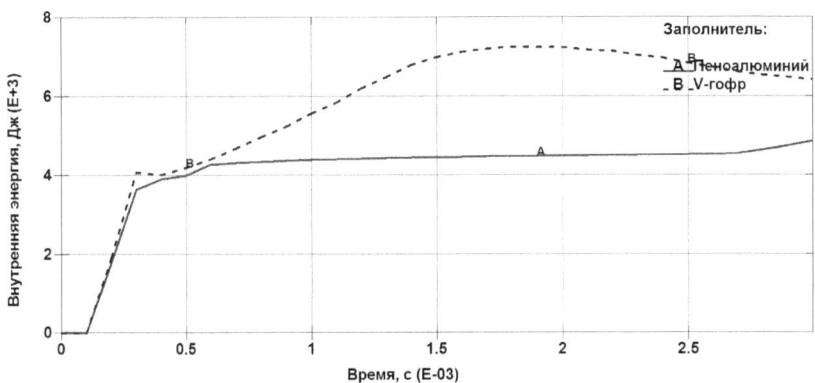

Рис.2. Изменение внутренней энергии заполнителей по времени

В таблице 1 представлено сравнение результатов моделирования для защитного экрана с различными типами заполнителей - пеноалюминий и V-гофр из арамида и карбона с различными схемами армирования.

Таблица 1. Пеноалюминий и V-гофр, различные схемы армирования

Тип заполнителя	Пено-алюминий	V-гофр Арамид $[0°_A;0°_A]$	V-гофр Карбон $[0°_K;0°_K]$	V-гофр Арамид+ Карбон $[0°_A;+45°_K; -45°_K;0°_A]$	V-гофр Арамид x2 $[0°_A;+45°_A; -45°_A;0°_A]$
Высота заполнителя,мм	50	28			
Общая масса панели с внешними обшивками, кг	244	152,2	152,5	154,9	154,6
Максимальный прогиб, мм	35,32	41,34	68,7 (разр.)	33,27	34,3

По результатам моделирования защитный экран с панелью из пеноалюминия равнозначен по показателю максимального прогиба V-гофру из арамида в 4 слоя (0,2мм каждый слой). При этом панель из пеноалюминия значительно уступает по массе и толщине.

Кроме того, проведено исследование эффективности защитного экрана с сотовым заполнителем и сравнение его характеристик с пеноалюминием и V-гофром из алюминия.

Высота сотового заполнителя составляет, как и в случае со складчатым, 28мм. Сводные данные результатов расчета представлены на рисунке 3. Также приведены данные для защитного экрана аналогичной высоты, состоящего из внешних стальных обшивок без заполнителя.

Сотовый заполнитель показывает более хорошие характеристики противодействия воздушной ударной волне чем алюминиевый складчатый - максимальный прогиб защитного экрана меньше на ~17,5%. В то же время, если сравнивать сотовый с композитным складчатым заполнителем, то преимущество составляет ~8.3% при значительно более низкой прочности на сдвиговые нагрузки.

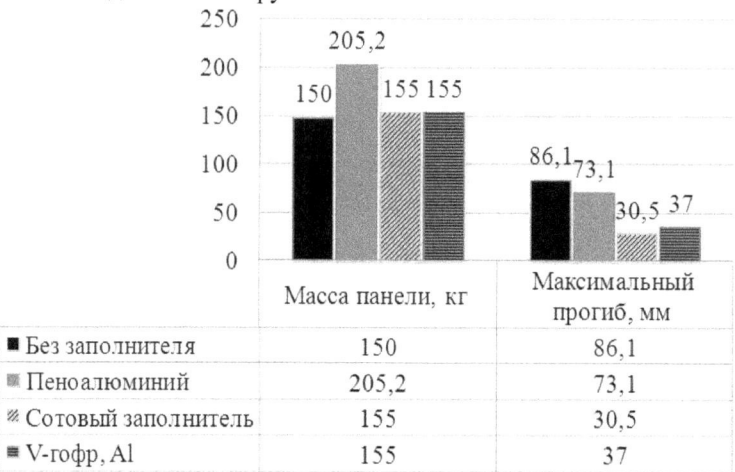

	Масса панели, кг	Максимальный прогиб, мм
■ Без заполнителя	150	86,1
▨ Пеноалюминий	205,2	73,1
▨ Сотовый заполнитель	155	30,5
▣ V-гофр, Al	155	37

Рис. 3. Показатели защитных экранов из пеноалюминия, сотового и V-образного складчатого заполнителей

1. Shabalin L. P., Gorelov A. V., Sidorov I. N., . Khaliulin V. I, Dvoyeglazov I. V. Calculation of the parameters of stress–strain and ultimate states of composite foldcores under transverse compression and shear. Mechanics of Composite Materials, September 2012, Volume 48, Issue 4.

2. Бутаровича Д.О., Рябова Д.М., Смирнова А.А. «Повышение противоминной защищённости бронированной колесной техники при помощи защитных экранов из пористых энергопоглащающих металлов»

Харатокова М.Г.

кандидат филологических наук

доцент, профессор РАЕ

Северо- Кавказская государственная гуманитарно – технологическая академия.

mariatharatokova@yandex.ru

АБАЗИНСКИЙ ЯЗЫК В СОВРЕМЕННОМ МИРЕ

В последние годы проблема, связанная с малочисленными языками, стоит на особом месте. Современная лингвистика рассматривает комплекс нерешенных вопросов о малочисленных языках мира и пытается найти новые методы сохранения их во времени и пространстве.

Абазинский язык является самым сложным языком в Европе и одним из самых сложных в мире Он относится к тем языкам, исчезновение которым пока только угрожает. Выдающийся ленинградский ученый, автор первой монографии об абазинском языке А.Н. Генко утверждал, что «исключительное богатство абазинского языка выделяет его даже среди языков Кавказа и резко отличает от большинства европейских языков».

Процесс переселения является важнейшим событием в истории древнейшего, некогда многочисленного народа, населявшего побережье Черного моря. В настоящее время главным местом обитания абазин является Карачаево-Черкесская республика, где проживает около 37 тысяч носителей данного языка. Они также проживают в 53 странах мира. У абазин имеется два диалекта - тапанта и ашкарао. Диалект «ашкарао» более близок абхазскому языку, так как носители этого диалекта переселились на данную территорию позже носителей диалекта «тапанта».

Абазинский язык впервые получил административный районный центр только в 2007 году и с этого времени положение абазин намного улучшилось. Большие задачи, которые они ставят перед собой по проблемам этнокультурного развития, будут содействовать развитию языка, возрождению и обогащению его лучших обычаев и традиций. Начальные школы постепенно возвращаются к преподаванию всех предметов на родном языке, в городских школах уроки родного языка переведены из факультативных в обязательные. Все это стимулирует носителей языка и препятствует его исчезновению.

Международная ассоциация абхазо-абазинского народа (МААAН), созданная в 1993 году, стала координирующим органом по реализации внешних связей абазин с зарубежными соотечественниками. Первичные организации МААAН были созданы в Москве, Санкт-Петербурге, Германии, Турции, США. Международная абхазо-абазинская ассоциация имеет свой печатный журнал «Абаза», в котором публикуются различные материалы по проблемам этно-исторического прошлого абазинского и абхазского народов и их современной жизни на русском, абхазском и абазинском языках.

В течение длительного времени абазинский язык функционирует в многоязычной среде Турции, где происходят экстралингвистические процессы (смешение, скрещивание). Сильное влияние абазинский язык испытывает со стороны аборигенов этих стран - турок и арабов, и, кроме этого, происходит и смешение особенностей различных абазинских диалектов. Это и послужило причиной появления в речи абазин значительных фонетических и лексико-грамматических особенностей.

Позже часть турецких абазин переехала в европейские страны, в том числе в Англию. Исследование своеобразных важнейших проблем кавказоведения невозможно без учета особенностей речи этих абазин.

.Иноязычная среда сыграла большую роль в образовании нынешнего диалекта английских абазин.

Надо отметить, что фонетика английских абазин близка фонетике ашхарского диалекта абазинского языка. Однако имеется много и смешений особенностей разных абазинских диалектных форм - консонантов. Например, употребление лабиализованных свистяще-шипящих спирантов, которые потеряли фонемность: *шв – жв // св: швара // свара* «вы»; *бызшва // бызсва* «язык»; *иршвуа//ирсвуа* «то, что платят».

Если в речи английских абазин, с одной стороны, заметна тенденция смягчения твердых согласных, то с другой - наоборот, происходит замена мягких звуков твердыми: *дакъыпсуа* вместо *дахьыпсуа* «там, где он умирает»; *дакъыкъоу* вместо *дахьыкъоу* «где он есть»; *дахгылу* вместо *дахьгылоу* «где стоит»; *дахынху* вместо *дахьынхо* «где живет», «работает».

Очень часто в речи абазин гласная *а* переходит в *ы* и наоборот, например: *чварты (ацварта)* «постель»; *пхІы (апхІа)* «дочь»; *анымыс (анамыс)* «совесть».

Особо следует обратить внимание на место ударения в речи английских абазин. Оно очень часто меняется, что видно на следующих примерах: *иквнхо´* вместо обычного *´иквнхо* «те, которые там живут»; *идры´дзит* «они то потеряли»; *сахынху´о - сахы´нхо* «там, где я живу»; *а´нцва - анцв´а* «бог»; *хІа´льоп - хІало´п* «находимся в нем».

Имеет место и смешанное употребление форм времен, в основном это формы настоящего и прошедшего совершенного времен. Например, параллельно со сложным суффиксом *-уп* для образования настоящего времени встречаются суффиксы *ит, кт:* *хІшІараква квашут* «наша молодежь танцует»; *Куадзбси сари шьарда хІабжьут* «между мною и Квадзба большое расстояние»;

ишахӀтахыу хӀакъсит, хӀтсит, хӀгылитӀ «Живем как хотим, садимся, встаем»; *хӀаздыешылу дхашьтеит хэа, хӀабаибо... (уа);* «Хозяин где нас найдет, зря будет искать».

В речи английских абазин хорошо сохранились архаизмы, например: *итӀвы* — «слуга», «собственность»; *иагыруацва* — «рабы (букв «мегрелы»)»*.

Также хорошо сохранены и устойчивые словосочетания, они часто используются в речи абазин. В основном это фразеологизмы, пословицы, поговорки, идиоматические выражения и др.

Данные факты из были выявлены из исследований работы С.А.Амичба (1993), но для всестороннего анализа функционирования абазинского языка за рубежом необходимы новые исследованные данные, так как это имеет очень важное значение для изучения проблем, связанных с развитием языка.

Собранный фактический материал и научная литература по изучению речи английских абазин показывает, что абазинский язык, претерпел серьезные фонетические, морфологические и лексические изменения. Наблюдается также ряд диалектных расхождений. В то же время речь абазин зарубежной диаспоры сохранила свою первозданность. Это находит выражение в большом количестве архаизмов, устойчивых сочетаний, диалектных различий и т.д.

В речи английских абазин основные отличия от абазинского литературного языка встречаются в основном в лексике. При единстве с основным словарным фондом абазинского языка лексика рассматриваемой речи характеризуется своеобразием. Имеются (лексические) расхождения фонетического, семантического, структурного порядка.

Во всей лексике английских абазин хорошо прослеживается взаимовлияние разных диалектов абазинского языка.

Проживая в Западной Европе, потомки махаджиров противостояли сильным ассимиляционным процессам, сохранили свои обычаи, этикет, семейные обряды, чувство национального достоинства и многое другое.

Причисление абазин к малочисленным, исчезающим народам – это исторически сложившийся процесс, перед которым поставила нас история. Сегодняшнее поколение должно сделать все возможное для сохранения абазинского языка, его обычаев и традиций, его богатейшей истории.

Список использованной литературы

1. Амичба С.А. О некоторых особенностях речи английских абхазов // Культурная диаспора народов Кавказа: генезис, проблемы и изучения. - Черкесск, 1993. - С. 352-357.

2. Генко А.Н. Абазинский язык. Грамматический очерк наречия. Тапанта. - М., 1955. – С. 34-80.

Максимовских А.Г.
канд. филолог. наук, доцент кафедры русского языка ФГБОУ ВПО
«Шадринский государственный педагогический институт»

ЯЗЫК И КУЛЬТУРА: СОВРЕМЕННОЕ СОСТОЯНИЕ

Новая антропоцентрическая парадигма в лингвистике обусловила интерес к проблемам взаимоотношения языка и культуры. «Мысль о роли языка как неотъемлемой составной части культуры озвучивалась учеными и исследователями в течение последних двух столетий; истоки начинаются от В. Гумбольдта, продолжаются современными антропологами, культурологами и этнологами» [2,112].

Выделяются следующие причины подъема интереса к проблемам взаимодействия языка и культуры:

1. Изменение социально-политической ситуации в современном мире, расширение международных контактов.

2. Глобализация мировых проблем, ведущая к необходимости учета универсальных и специфических характеристик различных народов и определения их культурных ценностей.

3. Тенденция к интеграции гуманитарных наук, которая обусловила интерес лингвистов к смежным отраслям знаний: психологии, социологии, этнографии, культурологии и другим.

4. Рождение антропологического направления в лингвистике, понимание языка как средства концептуализации знаний и представлений о мире, как об аккумуляторе культурных ценностей.

А.Т. Хроленко [2004] называет следующие основные вопросы, которые в сумме составляют проблему «Язык и культура»: что такое культура; что возникает раньше: язык или культура; что общего у языка и культуры; как они взаимодействуют; как развиваются языки и культуры; существует ли корреляция форм языков и форм культур.

На сегодняшний день в решении данных вопросов наметилось несколько подходов.

Первый подход разрабатывался в основном философами – Г.А. Брутяном, Л. Витгенштейном, Э.С. Маркаряном. Суть этого подхода в следующем: взаимосвязь языка и культуры оказывается движением в одну сторону; так как язык отражает действительность, а культура есть неотъемлемый компонент этой действительности, с которой сталкивается человек, то и язык – простое отражение культуры. Изменяется действительность, меняются и культурно-национальные стереотипы, изменяется и сам язык. Одна из попыток ответить на вопрос о влиянии отдельных фрагментов (или сфер) культуры на функционирование языка оформилась в функциональную стилистику Пражской школы и современную социолингвистику.

Таким образом, если воздействие культуры на язык вполне очевидно (именно оно изучается в первом подходе), то вопрос о воздействии языка на культуру остается пока открытым. Он составляет сущность второго подхода к проблеме соотношения языка и культуры.

В рамках второго подхода эту проблему исследовали различные школы неогумбольдтианцев, школа Э. Сепира и Б. Уорфа, Д. Хаймса.

В гипотезе Сепира-Уорфа выделяются следующие основные положения: язык обусловливает способ мышления говорящего на нем народа; способ познания реального мира зависит от того, на каких языках мыслят познающие субъекты.

В исследованиях современных ученых гипотеза лингвистической относительности получила современное актуальное звучание; прежде всего – в работах Д. Олфорда, Дж. Кэрролла, Д. Хаймса и других авторов, в которых концепция Сепира-Уорфа существенным образом дополнена.

Однако в ряде работ гипотеза лингвистической относительности подвергалась резкой критике (Б.А. Серебренников, Д. Додд, Г.В. Колшанский, Р.М. Уайт, Р.М. Фрумкина, Э. Холленштейн).

Третий подход: язык есть одновременно и продукт культуры, и ее важная составная часть, отражение культуры, условие и способ ее существования, фактор формирования культурных кодов. Этот подход представлен трудами Н.Д. Арутюновой, В.В. Воробьева, В.В. Красных, В.И. Карасика, В.А. Масловой, И.Г. Ольшанского, Е.О. Опариной, Б.А. Серебренникова, Ю.С. Степанова, В.Н. Телия, Е.В. Урысон и др.

Итак, как заметил Леви-Строс, язык есть одновременно и продукт культуры, и ее важная составная часть, и условие существования культуры. Более того, язык – специфический способ существования культуры, фактор формирования культурных кодов.

Отношения между языком и культурой могут рассматриваться как отношения целого и части. Язык может быть воспринят как компонент культуры и как ее орудие. Однако язык в то же время автономен по отношению к культуре в целом, и он может рассматриваться как независимая, автономная семиотическая система, т.е. отдельно от культуры, что делается в традиционной лингвистике.

По проблемам взаимодействия языка и культуры регулярно проводятся научные конференции в Москве (в Институте языкознания РАН, Институте русского языка им. В.В. Виноградова, Институте славяноведения и балканистики РАН, в Московском государственном гуманитарном университете), в Санкт-Петербурге, Екатеринбурге, Воронеже, Пензе, Курске, Новосибирске, Омске, Перми, Челябинске и других городах.

Издаются монографии, например: «Русская фразеология. Семантический, прагматический и лингвокультурологический аспекты»

[Телия 1996], «Устная народная культура и языковое сознание» [Никитина 1993], «Языковые ключи» [Карасик 2009]; ведутся диссертационные исследования, например, Е.Н. Сороченко [2003] Н.В. Буравлева [2007], А.Г. Бойченко [2009], Е.Ю. Бутенко [2006], В.В. Красных [1999], А.А. Селютин [2007], Ю.А. Шуплецова [2008], С.В. Корносенков [2008], А.И. Порошина [2009] и др.

По лингвокультуроведческим дисциплинам, изучающим язык и культуру, издаются многочисленные учебники, учебные пособия, например: Н.Ф. Алефиренко [2010], С.А. Кошарная [1999], В.В. Красных [2002], В.А. Маслова [2001, 2008], В.И. Тхорик, Н.Ю. Фанян [2006], А.Т. Хроленко [2000, 2004], Л.А. Шкатова [2001] и др.

Проблема взаимосвязи языка и культуры породила немало продуктивных в современной лингвистике понятий: «язык культуры», «культурный текст», «контекст культуры», «культурный фон» и др. В рамках лингвокультурологии появляются труды, посвященные проблемам взаимодействия языка и культуры в семиотическом аспекте.

По мнению В.А. Масловой, «признание взаимовлияния языка и культуры имеет большое практическое значение. Укрепляются междисциплинарные связи таких областей знания, как лингвистика, культурология, этнография, антропология, археология; уже можно говорить о комплексном характере исследования этногенеза, этнической истории и истории культуры народов, – в этих исследованиях языковые факты и лингвистические методы играют все более важную роль» [1,159].

Таким образом, в конце XX века активизировались проблемы изучения взаимодействия языка и культуры, привлекая внимание многих ученых.

Литература:

1. Маслова, В. А. Современные направления в лингвистике [Текст] / В. А. Маслова. – М. : Академия, 2008. – 272 с.

2. Опарин, М. В. Лингвокультурология и этнолингвистика как смежные науки о языке и культуре в российском и германском научных пространствах [Текст] / М. В. Опарин // Альманах современной науки и образования. – № 8 (27). – 2009. – Ч. 1. – Тамбов, 2009. – С. 112 – 115.

3. Хроленко, А. Т. Основы лингвокультурологии. Учебное пособие [Текст] /А. Т. Хроленко. – Москва: Флинта, 2004. – 184 с.

Manik S.A.
Candidate of Philological Science
Associate Professor
Associate Professor of the English Philology Department
Faculty of Romans-Germanic Philology
Ivanovo State University
e-mail: Svetlana_manik@yahoo.com
SPIN-code: 4428-9242

UNDERSTANDING SOCIO-POLITICAL TERMINOLOGY: CULTURAL PERSPECTIVE

Terminology of socio-political life, mostly used in and by mass media, is characterized by some peculiar features, like ideological, evaluative and cultural components in the semantic structure [6]. The latter has become crucial for understanding the words used by politicians, journalists, diplomats, bloggers. Variations in understanding are related to a person's age, gender, education levels, environment (namely ideology of the social group), ethnic backgrounds, and many other factors such as the part of the globe in which the person has recently been [4].

In the political scene there are pretty many changes of interpretation that have developed in the political discourse. The nature of the present critical situation in which we now find ourselves, is often hidden by a major play with words. Many people do not question if they find a word being used in a different context to what they are used to, and so often do not fully understand the significance of the change. Or vice versa some key notions (like *democracy, equality, freedom*, etc.) are interpreted in a great number of diverse contexts, thus gaining different meanings.

For example, the adjective *free* is usually described in the dictionaries as *able to act at will; not under compulsion or restraint; enjoying personal rights or liberty; enjoying political autonomy* [3]. Modern media rather often employ *free market, free speech, free will, free trade, free lunch, free world, free enterprise, free ride*, etc. in some other contexts. The notion *free world* is explained by Safire's Political Dictionary as *in the eyes of democracies, an amorphous agglomeration of nations not under dictatorship* [8]. It gained currency in the early 1950s as realization of the Communist expansion dawned, as the opposition to communism, to the countries of the Soviet camp. N.Khrushchev revealed the anti-Communist character of the phase in his address to the XXI Congress of the Communist Party, 1959, by saying: "*The so-called free world constitutes the kingdom of the dollar…*".

Nowadays it is normally used as a generalized notion for democratic countries since the opposition's been collapsed. Barack Obama, American

President, is ironically referred to as *leader of the free world* since he was the first to restore the word combination in the XXI century:

No one speaks of the 'free world' these days, and Obama's insistence that we not 'cede our claim of leadership in world affairs' will sound like an anachronistic conceit to many Europeans.. but Obama believes the world yearns to follow us, if only we restore our worthiness to lead [5; 9].

It's a good thing that Barack Obama is only the president of the United States and leader of the free world, and that he doesn't have a really important job like television sportscaster [2].

Too often, socio-political terms in the political discourse are used as a tool for deception and people are not fully aware of the new interpretation being placed upon them. This then causes a lack of understanding of the real issues being discussed or allows the state of being manipulated or even brain-washed. Words can be used to instill trust, love, authority, fear, hate, etc. The key political words and phrases have recently been subject to politically inspired manipulation.

For example, recent political developments in Ukraine have polarized the world community into *"pro-Russian countries/separatists/rebels/terrorists fighting for the independence from Ukraine"* and *"pro-Western parties acting and defending Ukraine's right to territorial integrity and sovereignty"* (the quotation marks are used by the author to underline the generalized ideas from differently-minded English-speaking media). Let us refer to the lexical unit *"pro-Russian"* in this very context (*pro-Russian separatists/rebels*).

Pro-Russian rebels shoot down a military helicopter near Sloviansk, killing 14 people including a general [1].

The battle for control of the eastern Ukrainian town of Slovyansk has intensified in the past 24 hours, with civilians caught in heavy crossfire between government forces and pro-Russian separatists [2].

Both examples prove that according to the English Grammar rules the separatists share, support and proclaim Russian ideology and policy, since the prefix *pro-* indicates *"favor for some party, system, idea, etc. without identity with the group"* [3]. By this means English-speaking media move the idea of Russia's interference and direct involvement in the crisis. But the official statements and claims of the south-eastern regional authorities have nothing in common with the Russian policy, they want independence from Ukraine and enjoy their sovereignty. In this very perspective the separatists are hardly *pro-Russia* as well. Perhaps, they are *pro-Russian-language* (since the Russian language was deprived of the national language status though historically there are many Russian native speakers in this territory) or *pro-Soviet*. The latter statement is suggested by M. van Meter, an American writer, who refers to the study of Y. Hrytsak published in Harvard Ukrainian Studies in 1998 [7]. In accordance with this research 45% of Donetskites interviewees self-defined as "Soviet", 22% - as "Russian" and 25% - as "Ukranian". By contrast, only 5% of interviewees in Lviv, in Western Ukraine, identify themselves that way. In this perspective the distinction between *pro-Russian* and *pro-Soviet* matters.

Cultural component plays significant role in understanding socio-political terms, especially in case of political realia, culture-specific words or phrases used in political sphere. On the one hand, these words contain information on some historical personality, politician, events, scandals within particular society. For example, *Euromaidan, ATO (anti-terrorist operation), pro-Russian separatists, Urkinform, the far-right group Right Sector, the National Guard, the Verkovna Rada,* etc. These are just some recent examples of new political realia connected with the crisis in Ukraine. They become rather clear in the context, in media texts. On the other hand, mass media provide different interpretations and contexts for these socio-political words. Thus, *ATO* can be *"punitive" (anti-terrorist) operation* and *political repressions* in some texts and *anti-terrorist campaign* in others; *pro-Russian separatists/gunmen/rebels, "volunteer" units, opposition, activists* and *combatants, terrorists*. They are mostly used by the journalists as synonyms or antonyms, though they do have semantic difference. By all means, it causes a great difficulty for the readers/speakers/users.

In conclusion, it is necessary to underline that socio-political terminology by all means reflects conflicts and contradictions in the society, multifacetedness and critical character of numerous social processes and reforms, ethnic discords, 'sanctions' wars and 'cleansing', social and economic debates on unemployment, health care, financial crisis, mortgage, credit crunch, etc.. Thus it has its peculiar (ideological, social, gender, cultural, etc.) features and characteristics. Knowledge of cultural component of socio-political terms facilitates cross-cultural understanding and brings cooperation and peace.

References

1. BBC news - http://www.bbc.com/
2. CNN   News   - http://edition.cnn.com/2013/04/05/opinion/navarrette-obama-comment/index.html?iref=allsearch
3. Dictionary.com   - http://dictionary.reference.com/browse/free?s=t
4. Foster   M.,   Harris   J.   Use   of   Words   - http://www.gwb.com.au/2000/issues/words.htm
5. Kagan's column on world affairs for The Washington Post - http://www.washingtonpost.com/opinions/robert-kagan/2011/04/27/AF1YXrzE_page.html.
6. Manik S. Evaluation Component within the Semantic Structure   of   Socio-Political   Words   //   Multi-disciplinary Lexicography: Traditions and Challenges of the XXIst Century / Ed. by

O. Karpova, F. Kartashkova. Cambridge: Cambridge Scholars Publishing, 2013. P. 231-244.

7. Meter van M. Russian Separatists in Ukraine Are Nostalgic For the Soviet Union - http://www.forbes.com/sites/realspin/2014/05/25/russian-separatists-in-ukraine-are-nostalgic-for-the-soviet-union/

8. Safire W. Safire's Political Dictionary. Oxford: Oxford University Press, 2008.

9. The Global Think Tank – Robert Kagan - http://carnegieendowment.org/experts/?fa=16&type=analysis&reloadFlag=1

Кыштымова Т.В.
кандидат филологических наук, ФГБОУ ВПО «Шадринский
государственный педагогический институт»

ОБРАЩЕНИЯ И САМОПРЕЗЕНТАЦИЯ В ЧАСТНОЙ ПЕРЕПИСКЕ А.П. ЧЕХОВА

Под ономастическими играми подразумеваются всевозможные виды игры слов, в которую вовлечены имена собственные. В частной переписке А. П. Чехова обращение и самопрезентация имеют неофициальный и нестандартный характер, выступая во многих случаях проявлением языковой игры [1,15]. Взгляд на юмористическую палитру А. П. Чехова сквозь игровой дискурс его эпистолярного идиостиля интересен для углубления представлений о писателе как языковой личности homo ludens («человеке играющем»). Элементы языковой игры встречаются и в обращениях к друзьям. Занимательными представляются нам обращения Чехова к Мизиновой Лидии Стахиевне. Их переписка – один из самых больших циклов в его эпистолярном наследии.

Среди обращений к Л.С. Мизиновой можно выделить следующие:

1. Эмоционально-оценочные обращения, связанные с внешностью адресата. Чехов очень тепло относился к Мизиновой и отдавал должное ее красоте, о которой говорили многие современники. «Прекрасная Лика», - так называли Мизинову Чехов, Левитан и многие другие в дружеском кругу. Остался живописный портрет Лидии Стахиевны в воспоминаниях: *«Лика была девушка необыкновенной красоты. Настоящая Царевна-Лебедь из русских сказок. Ее прелестные вьющиеся волосы, чудесные серые глаза под «соболиными» бровями, необычайная женственность и мягкость, и неуловимое очарование в соединении с полным отсутствием понимания и почти суровой простотой – делали ее обаятельной».*

Очаровательная, изумительная Лика! (Л.С. Мизиновой, 12 июня 1891, Т.11, с.511) [Здесь и далее цит. по 3, 4]; *Ну, будьте здоровы, блондиночка.* (Л.С. Мизиновой, 27 и 30 июля 1892, Т.11, с.583). *Ах, прекрасная Лика!; Ах, Лика, Лика, адская красавица!* Ср. *адский* (перен.) – чрезвычайный, чрезмерный [2, Т. 1,26]. Ср. также: *Золотая, перламутровая и фильдекосовая Лика!*

2. Обращения шутливо-иронические. Чехов часто в письмах к Мизиновой и в обращениях к ней был остроумен и весел. Это вызвано непринужденностью их общения. *Прощайте, злодейка души моей*, - с теплотой и любовью обращается Чехов к подруге. *Какая ты душка!* – так Чехов называет Лидию Стахиевну в следующем письме, обращаясь к ней как к ребенку. Даже сердясь на Л.С. Мизинову, Чехов прибегал к

шутливым именованиям, например: *Одна моя знакомая, некрасивая, но симпатичная барышня, бросила курить, но, по слухам, опять начала. Экая упрямая бестия! Пишите мне. Слышите? Умоляю на коленях.* (Л.С. Мизиновой, 16 июля 1892, Т.11, с.580). Антон Павлович очень мягко «поучает», делая это от третьего лица, как бы на примере кого-то. Чехов – тонкий психолог, делая акцент на внешности Мизиновой, пытается укорить ее, но делает это не навязчиво, шутя: *Ну, до свидания, кукуруза души моей* (Л.С. Мизиновой, 28 июня 1892, Т.11, с.577). *Думский писец!*; *Спешу порадовать Вас, достоуважаемая Лидия Стахиевна! Бедная, больная Ликиша.*

Перед отъездом на Сахалин Чехов дарит Лике свою фотографию с шутливой надписью: *Добрейшему созданию, от которого я бегу на Сахалин и которое оцарапало мне нос. Прошу ухаживателей и поклонников носить на носу наперсток. А.Чехов. P.S. Эта надпись, явно, как и обмен карточками, ни к чему не обязывает.* Дарственная надпись сделана в стиле, характерным для писем Чехова к Мизиновой в первые годы их переписки. Этот стиль был создан той атмосферой непринужденного веселья, которая возникала вокруг Лики в семье Чехова. Антон Павлович был увлечен, чувствовал, что нравится ей, и потому у него сами собой рождались остроты, поддразнивания, каламбуры, прозвища, обыгрывания вымышленных ситуаций, имён Ликиных поклонников, пародий на любовные письма неизвестных лиц: *Милая Мелита, привезите мои «Невинные речи» и, пожалуйста, освободите из плена мои «Пестрые рассказы»* (Л.С. Мизиновой, 29 марта 1892, Т.11, с.562). (Мелита и Сафо – персонажи трагедии Грильпарцера «Сафо», которая шла в сезон 1892 года в московском Малом театре. Чехов, шутя, называл этими именами Л.С. Мизинову и С.П. Кувшинникову. – Т.К.).

В эпистолярном дискурсе Чехова часто предметом игры становится сам автор. Такая игра в самого себя проявляется в подписях. Формы самопрезентации Чехова всегда яркие, оригинальные, точно подмеченные, они «говорят» не только об уникальном таланте писателя, но и о его самокритичности и способности посмеяться над собой.

Шутливо-иронические, забавные подписи мы находим в письмах, адресованных Л.С. Мизиновой. Их переписка была нежно-дружеской: «*Ваш от головы до пяток, всей душой и всем сердцем, до гробовой доски, до самозабвения, до одурения, до бешенства. Антуан Тиекоф. (Произношение А.И. Урусова)*» (Л.С. Мизиновой, 29 марта 1892, Т.11, с.563). (Урусов А.И. – адвокат, театровед, писатель. Вышла его статья о повести Чехова «Дуэль» во франц. Журнале «La Plume», 1892, №67, 1 февр. – Т.К.).

В следующем письме к Мизиновой А. Чехов еще более лаконичен и игрив, он подписывает просто:

Это моя подпись

(Л.С. Мизиновой, 12 июня 1891, Т.11, с.512).

Ономастическая игра является характерной приметой идиостиля А.П. Чехова. В ней, как мы видим, писатель предстает интеллектуальной, остроумной личностью. Для Чехова этот приём является очень важным, иногда единственным, метким и смешным. Тонкий и экономичный художник, внимательный к каждой детали, к каждой мелочи, Чехов даже в своих письмах умел сделать выразительным каждый штрих. Как показывает анализ адресатами отмеченных ономастической языковой игрой писем оказываются чаще близкие писателю люди.

Обращения и самопрезентации Чехова ярко демонстрируют игровой потенциал писателя, характеризуют его как талантливого художника, в полной мере чувствующего и понимающего тонкости языка. В целом обращения и самопрезентация, являясь стандартным компонентом эпистолярного этикета, получает у А.П. Чехова художественное преломление и отражает характерные особенности его творческой манеры.

Литература

1. Гридина, Т.А. Языковая игра: стереотип и творчество [Текст] / Т.А. Гридина. – Екатеринбург, 1996 (II).

2. Словарь русского языка: В четырех томах [Текст] / Под ред. А.П. Евгеньевой. – М., 1986 (МАС).

3. Чехов, А.П. Полное собрание сочинений и писем в 30-ти томах. Письма, Т.1-12. [Текст] / А.П. Чехов. – М.: Наука, 1974-1983

4. Чехов, А.П. Полное собрание сочинений в 12-ти томах. Письма, Т.11-12. [Текст] / А.П. Чехов. – М., 1956-1957

Эрштадт А.М.
соискатель, Мурманский государственный гуманитарный университет
alexandra.ershtadt@gmail.com

ЛЕКСИКА СОБИРАТЕЛЬСТВА В КИЛЬДИНСКОМ ДИАЛЕКТЕ САМСКОГО ЯЗЫКА

Работа посвящена промысловой лексике кольских саамов, которая до сих пор не являлась предметом системного лингвистического анализа и представляет собой опыт лексико-семантического и грамматического анализа лексики собирательства в кильдинском диалекте саамского языка. Собирательство наряду с овцеводством и добычей жемчуга относится к вспомогательным, подсобным промыслам кольских саамов, которые в дополнение к оленеводству, охоте и собирательству составляли основу жизнеобеспечения этого народа самобытной арктической культуры [3; 4; 8]. Данная тематическая группа лексики была выявлена при изучении промысловой лексики кильдинского диалекта саамского языка по материалам полевых исследований, словарей саамского языка и историко-этнографической. В рамках работы было собрано и исследовано более 170 лексических единиц, которые были распределены по различным лексико-семантическим группам.

Лексико-семантическая группа наименований ягод представлена следующими простыми непроизводными лексемами: *мӯррьй* – ягода [9; 10; 12; СРС, 198; 7, 60]; *лӯмь* – морошка [9; 10; 11; 12; 1, 167]; *чоарэх* – незрелая морошка [9; 12; 7, 106]; *ёӈ* – брусника [9; 10; 11; 12; 1, 86; 7, 32; 2, 160]; *саррь* – черника [9; 10; 11; 12; 1, 316; 13, 41; 2, 159]; *чеммнушш* – вороника [9]; *чӯммнешь* – вороника [10]; *čйтпɛšk* – вороника [КРТ 2009, 142], *уйххкмушш* – голубика [9; 7, 144]; *johtmiš* – голубика [13, 41]; *kuhtmiš* – голубика [13, 41] производными: *рыххпьмӯррьй* – клюква [9; 10; 11; 7, 84] (ср. *рыххп* – куропатка [7, 84]). Также в составе данной группы имеются составные лексемы: *чоарэх лӯмь* – незрелая морошка [1, 398] *лоаннтма лӯмь* - спелая морошка [1, 167]; которые употребляются эллиптированно: *чоарэх* – незрелая морошка [9; 12; 7, 106]; *лоӑнтэх* – зрелая морошка [1, 51], в обоих случаях эллипсис является субстантивным. Данные лексемы являются примером семантической оппозиции по признаку зрелости. Видимо, признак «зрелости/незрелости» в данном диалекте является значимым для создания отдельного слова. Более того, степень зрелости имеет признак «принадлежность морошке». Экспликация признака зрелости ягод морошки в отдельных лексемах вероятно, связана с тем, что морошка созревает раньше других ягод, а также указывает на то, что данная ягода играла немалую роль в саамском хозяйстве.

Признак непригодности ягоды для употребления в пищу эксплицирован в сложных словах подчинительного типа *пӣннемӯррьй* (досл. «собачья ягода») [9, 10]; *паллтасмӯрьй* (досл. «волчьи ягоды»)[1, 246], а также в словосочетании *элля шйг мӯррьй* – несъедобная, невкусная ягода [9].

Крайне важным представляется отметить тот факт, что лексемы *čйтпešk, joŋŋ, sar'r', låntεx* не обнаруживают соответствий в соответствий в финно-угорских и прибалтийско-финских языках. По мнению Г.М. Керта, состав субстратной лексики саамского языка отчетливо свидетельствует о древнем состоянии духовной и материальной культуры (культ сейда, собирательство, рыбная ловля, оленеводство и пр.) и является подтверждением теории о том, что протосаамы до встречи с прибалтийско-финскими племенами не принадлежали к народам финно-угорской языковой семьи [5, 11, 140-154; 6, 8].

Общее видовое название гриба в кильдинском диалекте саамского языка - *кӯмпар* [9; 10; 11; 12; 1, 132; 7, 43] также не обнаруживает соответствий в финно-угорских и прибалтийско-финских языках) [5, 145] и является стержневым для лексико-семантической группы наименований грибов. К общеупотребительным также относятся следующие видовые названия: *вйллькесь кӯмпар* – белый гриб [9; 12; 10; 11; 1, 132]; *лӓммьп кӯмпар* – болотный гриб [9]; подберезовик, растущий на болоте [1, 132]. Представляется, что другие видовые названия грибов принадлежат к территориально ограниченной лексике, поскольку в зависимости от места рождения информантами приводились различные видовые наименования, не зафиксированные в переводных словарях саамского языка: *обабушка* – подосиновик [9] (Териберка); *сӓмь кӯммпар* – красноголовик, подосиновик [10] (Ловозеро); *Марьй Оӓххка кӯмпар* – моховик [9] (Териберка); *пёдзь кӯмпар* – моховик [10] (Ловозеро); *волнушка* – волнушка [9] (Териберка); *пйрас кӯммпар* – опята [9] (ср. *пйрас* – семья [1, 256]); *нйццканпӧррэм кӯмпар* – сыроежка [9] (ср. *нйццкан* – сырой [1, 223]). Информантами было показано, что составное наименование *сӓмь кӯммпар* (ср. *сӓмь* - саами [1, 314]) может обозначать любой гриб, который саамы употребляют в пищу, при этом несъедобные грибы имеют следующие составные наименования *рӯшшкаршель кӯмпар* (ср. *рӯшш* – русский [1, 302]), *илльпӧррэм кӯмпар, евлапӧррэм кӯмпар* [9, 12].

В состав лексико-семантической группы наименований дикоросов вошли простые непроизводные лексемы *ӗгель* – ягель [9; 10; 11; 12; 1, 77; 7, 30]; *сяххк* – болотный мох [9]; *сяххтар* – болотный мох [9; 1 340]; *кӧррт* – торф [2, 125]; *лаввьн* – торф [7, 49]; *кӓссь* – живица [1, 102]; *бакалл* – чага (гриб-трутовик на стволе березы) [9; 1, 29]; *лоафкхэсс* – дикий лук [9; 7, 51]; *кэскас* – можжевельник [9; 7, 47; 13, 39]; *пиεrt* – можжевельник [13, 39]; *пёссь* – береста [9; 1, 181] и составные лексемы: *тӓгкэм сӯййн* – осока [9]; *сӯлль сӯййн* – щавель [9; 2, 158]; *пёссь-мӯр мӓлль* – березовый сок [9; 1, 181]; *мӯр кӧрр* – кора дерева [1, 148].

Лексемное наполнение лексико-семантической группы наименований действий, связанных с собирательством представлено простыми непроизводными наименованиями: *воалмшэ* – 1) заготовлять, заготовить; 2) запасать, запасти; 3) приготовлять, приготовить [7, 19]; *кӧппче* – 1. собирать, собрать 2. снимать / снять, убирать / убрать *(урожай)* [9; 12; 1, 123]; *уссэ* – собирать (ягоды) [9; 1, 374]; *пайнэ* – собирать (ягель, мох, торф) [9]; *воалшэ* - 1. отбирать / отобрать, выбирать / выбрать *кого-что из кого-чего*; перебирать / перебрать, сортировать, рассортировать *что*; простыми производными наименованиями: *воалмшаһтэ* – заготавливать, заготовлять / заготовить *что*; *кӧппчлэ* – 1. собрать, сосредоточить, сконцентрировать *кого - что (быстро);* 2. снять, убрать *(урожай – быстро)*; *кӧппчлэ* – 1. собирать, сосредоточивать, концентрировать *кого - что (постоянно; иногда, бывало)*; 2. снимать, убирать *(урожай – постоянно; иногда, бывало)* [1, 124]; *мӯррьйлуввэ* – запастись ягодами [1,198]; *кӯмпарлуввэ* – запастись грибами, обеспечиться грибами [9], *ёӈӈлаһтэ* – обеспечить *кого* брусникой; *ёӈӈлуввэ* – 1. испачкаться брусникой, стать испачканным брусникой; 2. стать брусничного цвета; 3. запастись брусникой [1, 86]; *ёӈхаһтэ* – лишить *кого-что* брусники, оставить *кого-что* без брусники; *ӣгельлувве* – 1. покрыться, зарасти ягелем; 2. запастись ягелем [1, 77]; *ӣгельлувнэ* – 1. покрываться (зарастать) ягелем *(постоянно, иногда, бывало)*; 2. запасаться ягелем *(постоянно, иногда, бывало)* [1, 77]; *каһцэ* – рвать (ягель); *каһцьлэ* – нарвать *(ягеля - быстро)* [1, 96]; *бакаллълаһтэ* – обеспечить *кого* чагой; *бакаллълуввэ* – обеспечиться чагой; *бакалхаһтэ* – снять чагу (со ствола березы) [1, 29]; а также составными наименованиями: *кӧппчлэ тӣлвас* – собирать, запасать *что* на зиму [9]; *уссэ тӣлвас* – запасать, собирать на зиму ягоды [9]; *кӧппче кӯммпрэтҍ* – собирать грибы [9]; *кӧппче мӯрьеҍ* – собирать ягоды [9]; *ягклэҍ кӧппче, якглэҍ пайнэ* – собирать ягель [9]; *уссэ мӯрьеҍ* – собирать ягоды [9; 1, 198]; *уссэ луэммнэҍ* – собирать морошку [9; 1, 167]; *уссэ чоархэҍ* – собирать незрелую морошку [1, 398]; *уссе ёнэҍ* – собирать бруснику [1, 86]; *уссэ сэреҍ* – собирать чернику [1, 316]; *воалшэ мӯрьеҍ* - перебирать ягоды [1, 48]; *мӯрьй чӣсстэ* – перебирать ягоды [9]; *якглэҍ пайнэ* – собирать ягель [9]; *ӣдтэ тӣгкэм сӯйӈеҍ* – резать осоку [9]; *кӧппчэ пӣссь-мӯр мӣлль* – собирать березовый сок [9]; *пӣссеҍ кышишкэ* – содрать бересту [1, 181]; *кӧппче кӣзь* - собирать живицу [1, 102] и др.

Производные глагольные лексемы данной группы демонстрируют многообразие саамских глагольных суффиксов, передающих различные оттенки протекания действия: согласно показаниями наших информантов, суффикс –*лувве (бакаллълуввэ, ӣгельлувве, кӯмпарлуввэ, мӯррьйлуввэ)* имеет значение «обеспечивать достаточное количество» [9]; суффикс –*хаһтэ (ёӈхаһтэ, бакалхаһтэ)*имеет лишительное значение, суффиксы –*н*, -

л (кӣппчлэ, кӣппчлэ) указывают на быстроту и моментальность совершения действия.

Лексемное наполнение лексико-семантической группы наименований сборщиков представлено простой производной лексемой *кӣппчей* – сборщик (сборщица) [1, 124] и составными двухкомпонентными лексемами *кӯммтрэть кӣппчей* – сборщик грибов [9]; *мӯрьеть кӣппчей* – сборщик ягод [9]. Лексема *кӣппчей* является примером субстантивации – перехода активных причастий в прилагательные, а затем в существительные (ср. *лыххкэй* – рабочий, трудящийся от *лыххкэй* – работающий от *лыххкэ* – работать). Представленные составные лексемы являются примером словосочетаний, связь между компонентами которого выражена синтаксически формами словоизменения.

Лексико-семантическая группа наименований блюд из ягод и грибов представлена наименованиями традиционных саамских блюд: *лӯмь нюввт* – салат из раскрошенной мякоти вареной рыбы со зрелой морошкой [2, 153]; *лӯмь явв, чеммнуши явв* – уха, заправленная пшеничной мили ржаной мукой с добавлением в готовый суп вороники – уха, заправленная пшеничной или ржаной мукой с добавлением в готовый суп морошки или вороники [2, 153]; *шӣнұьк* – шаньги, лепешки с ягодной начинкой [9]; *каннъц* – кушанье из ягод вороники с оленьим жиром [1, 99]; *чеммнуж каннъц* – рыбья икра с вороникой [2, 155]; *кӯммпар лӣмм* – грибной бульон [9]; *кыпптма кӯммпар* – грибное жаркое [9; 2, 158].

В составе тематической группы лексики собирательства кильдинского диалекта саамского языка выявлены лексико-семантические группы, представлено их лексемное наполнение и результаты его лексико-семантического и грамматического анализа.

Список литературы:

1.   Афанасьева, Н.Е. Саамско-русский словарь [Текст] / Н.Е. Афанасьева, Р.Д. Куруч, Е.И. Мечкина и др.; Под ред. Р.Д. Куруч. – М.: Рус. яз., 1985. – 568 с.

2.   Большакова Н.П. Жизнь, обычаи и мифы Кольских саамов в прошлом и настоящем. Мурманск: Кн. изд-во, 2005. 416 с.

3.   Волков, Н.Н. Российские саамы. Историко-этнографические очерки [Текст] / Н.Н. Волков. – Музей антропологии и этнографии им. Петра Великого (Кунсткамера) Российской академии наук. – Каутокейно, СПб.: Саамский Институт, 1996. – № 1. – 106 с.

4.   Иванов-Дятлов, Ф.Г. Наблюдения врача на Кольском полуострове (11 января – 11 мая 1927 г.) [Текст] / Ф.Г. Иванов-Дятлов. – Л.: Изд-во Государственного Русского географического общества, 1928. – 126 с.

5. Керт, Г.М. Саамская топонимная лексика [Текст] / Г. М. Керт. Карельский научный центр РАН. – Петрозаводск: Карельский научный центр РАН, 2009. – 179 с.

6. Керт, Г.М. Саамский язык (кильдинский диалект): Монография [Текст] / Г.М. Керт. – Л.: Изд-во «Наука» Ленинградское отделение, 1971. – 355 с.

7. Керт, Г.М. Словарь саамско-русский и русско-саамский: пособие для уч-ся нач. шк. [Текст] / Г.М. Керт. – Л.: Просвещение. Ленингр. отд-ние, 1986. – 247 с.

8. Лукьянченко, Т.В. Материальная культура саамов (лопарей) Кольского полуострова в конце XIX-XX в. [Текст] / Т.В. Лукьянченко. – М.: Наука, 1971. – 167 с.

9. Полевой материал автора. Антонова Александра Андреевна, носитель кильдинского диалекта, 1932 г.р., п. Ловозеро (род. в п. Териберка). 2013.

10. Полевой материал автора. Галкин Пётр Алексеевич, носитель кильдинского диалекта, 1928 г.р., п. Ловозеро. 2008.

11. Полевой материал автора. Галкина Татьяна Гавриловна, носитель кильдинского диалекта, 1936 г.р., п. Ловозеро. 2008.

12. Полевой материал автора. Лукин Геннадий Петрович, носитель кильдинского диалекта, 1949 г.р., п. Ловозеро (род. в п. Чудзьявре). 2013.

13. Сопоставительно-ономасиологический словарь диалектов карельского, вепсского и саамского языков / Рос. акад. наук, Карел. науч. центр, Ин-т языка, лит. и истории ; [сост. А. П. Баранцева и др.] ; под общ. ред. Ю. С. Елисеева и Н. Г. Зайцевой. - Петрозаводск : Карельский научный центр РАН, 2007. - 343, [3] с.

Смышляева Е.Г.

асс.каф. философии Пермского государственного национального
исследовательского университета, katyu@li.ru

Береснева Н.И.

д-р.филос.н. проф.каф.философии Пермского государственного
национального исследовательского университета, beresnevv@mail.ru

ПОНЯТИЕ «СЛОЖНОСТЬ» В КОНТЕКСТЕ ТЕОРИИ ЯЗЫКА[1]

Сознание, генетически возможное только как действительное
сознание (языковое) [1, 28-32], есть <<осознанное бытие>>, отражение
объективно-реального существования, поэтому положительное решение
фундаментального вопроса о том, как возможно познание бесконечного
мира конечным человеком, имплицитно включает и вопрос о роли и месте
языка в этом процессе, раскрытие его универсальных возможностей [2, 146-
159]: способен ли человеческий язык быть не препятствием, которое
сковывает нас в языковых конструкциях, а средством, орудием познания
бесконечности, его главным фактором. Применительно к вопросу развития
языка вопрос может быть поставлен уже: развивается ли язык в сторону
увеличения способности адекватно отражать объективную реальность?
Для решения этого вопроса необходимо определение основания, по
которому можно было бы оценивать языки как ступени развития и
устанавливать направление этого процесса. В современной форме научной
философии таким основанием выступает сложность - категория, введенная
в оборот в середине XX века, в связи с развитием кибернетики и
искусственных языков, а также в связи с разработками идеи глобального
эволюционизма, суть которой заключалась в переносе дарвиновских идей
эволюции (отбора и т.п.) как на природный, так и на общественный мир.
В трактовке этого понятия выделяется четыре уровня или подхода [3]:
феноменологический (сложность есть реальное явление или его сторона,
которые обнаруживаются в непосредственной практической и
познавательной деятельности людей и отражаются на уровне обыденного
сознания), общенаучный (абстрактный) (сложность - необходимый срез
исследования целого ряда научных дисциплин, возникших в XX в., таких
как кибернетика, теория информации, ряд новых разделов в математике,
синергетика и т.д.), конкретно-научный (сложность - одна из ключевых
характеристик своеобразия крупнейших целостностей, определяющих ритм
основных и комплексных форм материи и движения), философский уровень
рассмотрения, который включает онтологический, гносеологический,
логический аспекты и определяется тесной связью с наиболее широкими
категориями диалектического материализма - материи, сознания,

[1] Статья выполнена при поддержке РГНФ 14-13-59007

развития.

На философском уровне категория сложности получила разработку с позиций диалектического материализма. В ней понятие сложности непосредственно связано с понятием развития - бесконечным движением от низшего к высшему [4, 88]. Высшее - более сложное, чем низшее. Поскольку в мире не существует ничего абсолютно простого, сложное и простое выступают как градации или ступени сложности и могут быть определены через это понятие [Там же]. Развитие в этом случае - рост многообразия содержания, а сложность - интегрированное многообразие. Более сложное - это более содержательное, обладающее большим многообразием, богатством содержания. Поэтому важнейшие признаки сложности - многообразие и единство или интегрированность. В понятии сложности как интегрированного многообразия скрыто содержатся другие категории диалектики, в том числе самая мощная из них - противоречия. Применительно к категории сложности противоречие выступает в форме парадокса развития: если высшее (H) можно представить как совокупность содержания, заимствованного из низшего (S) и некоторого нового, возникшего содержания, приращения сложности (h), мы получаем H=S+h. Возникает закономерный вопрос: <<Откуда берется добавочная сложность?>>

Решение парадокса развития состоит из двух последовательных шагов. Первый - парадокс возникает потому, что мы обнаруживаем в высшем такое приращение содержания, которого не было в предшествующей ступени развития. Однако новое содержание не является абсолютно чуждым низшему, оно до некоторой степени присутствует в нем и возникает в силу необходимости, которая заложена в низшей ступени развития. Второй - возможность и необходимость появления нового можно выразить понятием направленности. В самой природе низшего, как свидетельствует современная наука, заложена направленность развития в сторону более сложного, высшего. Новое не существует в низшем в готовом виде, оно существует там потенциально, в виде направленности. Чтобы решение парадокса состоялось, необходимо подчеркнуть, что самоусложнение, возникновение нового, переход низшего в высшее -фундаментальная, не выводимая из каких-либо более глубоких причин способность материи. Материя никогда не является абсолютно <<ставшей>>: она всегда существует, со всеми своими атрибутами, абсолютными всеобщими свойствами, и в то же время она вечно <<становится>>, вечно развивается. В результате решения парадокса мы обнаруживаем присущее материи внутреннее противоречие развития: материя вечно несет в себе противоречие с самой собой, она всегда... сложнее самой себя, то есть непрерывно усложняется. Способ бытия материи - непрерывный переход от низших состояний к высшим, более сложным [Там же].

Подход, примененный к решению парадокса развития мы можем применить в объяснении эволюции языка. В ходе эволюции язык претерпевает постоянные изменения в форме и содержании, что подтверждает идею возможности эволюции в языке. Язык не является неким изолированным феноменом в природе. Это объективное явление, необходимо присущее высокоорганизованной материи. Его возникновение предопределено всем ходом развития материального мира и обусловлено примитивными зачатками общения (отражением и самовыражением) в неживой природе. Усложняющийся процесс отражения реальности мышлением влечет за собой развитие языка. Развитие языка можно представить как процесс обретения адаптивных преимуществ, переход от более архаических и примитивных черт к более прогрессивным. Эволюционный процесс действует таким образом, что элементы языкового инструментария постоянно вытесняются альтернативными элементами, дающими все больше и больше преимущества, являются с нейрофизиологической точки зрения более экономными, а с функциональной точки зрения - более мощными, что подчеркивает направленность развития языкового процесса [5]. Так, например, грамматики с субъектом и объектом мощнее грамматик с агенсом и пациенсом. Порядок слов с начальным положением вершины также предпочтительнее порядка с конечным ее положением. Об усложнении языка также говорят и техника вложения предложений (основное усовершенствование синтаксиса), изобретение средств грамматического маркирования, эволюция звуков речи [Там же]. Язык как система существует в диалектическом единстве материальной и идеальной форм, представляющих собою единство противоположностей. Это единство противоположностей создает внутреннее собственно языковое противоречие, разрешение которого и определяет основные закономерности исторического развития и совершенствования языка. Языковые изменения, проявляющиеся в речи, неизбежно вступают в языковом сознании носителей языка в борьбу как между собою, так и с закрепленными (зафиксированными) в этом сознании элементами стандартной языковой системы, с самой языковой нормой, и, как правило, на первых порах отторгаются этой системой. В дальнейшем они либо отторгаются, либо входят в систему и становятся нормой. Таким образом, постоянно идет своеобразная борьба, в которой часто побеждают элементы, более соответствующие общим динамическим тенденциям в развитии языка. Утверждение в качестве нормы того или иного варианта обусловлено каждый раз множеством экстралингвистических и лингвистических факторов, а иногда и случайностей. Поэтому сложно прогнозировать конкретные языковые изменения, но, достаточно высока степень надежности в установлении общих динамических тенденций развития языка (к аналитизму, экономии, аналогии, системности, выравниванию парадигм, открытому или закрытому слогу, переносу ударения на основу или окончание, приведению формы в соответствие, с содержанием и т. п.) [6, - С. 22 - 31].

Согласно диалектико-материалистическому методу, который находит свое отражение и при описании языковых изменений, сложность присуща самому языку, самому способу его существования. Сложность языка потенциально заложена в самой способности языка развиваться в нескольких направлениях, и чем выше уровень языковой системы, тем больше многообразных вариантов мы получаем. Только диалектический подход вракурсе целостного взгляда на человеческую субъективность, сознание, как закономерный этап в процессе развития материального мира, от низшего к высшему, позволяет раскрыть причины бесконечных познавательных возможностей языка.

Литература:

1. Портнов А.Н. Язык и сознание: основные парадигмы исследования в философии X1X-XX вв. Иваново, 1994.
2. Береснева Н.И. Философия языка: проблема бесконечности// Философия и общество. 2005. No.3.
3. Утробин И.С. Сложность, развитие, научно-технический прогресс. Иркутск: Изд-во Иркут. ун-та, 1991.
4. Орлов В.В. Материя, развитие, человек. Пермь, 1974.
5. Бичакджан Б. Эволюция языка: демоны, опасности и тщательная оценка//Разумное поведение и язык. Вып. 1. Коммуникативные системы животных и язык человека. Проблема происхождения языка/ сост. А.Д. Кошелев, Т.В. Черниговская. М.: Языки славянских культур, 2008.
6. Мартинович Г.А. К проблеме эволюции языка //Вестник СПбГУ. Сер. 1992. Вып. 2.

Лагунов А.А.

профессор, доктор философских наук, Северо-Кавказский федеральный
университет
emaillag@mail.ru

ВОЗМОЖНОСТИ КОНСТРУИРОВАНИЯ ИНСТИТУТОВ ГРАЖДАНСКОГО ОБЩЕСТВА НА ОСНОВЕ ПРИНЦИПА ЕПАРХИАЛЬНО-ЗЕМСКОГО СОРАБОТНИЧЕСТВА: ПОСТАНОВКА ПРОБЛЕМЫ

Актуальность ставящейся проблемы обусловлена необходимостью формирования российского гражданского общества на принципах, альтернативных утвердившимся в западных либерально-демократических странах. Научная новизна ее разработки может быть обоснована следующими концептуальными положениями:

1. Опыт реформирования, проводимого в России в течение вот уже четверти века, показал, что простая экстраполяция моделей общественной жизни, сформировавшихся в отличных от отечественных социально-исторических условиях, не дает эффективных и положительных результатов, поскольку в социальной жизни необходимо учитывать множество факторов, доминирующими из которых являются менталитет и культура конкретного общества. Сегодня становится ясно, что, например, экономические законы, действующие в странах с протестантской религиозно-культурной традицией, неприменимы для построения хозяйственных систем в странах, имеющих собственную традицию, формируемую народами со специфическими менталитетами. Если же говорить о социокультурных институтах, на наш взгляд, приоритетных по отношению к институтам экономическим, то здесь невозможность калькирования инородных моделей еще более очевидна.

2. Не нуждается в специальном обосновании тезис об острой потребности современного российского общества в формировании результативно работающих институтов гражданского общества, способных решить множество внутриполитических, экономических, культурных проблем, однако многолетние попытки построения этих институтов на основе создания органов муниципального самоуправления не увенчиваются ожидаемым успехом, что требует поиска альтернативных решений, не заимствованных и не вымышленных, а опирающихся на российскую социокультурную традицию. Основная гипотеза, которую можно принять для дальнейшей разработки, состоит в том, что у истоков институтов гражданского общества в развитых странах евро-атлантической цивилизации мы находим принципы, рожденные в рамках протестантского мировоззрения, в соответствии с которыми в процессе социально-исторического развития были сформированы и утверждены в

народных менталитетах крайне индивидуалистические концепции, положенные в основание демократических обществ западного образца (например, принцип избрания пасторов из среды членов протестантской общины непосредственно повлиял и на развитие демократических выборных институтов, и на возможность эффективного воздействия простых граждан на общественную жизнь, что стало основанием для формирования гражданских обществ западного образца). В России же исторически доминировали иные принципы, рожденные в рамках, прежде всего, православного мышления, в соответствии с которыми участие иерархически построенной Церкви в политической жизни общества выражалось опосредованно, через воздействие институтов духовной власти на представителей власти светской, идеалом общественной жизни являлась симфония властей.

3. Социальный опыт сегодня показал, что единственно эффективный способ внешне- и внутриполитического управления в современной России – это выстраивание вертикали светской власти, что наводит на мысль о возможности реконструирования параллельной вертикали духовной власти, исторически осуществлявшейся церковной иерархией. Однако Церковь в православном понимании является не только клиром, но и совокупностью мирян, церковное служение которых должно осуществляться посредством активного участия в благоустройстве общинной жизни, в земской деятельности.

4. На наш взгляд, петровские реформы, сделавшие Церковь придатком светской власти, нарушили исторические взаимоотношения духовной и светской властей, в связи с чем и проводившееся в дореволюционный период земское реформирование, оторванное от церковно-общинной жизни, не было результативным, как это ожидалось. Поэтому конструирование институтов гражданского общества на основе принципа епархиально-земского соработничества может стать теоретико-концептуальным началом восстановления органического пути развития российской государственности на современном социально-историческом этапе.

5. Необходимо взять во внимание и поликонфессиональность российского общества, для чего следует осуществить моделирование отношений земств и религиозных организаций в регионах с преобладающими отличными от православных вероисповеданиями, прежде всего – исламским.

Решение вышеозначенной проблемы актуально и значимо для современного российского общества, поскольку последнее находится на пути поисков органичных моделей социального развития, и построение параллельно вертикали политической власти, доказавшей свою эффективность в отечественных социокультурных условиях, вертикали власти духовной, не участвующей прямо в делах государственного управления, однако координирующей и направляющей социальное служение российских граждан, может стать действенной мерой при решении многочисленных вопросов обустройства общественной жизни.

При разработке проблемы, как это видится, следует исходить из представлений, в соответствии с которыми в многообразии социальной жизни доминирующими факторами, воздействующими на нее, являются не экономический, не политический (хотя и их значимость нельзя отрицать), но социокультурный, и прежде всего – религиозно-идеологический (при этом религиозность необходимо понимать как всегда присутствующий в обществе интенциональный фактор, формирующий в том числе и квази-религиозные социальные системы).

Сегодня появляется множество исследований, посвященных проблеме совершенствования гражданского общества и правового государства в России, но подавляющее их большинство исходит из понятия гражданского общества, сформировавшегося в рамках протестантской социокультурной парадигмы, не учитывая тот факт, что Россия прошла собственный путь социокультурного развития, в котором привнесенные с Запада нововведения играли существенную, однако не определяющую роль.

В ходе решения проблемы важным должно являться обоснование несостоятельности важнейшего методологического допущения большинства проводимых исследований, а именно – приверженность их авторов линейно-прогрессистской историософской парадигме, сформировавшейся под непосредственным влиянием христианского мировоззрения, привнесшего представления о линейном времени и социально-историческом процессе, однако под воздействием характерной для нововременного философствования механистической картины мира утратившей связь с органическим пониманием как природных, так и социальных процессов. Компенсировали этот недостаток возникшие в XIX-XX столетиях разнообразные цивилизационные историософские концепции, преодолевшие механицизм и детерминизм концепций формационных, однако так же подверженные критике в связи со своей ограниченностью, не учитывающей общее в процессах социокультурного развития народов, обусловливающее прогрессирующий рост тенденции к универсализации общественной жизни, отразившейся в полной мере в глобализационных процессах современности. При решении поставленной проблемы предполагается использовать российский историософский методологический подход, совмещающий в себе обе сформировавшиеся в философии истории парадигмы на основе принципов соборности и цельного знания.

Методологически корректным представляется также подробный социокультурный анализ исторического влияния христианских конфессий на появление различий в общественной, экономической, политической, культурной жизни европейских народов, сопоставление этих влияний с социокультурной спецификой российского православия и традиционных для России религиозных конфессий, как христианских, так и иноверных. Немаловажно также исследование воздействия европейской религиозной культуры на российскую социальную жизнь.

Выполнение конкретных задач, связанных с решением поставленной проблемы, предполагает тщательное исследование православных догматики, экклезиологии и сотериологии, исторически сформировавшегося антиномичного отношения к общественной жизни, с одной стороны, не сулящего Царства Божия на земле и этим оберегающего от социального утопизма, с другой – призывающего к активному общественному служению. Необходима концептуализация в контексте современной социальной действительности православного учения о Церкви как соборном единстве клира и мира, устремленном к благоустройству общественной жизни, осуществлению благотворительной деятельности. Это позволит объединить идеи общественного служения клира и церковного служения мирян в принципе епархиально-земского соработничества.

Осмысление принципа епархиально-земского соработничества должно проходить на основе незыблемости положения об отделении Церкви от государства, при этом государство необходимо понимать в узком смысле, как совокупность институтов внутри- и внешнеполитического управления. Участие же Церкви и других религиозных институтов в социальной жизни не только желательно, но и безусловно необходимо. Только так можно избежать соблазнов тоталитаризации общественной жизни, при которой государство берет на себя функции не только ограничения зла, но и распознавания «благих» целей как они понимаются отдельными людьми и партиями.

Решение проблемы предполагает и четкое дефинирование понятия клерикализации, социально-исторически связанного с деятельностью Римо-католической Церкви и не соотносящегося с реалиями православной религиозной жизни, в которой всегда четко осознавалось различие Божиего и кесарева и соблюдалась концепция симфонии властей, нарушение которой носило временный характер, после же церковной реформы Петра эта концепция была разрушена, но баланс властей сместился не в сторону клерикализации, а скорее наоборот – антиклерикализации, при которой Церковь стала малозначащим придатком государственного аппарата.

В связи с такими деформациями православной церковной жизни эвристическим представляется анализ земской реформы Александра II в аспекте государственного подчинения Церкви, как и других российских религиозных организаций и, следовательно, ограниченности этой реформы, несмотря на что все же удалось добиться значительных результатов в общественной жизни. Выявление отрицательных и положительных последствий земской реформы позволит создать конкретные рекомендации по проведению такого реформирования в современности.

Следует также отметить, что концептуализируемый принцип епархиально-земского соработничества ни в коей мере не должен предполагать подчиненного, служебного положения земств по отношению к епархиям или региональным религиозным организациям. Понятие соработничества заключает в себе добровольную и взаимовыгодную координацию деятельности земских и религиозных институтов.

Садыкова З.Р.

Башкирский государственный медицинский университет кафедра философии и социально-гуманитарных дисциплин с курсом социальной работы, старший преподаватель (zilek-r@mail.ru)

ТРАНСФОРМАЦИЯ СОЦИОКУЛЬТУРНЫХ ЦЕННОСТЕЙ В КОНТЕКСТЕ ИСТОРИЧЕСКОГО СОЗНАНИЯ НА СОВРЕМЕННОМ ЭТАПЕ

Устойчивый привычный мир, с чёткими государственными границами, национальными государствами и законами, базирующийся на традиционных ценностях прошлых веков, уходит в прошлое, а состояние общества XXI века характеризуется, как «глобализирующийся мир». Одной из главных особенностей глобализированного мира является состояние широкомасштабного кризиса, которой проявляется в виде экономических, экологических, демографических, социальных, политических, культурных и других проблем.

В середине XX века гуманистические идеи Запада и Европы сталкиваются с иллюзорными целями новых пассионариев. Итогом этого процесса становится угасание прежних взглядов, начиная с середины XX века, идея европоцентризма терять свое, было могущество. Но образовавшийся вакуум наполняется новыми взглядами молодой пассионарный страны, на смену европоцентризму приходит вестернизация. Что и обуславливает начало кризиса. На данном отрезке, на наш взгляд, следует обратить внимание на то, что пассионарии России эмигрируют на Запад и в Европу. В связи с чем, объем накопленных знаний данных регионов быстрыми темпами возрастает, в итоге начинается конкурентный процесс между государствами, проявившейся в двух мировых войнах.

Обратим внимание на то обстоятельство, что после второй Мировой Войны пассионарный подъем на первый взгляд двух Мировых держав находятся на одном уровне, но если посмотреть изнутри, то это совершенно по-разному сложившиеся пассионарии. СССР, во время Второй Мировой войны теряет огромное количество людских ресурсов, чем Америка, но среди потерянных не только субпассионарии, но и пассионарные личности, плюс ко всему при образовании СССР многие пассионарные личности эмигрируют в молодую страну, Америку, где есть возможность осуществить свои иллюзорные цели. А в СССР для сохранения стабильности государства вводится жесткая дисциплина.

Жесткая дисциплина, это тоже элемент консервативной культуры, которая не даёт оставшимся пасионариям выходить за рамки установленной системы, в связи с чем, когда каждый выполняет то, что он должен делать система работает, а для того, чтоб пассионариям поставить цель создается знамя, лозунг, знак, символ, то есть по-другому идеограмма. Хорошо поставленная идея может так же заразить толпы людей, что и было предпринято в СССР. Идея сражаться за Родину, за Сталина дали свой результат, различные этносы сражались за свою независимость, защищали Родину и отца нации Сталина. А Америка, которая набирала больше пассионариев – ученых в различных областях, еще была не готова всплеску пассионарности, но после Второй Мировой войны она окрепнув начала выплескивать свой энергетический потенциал, а в СССР истощенная пассионарность дала сбой.

Идеология – будь тем, кем должен быть, начинает терять былую мощь, в связи с чем, Американская идеология – будь самим собой, воздействует на нее как наркотик, завлекающая опьяняющими идеями. Если на одних этносов она действует как наркотик, то на других, как губительный яд. Сложившаяся двух полярная система даёт трещину во всем мире, в связи с чем, образуется новый вакуум, а её как мы знаем надо заполнять. Старый мир был не готов к новому толчку пассионарности со стороны молодого государства, в связи с чем, их данный вакуум засасывает в свой вихрь, что в последующем принимает уродливые формы в виде дезориентации общества. Таким образом, историческое сознание вновь начинает искать пути выхода из кризиса, так как внешний показатель исторического сознания – социокультурные ценности деформируются под новым ударом пассионарности.

Данные проявления, по нашему мнению, точно описаны профессором В.А. Рыбином, он говорит, что «в нашей социокультурной среде сложилась ситуация «коридора», т.е. когда общество, не полностью успевает осознать истину произошедшего, не успевает проанализировать сложившуюся ситуацию». Он приводит примером, то обстоятельство, что даже люди одного социального слоя, одной профессии не способны понять и объяснить проблемы собственной сферы [3,1]. Действительно, социокультурные ценности как отражение исторического сознания были вплоть до XX века четко ориентированы на опыт предков. В связи, с чем чётко складывались понятия о добре и зле, о должном и запретном и т.д. [3,1].

Соотношение темпов развития общества с развитием социокультурных ценностей в контексте исторического сознания относительно были не велики, в связи, с чем традиции сложившиеся веками являлись стабилизаторами общественной жизни. В дальнейшем интенсивное развитие научно-технического прогресса привело к тому, что традиционные ориентиры общества на жизнь начали заменятся новыми иллюзиями. Обратим внимание на то, что Запад быстрее поддался искушениям, чем Россия и Азия и Восток, на наш взгляд, пассионарность Запада была ниже, в связи с чем её было легче подчинить. А в России, Азии и на Востоке, система традиционной культуры работала до того момента, пока её не стали ломать из нутрии, то есть заражать новыми иллюзиями пассионариев данных государств. В связи с описанными явлениями происходит дезориентация общества.

По мнению В.А.Кутырёва, новые компьютерные технологи не способны преобразовать природу, поменять её облик и организацию, но способны создать нечто новое, которое не связано с природой, и никогда не существовало, полностью поменять человеческие ценности на те, которые не связаны с человеческими потребностями[2,16].

На наш взгляд, данная позиция поможет выйти из кризиса только частично, если окружающая нас среда станет постепенно искусственной, информационной, в связи, с чем и внутренняя духовная жизнь человека поменяется, то человек станет бездушным роботом – без сознания, без истории и ценностных ориентаций. Семья, любовь, надежда, вера, традиция, долг, совесть, добро и зло теряют свою былую силу и значение, а если они потеряют значение, то и потомства не будет, а человек все таки, биологическое существо, оно не сможет продержаться долго без природы.

Далее В.А.Кутырёв отмечает, что человеческие ценности вытесняются на периферию, они измеряются только долларами, вычислив, например, "моральный ущерб"[2,16].

Да действительно с этим трудно не согласится, но на наш взгляд, то, что происходит во многих западных странах, люди, то и делают, что падают судебные иски по «моральному ущербу», не смотря, на то, что ответчиками могут являться и их родители или же близкие люди. Даже семья теряет былую силу, как ячейка общества.

Таким образом, трансформация социокультурных ценностей в общественном сознании общества, происходит из-за того, что человечество не найдя ответов на интересующие её вопросы о мироустройстве в истории и традициях, повернулось новым технологиям. В связи с чем, оно стало в последующем универсальным и захватило буквально все сферы и умы большинства пассионариев, так как они заражены иллюзорной идеей – будь самим собой, что приводит к медленному зомбированию человечества. В современных условиях кризиса. Таким образом, субпасионариев стало больше, как мы отмечали, субпасионариям нужны только материальные ценности, их больше ничего не интересует. В связи с чем, человек в глобализирующимся мире становится объектом лишь манипуляции. Создаётся общество потребления, люди в ней подобны животным высокого уровня «потребительского типа».

Литература

1. Гумилев Л.Н. Конец и вновь начало – М.: АСТ: АСТ МОСКВА, 2008. – 415 С.

2. Кутырев В.А. Культура и технология: борьба миров: Изд.: Прогресс-Традиция, 2001 г. – 315 С.

3. http://mediazavod.ru/articles/131445 Есть ли выход из пустоты? Россия, Южный Урал, Воспитание, Общество, Культура, Владимир Рыбин.

Зернова Л.Е.
к.э.н., доц., Московский государственный университет дизайна и технологии, Москва, Россия
Ильина С.И.
к.т.н., доц. Московский государственный университет дизайна и технологии, Москва, Россия

СТРАТЕГИЧЕСКОЕ РАЗВИТИЕ КОРПОРАЦИИ КАК ОСНОВНОЕ НАПРАВЛЕНИЕ ПОВЫШЕНИЯ ЭФФЕКТИВНОСТИ ЕЕ ДЕЯТЕЛЬНОСТИ

Промышленный комплекс России в настоящее время отличается разрушенными старыми хозяйственными связями, утраченным частично рынком сбыта, проблемами взаимной задолженности предприятий и т.д. В последние годы остро встала проблема консолидации и объединения промышленных предприятий, торговых фирм, предприятий сферы услуг, научно-исследовательских, проектно-конструкторских организаций в корпорации. Корпорация – сложный механизм, для которого также как и для других субъектов экономики, стоит задача существования, выживаемости, конкурентоспособности [1, 131]. Эти проблемы часто могут быть решены с помощью сформулированных самой корпорацией стратегий развития. Для того чтобы стратегия стала реальной и действенной, необходимо осуществить ряд этапов.

1 этап. Анализ опыта других корпораций, разработавших ранее стратегии развития. Действительно, количество эталонных стратегий ограничено, и они хорошо известны в литературе. Рассмотрим эти стратегии и возможные пути их реализации в корпорации более подробно (табл.1).

Таблица 1. Эталонные стратегии и пути их реализации в корпорациях

Группа эталонных стратегий	Описание группы стратегий	Наименование стратегии	Пути реализации стратегии в корпорации
1	2	3	4
Стратегии концентрированного роста	Изменение продукта или рынка не затрагивают технологию и положение корпорации в отрасли	Усиление позиций корпорации на рынке продукции и услуг	Снижение затрат; дифференциация цен на продукт; рост качества и конкурентоспособности товаров и услуг. Использование рекламных компаний и компаний по продвижению товаров на рынке. Расширение ассортимента выпускаемой продукции и повышение потребительской ценности продукции и услуг корпорации. Рост эффективности использования основных видов ресурсов и активов корпорации. Расширение клиентской базы.

1	2	3	4
			Создание бренда. Применение ноу-хау и инноваций для повышения качества и конкурентоспособности продукции, товаров, услуг.
Стратегии интегрированного роста	Расширение корпорации за счет добавления новых структур, влекущее за собой изменение положения корпорации внутри отрасли.	Вертикальная и горизонтальная интеграция	Расширение отраслевых корпораций за счет введения в них предприятий, выполняющих все стадии производства продукции отраслевого характера. Создание побочных производств, имеющих отраслевой или близкий к отраслевому характер. Расширение деятельности корпорации за счет внедрения в ее состав предприятий торговли, научно-исследовательских и проектных организаций, сферы услуг, инновационных процессов и т.д.
Стратегии дифференцированного роста	Освоение нового бизнеса в новой отрасли	Различные виды диверсификации, в том числе конгломерированная диверсификация.	Введение в корпорацию новых предприятий других отраслей с высокой конкурентоспособностью продукции, работ, услуг.
Стратегии сокращения	Перегруппировка сил и повышение эффективности в условиях спада в экономике (кризиса)	Ликвидация, сокращение	Достигается за счет прекращения производства ряда видов продукции, сокращения выполняемых работ (услуг), не пользующихся спросом (или в связи с резким падением покупательской способности населения). Ликвидация отдельных нерентабельных направлений бизнеса в корпорации. В результате этих мероприятий достигается снижение расходов корпорации.

2 этап. Формирование предварительной модели стратегии корпорации. На основе анализа эталонных стратегий выбирается предварительная стратегия, которую необходимо конкретизировать. Для разработки реальной стратегии необходима определенная помощь специалистов. В этом случае согласно школам стратегий возможны следующие варианты: детализированную стратегию разрабатывают владельцы (учредители) корпорации («школа предпринимательства»); детализированную стратегию разрабатывают топ-менеджеры (руководители предприятий, входящих в корпорацию), что предполагает «школа власти»; детализированную стратегию развития корпорации разрабатывают достаточно большие группы (15 – 20 человек) ключевых сотрудников. Они, как правило, используют метод «мозговых штурмов», в ходе которых и происходит детализация эталонной

стратегии; возможно комбинирование различных вариантов стратегий. На этом этапе следует иметь в виду, что допущенные ошибки в детализации стратегий чреваты серьезными последствиями, и одним из них является необходимость полной переработки уже выбранной стратегии.

3 этап. Анализ факторов, влияющих на реализацию стратегии. На этом этапе с помощью SWOT-анализа выявляются основные факторы, влияющие на достижение стратегических целей, а также рассматривается взаимодействие этих факторов. Анализ факторов может проводиться как на верхнем уровне управления (головная организация или управляющая компания), так и на уровне отдельных функциональных направлений деятельности (производство, финансы, сбыт и маркетинг, логистика, менеджмент и т.д.). В результате должна проявиться реальная картина взаимосвязей факторов. Однако таких факторов может оказаться много; связи между ними не всегда можно выразить количественными значениями. В связи с этим часто трудно интерпретировать детализированную стратегию с целью доведения ее до конкретных исполнителей.

4 этап. Расшифровка стратегии и влияющих на нее факторов. Для реализации этого этапа могут использоваться разные методы - структурирование идей стратегии, упрощение, прозрачность стратегий. При этом к каждой стратегии необходимо привязать один или несколько показателей, которые можно определить количественно. На их основе можно судить о результатах деятельности корпорации.

5 этап. Формирование стратегического плана корпорации. Для воплощения выбранной и детализированной стратегии в жизнь необходимо сформулировать план мероприятий, реализация которого позволит выйти на уровень рассчитанных ключевых показателей. План мероприятий может включать два направления: стратегические инициативы, связанные с реорганизацией структур корпорации, разделением или изменением бизнеспроцессов, внедрением инновационных процессов, новых технологий, ноухау и т.д., что связано со значительными инвестициями; локальные мероприятия, направленные на регулирование отдельных процессов, которые не требуют столь значительных затрат.

6 этап. Поэтапный анализ выполнения детализированной стратегии и стратегического плана. При выполнении этих этапов необходимо иметь в виду, что даже самая устойчивая в период стабильности стратегия развития корпорации может оказаться мало пригодной или вовсе непригодной при возникновении кризисных ситуаций или при переходе корпорации на новую стадию жизненного цикла.

Литература

1.Ерохин Е.С., Зернова Л.Е. Эффективность функционирования финансово-промышленных групп в текстильной промышленности. Научно-производственный журнал «Вестник ДИТУД,», № 1 (23), 2005г., 5с.

УДК 339.378

Приходько Е.В.
аспирант кафедры маркетинга и логистики
ФГБОУ ВПО «Самарский государственный экономический университет»
г. Самара, Российская Федерация

АНАЛИЗ РЫНКА РОЗНИЧНОЙ ТОРГОВЛИ В РОССИИ

С момента становления рыночной экономики на территории России розничная торговля является наиболее активно развивающейся отраслью. По данным журнала «Финам» в 2011 году «оборот розницы вырос на 7,2% и составил 19,1 трлн.руб., оборот оптовой торговли увеличился на 4,6% - до 38,3 трлн.руб.». Торговле принадлежат ведущие позиции по вкладу в российский валовой внутренний продукт. [1]

В 2011 году вклад розничной торговли в формирование ВВП России составлял 19% [2]. Минпромторг прогнозирует рост вклада розничной торговли в формирование ВВП России до 20,2% - 20,8%к 2015-му году[3].

В настоящее время скромная динамика развития промышленности и общий спад инвестиций послужили фактором понижения потребительского спроса в России. Согласно данным мониторинга Росстата, динамика оборота розничной торговли в РФ имеет тенденцию к ухудшению: в мае 2014 года в сопоставимых ценах рост ритейла[1] в годовом выражении составил 2,1%, замедлившись с апрельских 2,6% и мартовских 4%.

Министерство экономического развития России прогнозировало по итогам прошлого года рост оборота розничной торговли на 3,8% против 6,3% за 2012 г. В абсолютных цифрах оборот ритейла за 2013 г. составил 23,668 трлн руб. Доля розничных рынков и ярмарок в 2013 г. составила в общем обороте 9,5% против 10,6% в предыдущем году.[4]

Практически половину всей розничной торговли в России составляют продукты питания. Доля розничных рынков и ярмарок сокращается, что вызвано расширением крупнейших розничных торговых сетей. На данный момент в России работают такие зарубежные операторы как "Stockman", "Metro Group", "Rewe Group", "Auchan", "Leroy Merlin", "OBI", "IKEA", "Ramstore", "SPAR", "Globus", "Carrefour" и другие. С одной стороны такая тенденция положительным образом влияет на розничный рынок, с другой повышаются входные барьеры для новых продавцов.

Значимость розничной торговли для экономики страны не вызывает сомнения. Шарф А. А. выделяет пять ключевых аспектов значимости розничной торговли для экономики и качества жизни населения[5]:

---

[1] Ритейл- это деятельность по розничной торговле. Ритейлеры - это компании, деятельность которых основана на торговле в розницу

1. Сектор торговли способен привносить значимый вклад в экономику РФ.
2. Предпринимательство является стимулятором инноваций.
3. Торговлю является источником занятости населения.
4. Торговый сектор способен воздействовать на обеспечение уровня жизни населения.
5. Сектор розничной торговли вполне способен выступить опережающим индикатором развития показателей экономического развития страны.

Постепенный захват розничного рынка наиболее крупными игроками создает все больше предпосылок к укреплению своих экономических позиций организациям, относящимся к более мелким. Стоит понимать, что одним из наиболее грамотных решений в этой ситуации является политика инвестирования в собственное развитие.

Согласно Индексу развития глобальной торговли (GRDI) составляемой консалтинговой компанией A.T. Kearney в 2014 году Россия заняла в рейтинге 12-е место из 30-ти — она поднялась сразу на 11 строчек по сравнению с прошлым годом. По мнению составителей рейтинга, «потенциал страны как направления для развития международных торговых сетей перевесил страновые риски». [6] Подъем индекса GRDI России повышает инвестиционную привлекательность розничного рынка в том числе.

Современные аналитики отмечают, что достоинства и недостатки инвестирования в России по сегодняшний день складываются из положения на экономическом рынке. Отличительной чертой Российской экономики является одновременное улучшение одних показателей и ухудшение других, а также от перспектив его развития. По данным консалтингового агентства KPMG[2] больше всего инвесторы интересуются вложениями в выпуск потребительских товаров в России: к 2014 г. это планируют 21% (делит 2-3-е место с Китаем). Сильнее всего Россия влечет инвесторов из Китая (45%) и США (35%). [7]

Факторы, определяющие выбор страны для инвестиций, распределились следующим образом: на 1-е место выдвинулся доступ к новым потребителям, на 2-ом — политическая стабильность и понятная юридическая база. На последнем месте оказался фактор дешевой рабочей силы. Главным для компаний оказались высокие темпы роста экономики и конкурентные преимущества, дающие выход на развивающиеся рынки. Прежде всего, задачи совершенствования инвестиционной деятельности в торговле вытекают из состояния инвестиций.

---

[2] **KPMG** (рус. КПМГ) — одна из крупнейших в мире сетей, оказывающих профессиональные услуги, и одна из аудиторских компаний Большой четвёрки наряду с Deloitte, Ernst & Young и PwC. Международная штаб-квартира расположена в Амстелвене (Нидерланды). [http://ru.wikipedia.org]

Инвестиции в развитие услуг розничной торговли являются мощным инструментом развития экономики. Анализ показал, что инвестиционная привлекательность России повышается. Согласно аналитическому материалу, опубликованному рядом консалтинговых агентств, на сегодняшний день инвестирование в сферу розничной торговли играет большую роль. Прежде всего, это связано с высокой долей розничного рынка. Во-вторых, вложение в сферу развития услуг розничной торговли в перспективе может дать увеличение количества рабочих мест, стимулирование инноваций, и повышение обеспечения уровня жизни населения.

Список литературы:

1. http://www.finam.ru/analysis/
2. http://www.gks.ru/bgd/regl/B12_04/IssWWW.exe/Stg/d05/2-torg-1.htm
3. http://smb.gov.ru/content/legislation/trading_activity/m,f,563593/
4. http://www.vedomosti.ru/companies/news/21905031
5. Шарф А. А. Инвестиции в торговле: необходимость привлечения [Текст] / А. А. Шарф // Молодой ученый. — 2012. — №9. — С. 159-161
6. http://ibusiness.ru/isslyedovaniya/33025
7. http://kapital-rus.ru/articles/article/441

Шестакова М.В.
ассистент, Красноярский государственный аграрный университет
Shestakova__89@mail.ru

ВЗАИМНОЕ СТРАХОВАНИЕ В ДОРЕВОЛЮЦИОННОЙ РОССИИ

Вопросы о совершенствовании российской системы страхования и его государственного регулирования являются сегодня весьма актуальными. Роль государства в России во всех сферах общественной жизни исторически всегда была велика. Страхование не явилось здесь исключением. Более того, отечественная государственная страховая отрасль создавалась «сверху», по государственной инициативе, следовательно, государственное регулирование страхования возникло вместе с самой страховой отраслью и всегда было достаточно жестким. Между тем, современная зарубежная практика, как и российская, до 1917 года, показывает в разнообразных формах, посредством которых участники страховых отношений могли успешно реализовать свои потребности в страховой защите.

В Дореволюционной России был накоплен богатый практический опыт организации и функционирования общества взаимного страхования.

Взаимное страхование играло важную роль в общественном воспроизводстве и в страховании оно имело широкое распространение.

Основными видами взаимного страхования были:

- Взаимное земское страхование;
- Взаимное страхование от огня в городах;
- Правительственное взаимное губернское страхование;
- Отраслевое взаимное страхование;
- Взаимное страхование в казначейских войсках;
- Взаимное страхование строений духовного ведомства.

Особое место занимало земское взаимное страхование, пожары в России были очень частым и разрушительным явлением того времени. Из образованного страхового фонда финансировались не только противопожарные, но и многие экономические мероприятия земств, способствующих развитию сельского хозяйства. [1]

В виде опыта взаимное страхование было введено в Нижегородском, Саратовском и тверском имениях. Данный опыт показал положительные результаты страхования, вследствие которого был распространен в других губерниях.

В 1858 году было утверждено и издано «Положение о взаимном страховании строений в удельном ведомстве», которое осуществлялось в обязательной форме.[5]

Земское страхование осуществлялось в двух формах: обязательное и добровольное.

В обязательном страховании закон предписывал лица, имеющим сельскохозяйственные строения, находящиеся в черте крестьянской усадьбы застраховать их.

Добровольное земское страхование основывалось на частно – правовом договоре сторон, заключавших договор. В роли Страхователя могли выступать собственники имущества, или иные лица, имеющие при заключении договора интерес в охране этого имущества от убытков.

Деятельность земских страховых обществ контролировалось министерством внутренних дел и министерством финансов.

В конце XIX века в России стали возникать общества взаимного страхования в производственной сфере. Предпосылками появления таких обществ стало то, что акционерные страховые компании стали более тщательно подходить к страхованию имущества торгово – промышленных предприятий, уклоняясь от сомнительных пожарных рисков. В это же время промышленники были недовольны высокими страховыми тарифами и 1872 году в Киеве было создано первое общество взаимного страхования от огня. [4]

Первоначально общества взаимного страхования создавались по двум рискам от огня и от градобития. В 1882 году были созданы два общества взаимного страхования в Москва и Санкт – Петербурге по страхованию скота от падежа, но вследствие малого распространения и низкой эффективности проработав несколько лет были ликвидированы.

В 90-х гг. XIX в. был создан Российский взаимный страховой союз, перестраховывавший до 99 % страховых портфелей своих участников. Наибольшее распространение взаимное страхование получило в огневом страховании и в страховании от несчастных случаев. Помимо городских обществ взаимного страхования существовали государственные общества, создававшиеся на базе земств для страхования крестьянских строений и сельскохозяйственных рисков. [3]

В 1902 г. был создан Земский перестраховочный союз, оказавший необходимую поддержку малым обществам. На долю городских и земских обществ взаимного страхования в 1913 г. приходилось 32,8 % рынка огневых страхований и 23,5 % страхового рынка в целом. К 1914 году страхование от огня земства превратили в эффективную и развитую организацию, которая охватывала все население губернии.

Особое значение придавалось добровольному страхованию посевов от градобития. Были разработаны правила и условия страхования, определены условия финансовой политики.

Создавались взаимные страховые общества землевладельцев. Одной из первых таких организаций стало Лифляндское общество взаимного страхования посевов от градобития.

Первоначально страхование крупного рогатого скота и лошадей были частной инициативой, операции которых заканчивались существенными убытками. При страховании скота земства преследовали не только экономические, но ветеринарно – санитарные цели, которые способствовали развитию животноводства в России. Вопросы обязательного и добровольного страхования скота обсуждались на земских собраниях. По факту обязательное страхование скота действовало только в трех губернских земствах. Данный вид страхования не получил своего широкого распространения в связи своей постоянной убыточности.[5]

В мировой практике взаимное страхование применяется почти во всех сферах жизни населения и деятельности хозяйствующих субъектов. На взаимной основе осуществляется как имущественное, так и личное страхование. Многовековой опыт и полная драматизма история страхования убедительно доказали, что оно является мощным фактором положительного воздействия на экономику.

Для сельского хозяйства взаимное страхование может стать эффективной мерой защиты и имущественных интересов сельскохозяйственных производителей. Отсутствие или недостаток информации о возможностях взаимного страхования тормозят его развитие в России.

Источники:

1. Дадьков В.Н. Формирование отраслевых систем взаимного страхования и перспективы их развития: дис... д-ра. экон. наук: 08.00.10 / В.Н.Дадьков; М., 2007. – 396с.;
2. Логвинова И.Л. Взаимное страхование как метод создания страховых продуктов в российской экономике: дис... д-ра. экон. наук: 08.00.10 / Логвинова И.Л..; М., 2010. – 372с.;
3. Соколова И.А. Теория и практика агрострахования: учеб.посоие/И.А. Соколова; краснояр.гос.аграр.ун-т. – 2 – е изд., доп. – Красноярск, 2012. – 212с.;
4. Скакун С.Г. взаимное страхование в системе современного мирового страхового хозяйства: дис...канд.экон. наук:08.00.10/ С.Г. Скакун: М., 2009. – 146с.;
5. Турбина К.Е., Взаимное страхование/ К.Е. Турбина, В.Н.Дадьков – М.: Анкил,2007. – 334с.

Щанкин С.А.
к.э.н. доцент кафедры экономики и управления на предприятии
Мордовский государственный университет
имени Н.П. Огарева, Lexa-93_93@mail.ru

ОСОБЕННОСТИ РАЗВИТИЯ РЕГИОНАЛЬНОЙ ВУЗОВСКОЙ НАУКИ
(на примере Мордовского госуниверситета)

Научно-исследовательская и инновационная деятельность государственного Мордовского университета осуществляется в соответствии с Программой развития Мордовского университета им.Н.П. Огарева на 2011 – 2015 гг., Программой развития Национального исследовательского университета на 2010-2019 гг.

Программа направлена на: формирование эффективно действующей научно-инновационной инфраструктуры и механизмов финансирования исследований вуза; развитие интеграции университетской, академической науки и реального сектора экономики; оснащение материально-технической базы университета современным высокотехнологичным оборудованием; повышение эффективности подготовки кадров высшей квалификации, развитие публикационной активности.

В рамках обозначенных направлений деятельности коллективом вуза за отчетный период выполнен значительный объем соответствующих видов работ и получены определенные результаты. В 2013 году объем финансирования НИОКР университета составил 335,5 млн. руб., в том числе 298 млн. руб. по ПНР. Доход от опытно-конструкторских работ – 69,5 млн. руб.

Участвуя в конкурсах проектов ФЦП, грантов РГНФ, РФФИ, Правительства РМ научные коллективы и ученые вуза получили из федерального и местного бюджетов финансовую поддержку для проведения фундаментальных и поисковых исследований в объеме 127,97 млн. руб. По хозяйственным договорам освоено 207,5 млн. руб. Объем средств, привлеченных в рамках международных научных программ, в 2013 году составил 7,1 млн. руб.

Для развития инновационной инфраструктуры и реализации мероприятий по коммерциализации результатов интеллектуальной деятельности ученых вуза организована работа по ряду направлений:

-создано 2 малых инновационных предприятия в соответствии с Федеральным законом от 02.08. 2009 г. № 217 – ФЗ (всего инновационный пояс вуза насчитывает 18 малых предприятий). Объем произведенной научно-технической продукции и оказанных услуг данными предприятиями за отчетный период составил 9,6 млн. руб. Количество вновь созданных рабочих мест на предприятиях составило 38;

-на бухгалтерский баланс в число нематериальных активов университета поставлено на учет 14 объектов интеллектуальной собственности на общую сумму 247 тыс. руб.;

-проведена работа по обновлению профилей разработок в Российской сети трансфера технологий (51 проектов), в системе описания инновационных проектов «Startbase» (14 проектов), на инновационном портале университета (89 проектов);

-осуществлена презентация результатов научно-инновационной деятельности в мероприятиях различного уровня, в том числе 57 проектов на международных и 35 на российских выставках. В результате получено 10 медалей, 57 дипломов и сертификатов, более 20 соглашений о намерениях;

- учеными университета подано 99 заявок на получение охранных документов, получено 105 патентов РФ на изобретения и полезные модели, а также свидетельств на программы для ЭВМ;

-оформлена международная заявка на изобретение «Звукопоглощающий слоистый материал»;

-зарегистрировано 4 лицензионных договора;

-получена прибыль от коммерциализация результатов интеллектуальной деятельности.

Сотрудниками, докторантами и аспирантами вуза защищено - 10 докторских и 80 кандидатских диссертаций.

В 2013 году в Национальном исследовательском Мордовском государственном университете им. Н.П. Огарёва было проведено 75 научных мероприятий (конференции, семинары, круглые столы), из них 13 международных, 25 всероссийских, 30 республиканских, 7 внутривузовских. За отчетный период сотрудниками университета опубликовано 4948 статей, в том числе 159 за рубежом. В научной периодике опубликовано 1729 статей, индексируемой российскими и зарубежными организациями.

В конце 2013 года университет выиграл конкурс на право реализации Программы развития деятельности студенческих объединений в 2014 году. Реализация предыдущей Программы дала возможность расширить сеть студенческих научных обществ и укрепить материально-техническую базу существующих кружков и студенческих конструкторских бюро (СКБ), в частности созданы и оснащены современным оборудованием 9 студенческих конструкторских бюро, 7 молодежных инновационных центров, создана и оснащена современным медицинским оборудованием студенческая исследовательская лаборатория «Траектория здоровья». Студенты и аспиранты получили дополнительную возможность участвовать в конференциях и олимпиадах за пределами республики, а также организовывать данные мероприятия в университете. В рамках Программы, произведена регистрация электронного научного журнала для студентов и аспирантов «Огарёв-on-line».

В соответствии с принятыми решениями, 2014-2015 гг. планируется:

Обеспечить структурными подразделениями вуза (институты и факультеты) выполнение показателей по объемам НИОКР в 2014 году.

В целях оптимизации процессов деятельности преподавателей Учебно-методическое управление, Управление научных исследований, Управление по внеучебной работе, Институт дополнительного образования до утверждения штатного расписания на 2014/2015 учебный год разработать новую форму индивидуальных планов для ППС, отвечающих требованиям Программы развития университета.

Структурные подразделения (институты и факультеты):

-с целью увеличения вероятности победы в конкурсах грантовой поддержки (ФЦП, государственных фондов и др.) формируют заявки на участие в них совместно научными коллективами вузов-партнеров;

- для роста дохода вуза в рамках международных научных программ и участия в конкурсах организуют взаимодействие с зарубежными учеными в рамках имеющихся договоров о сотрудничестве, прежде всего через публикацию результатов совместных исследований.

ООО «Оптик-Файбер», ООО «Биозащита», ООО «Строительные материалы и технологии», ООО «САПР-Системы» разработали план мероприятий по увеличению объемов доходов

Центр трансфера технологий определил поэтапный алгоритм передачи средств малых инновационных предприятий университету от коммерциализации их деятельности.

Ряд факультетов и институтов вуза: архитектурно-строительного факультета, института механики и энергетики, института физики и химии, биологического факультета, аграрного института совместно со структурами инновационно-технологического комплекса разрабатывают мероприятия по вступлению в профильные технологические платформы.

Управление подготовки кадров высшей квалификации во взаимодействии с институтами и факультетами:

- разрабатывает положение об институте подготовки кадров высшей квалификации с учетом требований новых нормативно-правовых актов;
- организует приемную комиссию по приему в докторантуру и аспирантуру. Особое внимание уделяется комплектованию претендентов, поступающих в аспирантуру из числа выпускников магистратуры;
- разрабатывает новую форму индивидуального плана подготовки докторантов и рабочего учебного плана подготовки аспирантов в соответствии с новым положением о докторантуре и требованиями ФГОС для подготовки аспирантов.

Для мотивации научно-инновационной деятельности молодых ученых, аспирантов и студентов научных коллективов вузом планируется привлекать их в процесс исследований на возмездной основе.

Вайсбурд В.А

к.э.н, профессор кафедры экономики труда и управления персоналом
Самарского государственного экономического университета
vavaisburd@yandex.ru

О СУЩНОСТИ ЗАРАБОТНОЙ ПЛАТЫ И НЕКОТОРЫХ СВЯЗАННЫХ С НЕЙ ПОНЯТИЯХ

Заработная плата – одна из важнейших категорий рыночной экономики. Правильное определение и понимание её сущности в значительной мере обусловливает эффективность её практического применения и посвящённых ей научных исследований. Сложившаяся отечественная и зарубежная практика свидетельствует о том, что для характеристики заработной платы и отдельных её элементов используются разнообразные термины и понятия, многие из которых требуют критического осмысления и уточнения.

Прежде всего, на наш взгляд, нуждаются в уточнении и разграничении понятия «заработная плата» и «оплата труда». На протяжении многих лет в экономической и юридической литературе наблюдается смешение этих понятий. В значительной степени это объясняется недостаточной теоретической разработанностью вопросов заработной платы и организации оплаты труда, отсутствием законодательного закрепления содержания этих понятий в целях обеспечения единого подхода к их пониманию и использованию. В результате эти понятия сплошь и рядом стали использоваться как синонимы, что противоречило как их содержанию, так и лексическим нормам их применения.

До конца прошлого века советское и российское трудовое законодательство не давало определений заработной платы, оплаты труда и других, связанных с ними понятий. Только в Трудовом кодексе Российской Федерации 2001 г. была сделана попытка дать определение понятий заработная плата и оплата труда, а главное – разграничить их смысл (ст. 129): *«Оплата труда* – система отношений, связанных с обеспечением установления и осуществления работодателем выплат работникам за их труд в соответствии с законами, иными нормативными правовыми актами, коллективными договорами, соглашениями, локальными нормативными актами и трудовыми договорами. *Заработная плата* – вознаграждение за труд в зависимости от квалификации работника, сложности, количества, качества и условий выполняемой работы, а также выплаты компенсационного и стимулирующего характера».

Из этих определений становилось ясно, что, когда речь идёт об оплате труда, подразумевается определённый процесс, система отношений, не имеющих какого-либо количественного измерения. Когда мы говорим о заработной плате, речь идёт о том, что человек заработал, о причитающемся ему за труд «вознаграждении», которое можно оценить количественно.

К сожалению, в последующих редакциях Трудового кодекса Российской Федерации законодатель возвращается к отождествлению рассматриваемых понятий. Статья 129 ТК РФ по состоянию на начало 2010 г. изложена в следующей редакции: «*Заработная плата (оплата труда* работника) - вознаграждение за труд в зависимости от квалификации работника, сложности, количества, качества и условий выполняемой работы, а также компенсационные выплаты (доплаты и надбавки компенсационного характера, в том числе за работу в условиях, отклоняющихся от нормальных, работу в особых климатических условиях и на территориях, подвергшихся радиоактивному загрязнению, и иные выплаты компенсационного характера) и стимулирующие выплаты (доплаты и надбавки стимулирующего характера, премии и иные поощрительные выплаты)».

Подобные «новации» в трудовом законодательстве представляются нам недостаточно продуманными как экономически, так и лингвистически. Даже компьютерный редактор (спасибо его грамотным разработчикам) при текстовом наборе широко распространённого термина МРОТ (минимальный размер оплаты труда) моментально фиксирует ошибку, отмечая «нарушение лексической сочетаемости» и напоминая, что размеры имеет *заработная плата*, «в то время как «оплата труда» - более общее понятие и говорить о его размерах трудно».

Смешение понятий «заработная плата» и «оплата труда» неизбежно приводит к неоднозначному, а порой и ошибочному формулированию и пониманию тех или иных положений, связанных с заработной платой и организацией оплаты труда.

В отечественной и зарубежной литературе широкое распространение получило представление о заработной плате как о некоем вознаграждении работника за его труд со стороны работодателя. К сожалению, этот термин используется при определении заработной платы и в Трудовом кодексе Российской Федерации (ст.129).

Такое представление о заработной плате искажает её сущность, характер складывающихся между работодателями и работниками социально-трудовых отношений. Вознаграждение, происходящее от слова «награда»[1], предполагает определённое неравенство субъектов отношений: есть награждающий, и есть награждаемый. В сфере социально-трудовых отношений термин «вознаграждение» применим к тем или иным формам поощрения работников со стороны работодателя (премированию, предоставлению дополнительных льгот и т.п.), но никак не к самому понятию заработной платы. Отношения между работодателями и работниками как при заключении договора о найме рабочей силы и условиях её оплаты, так и в

---

[1] «Награда - особая благодарность, почётный знак, орден и т.п., которыми отмечают чьи-нибудь заслуги» [2, 372].

процессе её использования должны носить паритетный характер. И выплачивая работнику заработную плату, соизмеримую с результатами его труда, работодатель не вознаграждает работника, а выполняет, прежде всего, свои обязательства по возмещению, компенсированию ему затрат на воспроизводство израсходованной рабочей силы.

Кстати, в английском языке понятия вознаграждение и компенсация обозначаются одним и тем же словом – recompense. Возможно, неточностью перевода объясняется широкое распространение термина «вознаграждение» применительно к заработной плате. Но в русском языке – это два самостоятельных понятия.

Давая определение понятию «заработная плата», следует учитывать, что она выступает как экономическая категория и как инструмент реализации социально-трудовых отношений между работодателем и наёмным работником. Как экономическая категория заработная плата в условиях рынка представляет собой превращённую форму цены рабочей силы, величина которой определяется стоимостью жизненных благ, обеспечивающих воспроизводство рабочей силы, соотношением спроса и предложения на неё на рынке труда и результатами её (рабочей силы) производственного функционирования. В качестве инструмента социально-трудовых отношений заработная плата может быть определена как компенсация затрат на воспроизводство рабочей силы с учётом квалификации работника, сложности, количества, качества и условий выполняемой им работы, эффективности его труда.

В этой связи вполне оправданным можно считать применение в зарубежной, а теперь и в отечественной, теории и практике терминов «компенсация», «компенсационный пакет» по отношению к механизмам оплаты и стимулирования труда. Не случайно одно из наиболее известных зарубежных исследований в области организации оплаты труда носит название «компенсационный менеджмент» [4].

В отечественной литературе и практике термин «заработная плата» применяется во всех случаях, когда речь идёт об оплате труда работников, вне зависимости от формы оплаты и категории работников. В англоязычных странах для характеристики оплаты труда различных категорий работников, различных форм и систем оплаты используются различные термины. Так, непосредственно заработной платой (wage) принято называть выплаты, размер которых зависит от количества проработанных работником часов или от количества произведённой им продукции. «Многие производственные рабочие («синие воротнички») и часть инженерно-технических работников («белые воротнички») получают вознаграждение в форме заработной платы, размер которой определяется на основе учёта количества проработанных часов или количества единиц произведённой продукции. Иногда вознаграждение базируется на комбинации рабочего времени и производительности. Заработная плата образует непосредственный стимул к труду работника: чем больше часов он работает или чем больше единиц продукции он производит, тем выше его заработная плата» [3, 368].

В некоторых случаях термин «заработная плата» используется для характеристики размеров ставки зарплаты за единицу времени (wage-rate) . Авторы широко известного учебника «Экономикс» пишут: «Хотя на практике заработная плата может принять форму премий, гонораров, комиссионных вознаграждений, месячных окладов, мы будем использовать термин «заработная плата» для обозначения ставки заработной платы в единицу времени – за час, день и т.д.» [1, 156].

Недельные, месячные, годовые выплаты за труд руководителям, специалистам, служащим обозначаются термином жалованье (salary). «Работники, результаты труда которых непосредственно не связаны с количеством затраченных ими рабочих часов или с количеством единиц произведённой продукции, получают вознаграждение в форме жалованья. Жалованье, как и заработная плата, представляет собой вознаграждение за затраченное рабочее время, но единицей рабочего времени здесь служат неделя, две недели, месяц или год» [3, 368]. Подобная форма оплаты труда соответствует принятой в нашей стране оплате труда указанных категорий работников по окладам.

Для обозначения выплат, производимых военнослужащим, государственным служащим, используется термин «рау», соответствующий принятому в нашей стране понятию «денежное содержание».

Таким образом, при изучении зарубежного опыта организации оплаты труда, использовании зарубежной оригинальной и переводной литературы следует учитывать особенности принятой за рубежом терминологии и правильно адаптировать её к отечественным условиям.

Список литературы

1. Макконел К.Р., Брю С.Л.. Экономикс: принципы, проблемы и политика. В 2 т. Т.2. – М.: Республика, 1992. С.156.

2. Ожегов С.И. Словарь русского языка. М., «Сов. энциклопедия», 1973. С. 342.

3. Речмен Д. Дж., Мескон М. Х., Боуви К. Л., Тилл Дж. В.. Современный бизнес: Учеб. в 2 т. Т. 1.: Пер. с англ. – М.: Республика, 1995. С. 368.

4. Хендерсон Р.И. Компенсационный менеджмент: стратегия и тактика формирования заработной платы и других выплат. – СПб.: Питер, 2004.

Чупанисаева Д.А., Бейбалаева Д.К. - д.э.н., доцент

ОСОБЕННОСТИ РАЗВИТИЯ РЕГИОНОВ СЕВЕРОКАВКАЗСКОГО ФЕДЕРАЛЬНОГО ОКРУГА

Особенности функционирования экономики Республики Дагестан в прошедшем десятилетии в значительной степени было связано с кризисом системы государственного управления. Статистика показала, что по всем социальным и экономическим показателям Республика Дагестан расположена на одном из последних мест по стране, и относится к числу проблемных регионов. Несмотря на то, что республика обладает большим потенциалом социально-экономического развития, не реализованного в должной степени. Существуют три основных критерия в проблемном регионе: высокая безработица, низкий душевой доход и спад производства [1]. Проблемными регионами как объектами государственной поддержки являются те регионы, в которых по экономическим, социальным, экологическим, политическим и прочим причинам действие условий или стимулов прекратилось; эти регионы не могут рассчитывать на саморазрешение проблемной ситуации и требуют помощи со стороны государства. Данная формулировка проблемных регионов относится к направлениям государственного регулирования территориального развития, а именно для установления определенного положения в региональных ситуациях нужно осуществление необходимых упорядоченных действий от государства. Если придерживаться данного определения, выходит, что практически все российские территории можно отнести к проблемным, в связи с чем приходится искать не эффективную систему передачи средств внутри государства, для уравновешения территориальных различий, а в корне менять весь курс региональной политики. Цель региональной политики - достичь идеального состояния многорегиональной системы, это когда отсутствует либо достаточно низкая разница в уровнях развития регионов, рассчитанная соответствующими методами и приемами оценки состояния. Государственная региональная политика обязана основываться на том наборе инструкций, которые позволяют в полной степени использовать территориальные ресурсы, и приводить к сближению уровней социально-экономического развития регионов [4]. Теоретически существующую проблему можно разрешить двумя способами: или используя безграничные ресурсы идти по тому же пути, что и благополучно развивающие регионы (стараясь достичь таких же высоких показателей) или не располагая ресурсами признать сложившуюся дифференциацию регионов и смириться с этим. Как мы понимаем ни один из предложенных способ нам не подходит, поэтому необходимо придерживаться тех направлений, в которых критерии и возникающая разница в степени развития регионов являются отображением используемых для этих целей ресурсов, испытывающих воздействие методов государственного регулирования и рыночных механизмов. В данном случае, статистическая оценка может быть общесистемным признаком уменьшения разбросов рядов выделенных оценочных показателей. Однако неравенство увеличится, если индикаторы проблемных регионов будут расти медленнее, нежели показатели регионов, обладающих значительным социально-экономическим потенциалом для развития; неравенство останется, если будут одинаковые темпы роста показателей во всех регионах и уменьшится если показатели, установившие отставание проблемных регионов от сильных, будут расти ускоренными темпами. Исходя из выше сказанного следует, что проблема устранения регионального неравенства возможно несколькими способами. Первый способ- снижение уровня отставания проблемных регионов от сильных, неравенство при этом сохраняется. Второй способ- сохранение дифференциации среди регионов за счет мер господдержки, дополняющих и вызывающих рыночную деятельность в проблемных регионах. И третий способ- организация в проблемных регионах за счет мер господдержки, возможностей более быстрого развития, чем это удавалось сильным регионам. Лишь придерживаясь третьего способа решения проблемы можно добиться снижения дифференциации регионов. В настоящее время реализуется Стратегия социально-экономического развития Северо-Кавказского федерального округа, определяющая основные направления, средства и способы устойчивого развития, осуществления целей стратегии и предоставление национальной безопасности Российской Федерации на территориях субъектов, составляющих СКФО: Республики Дагестан, Республики Северная Осетия-Алания, Чеченской Республики, Кабардино-Балкарской Республики, Республики Ингушетия, Карачаево-Черкесской Республики и Ставропольского края. Осуществление программы СКФО состоит из двух уровней. На первом уровне, будут созданы необходимые государственные программы, стимулы для инвестиционных вложений, а возможно и использование самых необходимых инвестиционных проектов, также продумана программа управления развитием региона и законодательная база. Самыми значимыми моментами данного уровня являются: -помощь в осуществлении самых значимых проектов; -организация благоприятных условий для инвестиционного притока; -создание новейших государственных целевых программ; -осуществление ряда мер по разработке новейших инвестиционных проектов с учетом значимых моментов, выделенных в Стратегии [3]. На втором уровне реализации СКФО, используя сформированные инструменты и механизмы планируется реализовать: -активное вовлечение частных инвестиций в обновление имеющихся производств и предоставление дополнительных рабочих мест; -развивать выбранные инвестиционные проекты; -развитие жилищной программы, здравоохранения, образования, относящиеся к социальной сфере. В процессе стратегической диагностики социально-экономической системы Дагестана, необходимо рассмотреть 7 комплексов: -агропромышленного;   -строительного;   -торгово-транспортно-логистического; -промышленного; -топливно-энергетического;-социально-инновационного;-туристско-рекреационного [5]. Формирование торгово-транспортно-логистического комплекса ведется на основе следующих стратегических   направлений:-обновление   морских   транспортных строений, построение грузового и пассажирского флота;-образование особой портовой экономической зоны регионального уровня, созданной на основе   Махачкалинского   морского   торгового   порта;-   создание современной авиакомпании, международного аэропорта-хаба, создание малой авиации;-осуществление передачи по трубопроводам продуктов жидкого, газообразного или твердого состояния;-развитие системы дорожного   транспорта;-организации   благоприятных   условий   для усовершенствования   финансовой   системы,   привлечение   предельно возможного количества инвестиций в регион;-изменение в системе торговли, в соответствии с новейшими требованиями, это новые методы, новая организация в оптовой и розничной торговле;-формирование сетевой логистической   системы,   формирование   трех   основных   узлов (федерального,   республиканского,   местного),   представляющих   собой комплексы для объединения всех видов транспорта, оказывающие весь перечень услуг по сопровождению товаропотоков). Сотрудничая с зарубежными странами в области логистики, транспорта и торговли в пределах Евразийского экономического сообщества, с государствами Азиатско-Тихоокеанского региона и прикаспийскими государствами, даст возможность продуктивно использовать сотрудничество с ними для того, чтоб перевести движение грузов на маршруты Республики Дагестан и создание постоянного и значительного их поступления [6]. Весомый вклад в решение проблемы трудоустройства населения и повышение налоговых доходов республик РФ, относящихся к Северо-Кавказскому федеральному округу, вносит промышленность Северо-Кавказского федерального округа, представленная добывающей и обрабатывающей отраслями [9].

Промышленность Дагестана изначально не основывалась на выпуске конечного, возможного к использованию продукта, большая часть предприятий   была   оборонного   комплекса.   Макроэкономическая нестабильность в экономике Российской Федерации, связанная со сложностями   перехода   от   командно-административной   системы хозяйствования к рыночной, вызвала тяжелейший экономический кризис в Республике   Дагестан,   усугубившийся   нелегким   геополитическим положением республики. Отсутствие опыта грамотного менеджмента явилось причиной приведшей предприятия республики к тяжелому кризисному состоянию [2]. Но несмотря на это, развитие данного комплекса имеет значительный потенциал для формирования мощной индустриальной экономики в регионе. Показатель динамики объема промышленного производства за 1 полугодие 2013 г. составил 105,1%, в т.ч. по видам: добыча полезных ископаемых – 94,2%, обрабатывающие производства – 99,8%, производство и распределение электроэнергии, газа и воды – 125,8 %. По виду экономической деятельности «добыча топливно-энергетических полезных ископаемых» (90,3%) добыча нефти составила – 99,7 тыс. тонн или 88,5 %, добыча газа - 183,6 млн.м3 или 98,1%. Наблюдается снижение уровня добычи нефти и газа, главной причиной которого является, высокая степень исчерпания ресурсов, а также снижение производительности действующих и отсутствие ввода новых скважин, из-за того, что не ведутся геологоразведочных работы. Несмотря на это, в обрабатывающих отраслях положительная динамика наблюдается по таким разновидностям экономической деятельности: - «производство пищевых продуктов, включая напитки и табака» - 109,4 %;- «металлургическое производство и производство готовых металлических изделий» – 113,0%; -«производство прочих неметаллических минеральных продуктов» - 109,2%;-«производство резиновых и пластмассовых изделий» - 106,7% [8]. На промышленный комплекс Республики Дагестан приходится 2% от выпуска продукции всей республиканской экономики. Машиностроение (в том числе производство электрооборудования) в структуре промышленного комплекса Республики Дагестан занимает лидирующие позиции, на его долю приходится более 54% выпуска продукции [7]. Машиностроение— в структуре обрабатывающих производств республики Дагестан, является одним из главных компонентов. Машиностроительный комплекс производит значительную часть валового внутреннего продукта, и в существенной степени предоставляет рабочие места трудоспособному населению. Металлообработка и машиностроение занимают главенствующие место в промышленном комплексе Республики Дагестана. В республике налажено производство электросварочного и электротермического оборудования, приборов и средств автоматизации, радиотоваров, сепараторов, центробежных насосов и так далее. На сегодняшний день машиностроение в республике занято выпуском продукции для авиа- и судостроения, производством радиоэлектронники, энергетическим машиностроением и электротехническим производством. С недавнего времени промышленность республики начала специализироваться на производстве автомобильных составляющих [10]. В республике насчитывается свыше 30 действующих предприятий данной отрасли, а также 11 предприятий оборонно-промышленного комплекса. Объем выпуска оборонной продукции превышает общеотраслевое производство. Избыток трудовых ресурсов, отсутствие собственной сырьевой базы определили его специализацию на нематериалоемких производствах, с высокой долей науко- и трудоемкостью. По стоимости основных фондов отрасль стоит на главном месте в промышленности, однако здесь наиболее высокая степень их износа (75-80 %). Имеются такие заводы как, «Концерн КЭМЗ», «Авиаагрегат»,ПО «Азимут», ОАО «Завод Дагдизель»,«Буйнакский агрегатный завод», «Избербашский радиозавод», «Каспийский завод точной механики», «Электросигнал»,«ДагЗЭТО», «Завод им. Гаджиева». В республике имеются огромные возможности для развития перерабатывающей и пищевой промышленностей [11]. Но все же существующий потенциал предприятий перерабатывающей и пищевой промышленности не дает возможность осуществить глубокую переработку всей производимой в республике сельскохозяйственной продукции, что требует восстановления и технического переоснащения.

Список литературы

1. Абуев Н.М. Формирование и управление стратегией социально-экономического развития проблемного региона: На примере Республики Дагестан : Дис.- СПб., 2002.

2. Акмаева Р.И. Стратегическое планирование и стратегический менеджмент. – М.: Финансы и статистика, 2007. – 208 с.

3. Гафуров И. Концепция территориального стратегического прогнозирования развития промышленности. – Дисс. На соискание ученой степени д-ра экон. наук: 08.00.05, КГФЭИ, 2005. – 354 с.

4. Здоров А.Б. Экономика туризма: Учебник.- М.: Финансы и статистика, 2003.- 320с. http://www.moluch.ru/archive/38/4389/

5. Исрапилов С. Основные итоги социально-экономического и политического развития Дагестана в XX веке.- Махачкала , 2002.

6. Казибекова, Н.А. Природный газ для Республики Дагестан социальная составляющая энергетики России / Н.А. Казибекова, Ш.А. Магомедханова. // Российское предпринимательство. - 2009. - № 8-2. - С. 136..

7. Министерство экономики Республики Дагестан http://www.dginh.ru/menu/news/razvf.pdf

8. Министерство промышленности и энергетики Республики Дагестан http://www.minpromrd.ru/index.php/2012-05-23-10-56-04/419--2013

9. Программа экономического и социального развития Республики Дагестан на период до 2010 года. Утверждена Законом Республики Дагестан от 03.12. 2004 №35. 2004.

10. Развитие промышленного производства СКФО / Экономика / Статьи и материалы / СКФО (Северо-Кавказский федеральный округ) http://skfo.ru/article/category/Ekonomika/Razvitie_promyshlennogo_proizvodstva_SKFO/#ixzz338Ibv1c0

11. Expert.ru http://expert.ru/expert/

Alexander Bogomolov
docent,
Financial University, Moscow
alivbog@gmail.com
Viktor Neveghin
professor
Financial University, Moscow
nvp1048@mail.ru

IMPACT EVALUATION OF DIFFERENT STRATEGIES OF AMORTIZATION ON THE KEY INDICES OF FUEL AND ENERGY BRANCH (BY THE EXAMPLE OF GAS INDUSTRY)

Abstract. Amortization is a key type of the investment resources of business entities which are used for the principal needs such as purchasing of new fixed assets, technical upgrading and modernization of already existed capital assets. Over the last few years amortization also has become a source of tax concession granted by the government to the companies working on innovative projects. Little attention is paid to the choice of the strategy of amortization of fixed assets which is being realized without any connection to the key indices of the Russian fuel and energy industry. As a result this industry remained behind and not effective enough in comparison with the same foreign companies. The article propose a multicriteria approach to the choice of the strategy of amortization based on identification of a main criterion - net present value. Our research examines different methods of amortization strategy analysis and the impact of preferred strategy on the key company indexes.
Key words: fuel and gas industry, accelerated amortization, net present value, multicriteria approach, allocation of the main criterion, hierarchy analysis technique.

CURRENT STATUS OF FUEL AND GAS INDUSTRY

There are several negative features and trends in the present fuel and energy industry (FEI):

-        high level of deterioration of fixed assets in FEI (Fuel and Energy Industry) – almost 60% in power industry and gas industry, and 80% in oil refunding industry.

-        failure to reach the prescribed growth rates of investments in the development of FEI for the period until 2020.

-        High level of dependency of Russian economics on natural gas (During the time of implementation of the Energy Strategy for the period until 2020, a part of natural gas in the whole structure of internal consumption of fuel and energy resources rose from 52% to 54% in line of cutting down the part of coal from 17% to 15%)

-    discrepancy between FEI production capabilities and the worldwide scientific and technical level: high power intensity, fusty technologies, irrational and uneconomical utilization of deposits, losses, environment pollution.

-    Poor development of energy infrastructure in Eastern Siberia and the Far East.

-    Big number of industrial injuries due to worn-out equipment, scanty personnel's qualification and imperfection of management.

-    Essential outstanding potential of organizational and technological energy saving (the whole potential is equal to 420 million tons of equivalent fuel).

In an effort to overcome accumulated problems and encourage innovative development of the industry, the Russian government accepted the Russian Energetic strategy for the period until 2030. In compliance with this strategy the main purpose is modernization of a fixed assets in fuel and energy industry and in economics in general, as well as realization of some normative, legal, and institutional transformations.

In contrast to the Russian Federation where strategy of equal amortization is still being realizing, fuel and energy companies of western countries are using a shortcut method of amortization. In 2012 the Russian Federation government presented some proposals for the stimulation of the use of innovations in FEI including the attribution of corresponding expenses to the operational expenditures or using the shortcut method of amortization.

OPTIMAL AMORTIZATION STRATEGY – MULTICRITERION APPROACH

The main criterion for choosing the strategy for accelerated amortization is Net Present Value (NPV), which is in linear subjection with the speedup coefficient of amortization (K) and which achieves maximum on the upper bound of its possible variety. A maximum value of this coefficient in gas industry should not exceed 2.

However, the increase of the speedup coefficient of amortization and the growth of NPV may negatively impact on some financial indices of FEI. As a result of multidirectional influence of accelerated amortization on the key financial indices in FEI, these indices also start to be criteria, thus should be taken into account when choosing the strategy of amortization. This circumstance leads to the necessity of using multicriterion approach in choosing the amortization strategy.

The method **"Allocation of the main criterion"** (constrained maximization[1]) was chosen during the transition to the multicriterion mission. The main point of this principle is rather easy. The most important criterion

---

[1] http://math.isu.ru/ru/chairs/me/files/filatov/referat1.pdf

(NPV) is allocated and maximization of this criterion is conducted with regard to the condition that all–other criteria do not leave the scope of the definite interval. For example, this method is used for optimization of an investment portfolio. Let's formalize this method for our problem.

System of conditions:

- The most significant criterion for us is $f1(K)$
- All other values of the remaining criteria are given, and they should not been exceeded: f^{min}_i, $i=2,...n$.

Let's set in narrow down our multicriteria approach to the one criterion objective:

$$f1(K) \rightarrow max,$$
$$fi(K) \geq f^{min}_i \quad i = 2,...,n \qquad (2)$$

If we choose $f1(K)$ (Net Present Value) as a main criterion, the K values regarding to other criteria contingencies should be located in the interval from 1,09 to 1,14 [5][2].

We propose to solve the multicriterion problem of choosing the optimal fixed assets amortization strategy in ERP system, with regard to ensuring the coordination of financial indices and parameters of amortization strategy as well as providing reiterated amortization strategy "bearer". The proposed shape of a form view is shown in the illustration 2.

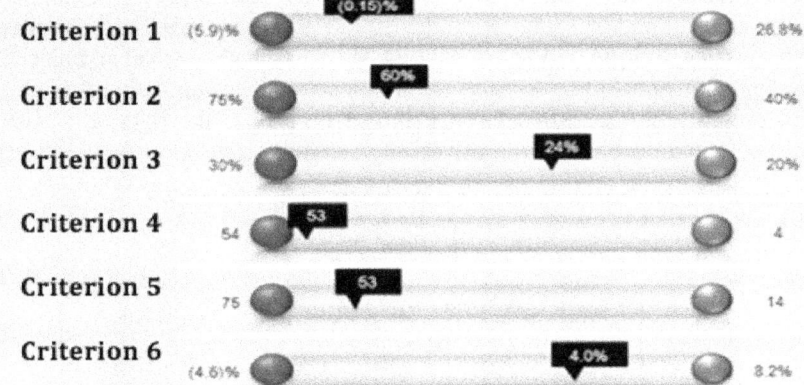

Illustration 2: Proposed shape of a form view of a multicriteria problem in choosing an optimal amortization strategy.

---

[2] Valuation of the scientific research institute

The impact of the amortization strategy implemented by JSC "Gazprom" on key performance indicators (KPI) can be presented as the following flow

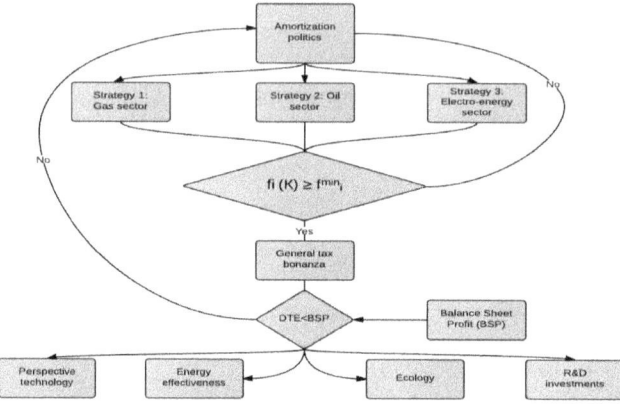

diagram/

Illustration 3: Flow diagram of how amortization politics impact on the indicators of innovative evolution.

Presented in the illustration 3 KPI of the JSC "Gazprom" make an impact on the main sectors of the company's activity. To estimate the connection between them and their impact on the overall performance indicator **Hierarchy Analysis Technique** (HAT) can be used. HAT is a mathematical instrument of a system approach to the complicated problems of decision making. HAT does not prescribe to the expert (who makes a decision) "the right way", it only allows to find the best alternative variant in an interactive way.

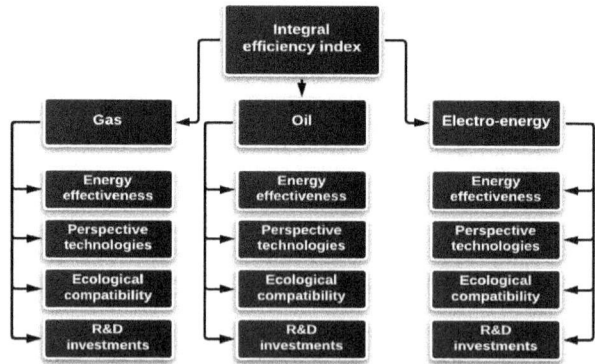

Illustration 4: Hierarchical model of the innovative development indexes' impact on the different types of businesses and HAT

Every segment of the last level of the hierarchical model (in its turn) can be presented also as a hierarchical model, containing more detailed indicators.

For example, the segment "Perspective Technologies" can be presented as a following hierarchical model (Illustration 5):

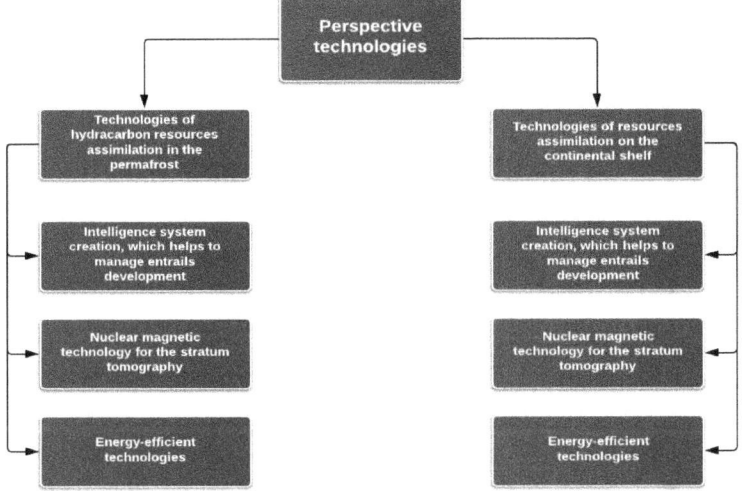

Illustration 5: Hierarchical model of optimal investment distribution among innovative technologies.

Thus, using the HAT proprieties of the innovative technologies indices of the 3rd level specified in the model shown above have been founded:

Intelligence system creation	0,15
Nuclear magnetic tomography technologies	0,64
Energy-efficient technologies	0,21

KEY FINANCIAL INDEXES WITH REGARD TO DIFFERENT K VALUES

The forecast of the financial indexes with 3 different K values looks as follows:

Rising items:

- a part of the capital allowances in the prime cost of production: from 44,0% (K=1) to 42,6% (K=0,9) and 47,3% (K=1,14).
- a part of the wealth tax in the operating expenses: from 1,09% (K=1) to 1,18% (K=1,09) and 1,24% (K=1,14).
  a part of the net assets in the balance currency: from 1,00% (K=1) to 1,4% (K=1,09) and 2,1% (K=1,14).
- production appointment property coefficient: from 1,00% (K=1) to 1,1% (K=1,09) and 1,6% (K=1,14)

Decreasing items:

- net profit index: 11,3 % (K=1,09) and 17,4% (K=1,14)

- proper funding sources of the capital investments: 0,9 mlrd rub or 0,25% (K=1,09) and 1,5 mlrd rub or 0,4% (K=1,14).

Due to amortization of the fixed assets (when K increases) the following changes occur:

Rising items:

- financial autonomy coefficient: from 0,788 to 0,799 (K=1,09) and 0,805 (K=1,14).
- stability factor coefficient: from 0,954 to 0,956 (K=1,09) and 0,957 (K=1,14)
- funding ratio: from 3,719 to 3,986 (K=1,09) and 4,130 (K=1,14)
- proper capital growth rate: 7,2% (K=1,09) and 11,1% (K=1,14), which caused the borrowed capital decrease.
- net assets holdings: 240,8 mlrd rub (K=1,09) and 371,1 mlrd rub (K=1,14). Their part in the company's balance increases.

Decreasing items:

- financial activity ratio: from 0,269 to 0,251 (K=1,09) and 0,242 (K=1,14).
- mobility coefficient: from 0,235 to 0,219 (K=1,09) and 0,212 (K=1,14).

Using variants calculations and analysis of amortization strategy's impact (with the different coefficients K) on the economic indicators we can define expediency (inexpediency) of amortization strategies realization.

Illustration 6 presents the results of accumulated amortization prognostic calculations for JSC "Gazprom" subdivisions using accelerated amortization strategy with K=1,04 and fixed asset useful life untill 2050.

It is clear that JSC "Gazprom" has some reserves for reconsideration of fixed asset when using life and increasing K coefficient.

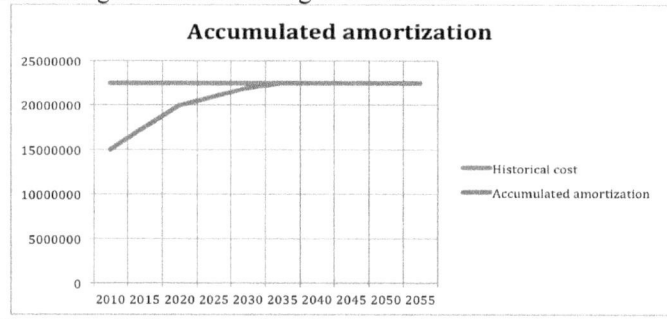

Illustration 6: Forecast of mining operations amortization.

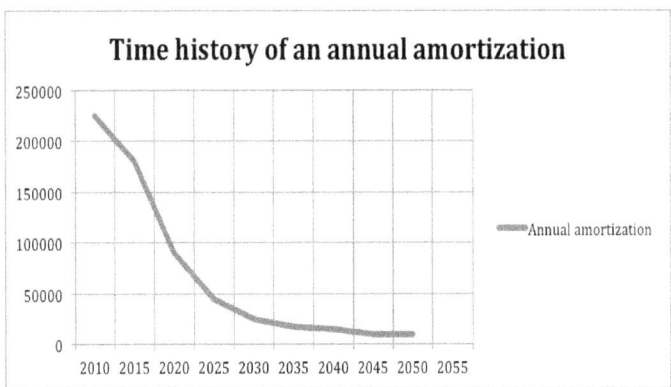

Illustration 7: Dynamics of annual amortization changes

SAP ERP system was taken as an example for the integration of accelerated amortization models in ERP.

Subsystem Enterprise Asset Management (EAM) ensures systematic and coordinated company's activity, which is focused on fixed assets effective supervision in the scope of obtaining KPI values.

A component **SAP Asset Accounting** (FI-AA, Accounting for capital assets) provided "run-through" of amortization bookkeeping entries to co-ordinate it with the main registries of inventories and equipment and some other system's indices.

To plumb in the model of accelerated amortization as a program middleware SAP-BC can be used.

CONCLUSION

1. In the fuel and energy sector (JSC "Gazprom" was taken as an example) still exists the lag in some innovative indices between Russian companies and the same foreign companies. We can also find some difference in using some perspective technologies, ecology, and energetic efficiency.
2. Strategies used in amortization in fuel and energy sector do not promote the tax permissions in innovative development.
3. The amortization strategies are not taken into account in the tied up criteria of innovative development system in fuel and energy sector.
4. The accounts made (with the different K values) illustrate the multidirectional impact of accumulated amortization on different KPI of gas sector.
5. The proposed model of multicriteria optimal strategy of accelerated amortization which is based on NPV method makes possible to take into account the amortization strategy in tied up criteria of innovative development system.

6. The proposed model based on the Hierarchy Analysis Technique (HAT) makes possible to allocate the tax remission (received as a result of using accelerated amortization) to improve KPI of a JSC "Gazprom".
7. The prognostic accounts of capital allowances for different fuel and gas sectors based on the JSC "Gazprom" amortization strategy illustrate the possibility of revaluation of product life of capital assets and of the usage of accelerated amortization strategy.
8. The most effective usage of optimal amortization strategy is possible only in corporate data system which is based on ERP (system of managing company's resources). In ERP scope different amortization strategies can be realized.

REFERENCES

1. Russia energetic strategy for the period till 2030.
   URL: http://www.atominfo.ru/files/strateg/strateg.htm
2. JSC "Gazprom" innovative development program for the period till 2020.
   URL: http://www.gazprom.ru/f/posts/97/653302/programma-razvitia.pdf
3. The list of instructions provided by Russian president as a result of the session of President's commission about modernization and technological development of Russia's economy (31.01.2011). From 07.02.2011 №Пр-307.
4. Bogomolov A.I., Nevezhin V.P. "Strategy and forecast of capital assets amortization in the fuel and gas sector by the example of JSC "Gazprom". Theoretical and methodological problems of nowadays science". Materials of YIII International Sciencific Confernce. Novosibirsk. Publishing house of assistance center of scientific research development. 2013, p. 93 – 101.
5. Syshilin A.V. "Analysis of amortization policy factors by the example of fuel and energy corporation" / A.V.Syshilin, L.V.Shamis, A.I.Bogomolov / Economics and nowadays management: theory and practices. №26. Novosibirsk, 2013, p. 32 – 42.
6. Bogomolov A.I. "Capital assets accumulated amortization in the fuel and energy sector (by the example of JSC "Gazprom")". Materials from XXYI international scientific conference "Nowadays aspects of financial and innovative & investment processes". Lvov. 7.06.2013 – 8.06.2013. p. 21 – 25.

Саввина Н.Е.

аспирант, Федеральное государственное образовательное бюджетное учреждение высшего профессионального образования «Финансовый Университет при Правительстве Российской Федерации»

ФОРМИРОВАНИЕ СТРАХОВЫХ ПРОДУКТОВ

Первоначальные формы страховых продуктов возникли еще в глубокой древности. Как отмечает В.И. Серебровский, первые зачатки страхования встречаются еще в законах вавилонского царя Хамураби (более 2000 лет до нашей эры), устанавливавших нечто вроде взаимного страхования караванов вавилонских путешественников от вреда, причиняемого им нападениями разбойников [В.И. Серебровский «Очерки советского страхового права». Л., 1926, С. 3]. Если у одного из погонщиков ослов гибло животное, остальным погонщикам предписывалась выделить ему взамен другого осла, но только не деньги. Уже в те времена был заложена главная идея страхования — страховая защита не должна служить обогащению.

Первые отголоски зарождения страховых отношений на Руси можно встретить в памятнике древнерусского права - «Русской Правде», где имели место такие законы, в которых можно наблюдать появление страхования личной безопасности и собственности. В частности, в «Русской Правде» предусматривалось: «кто умышленно зарежет чужого коня или другую скотину, платить за это 12 гривен в Казну, а хозяину – гривну».

Более развитые формы страхования зародились в Генуе, когда морской заем модифицировался в страхование. Можно считать, что первый страховой продукт был продан в 1347 году в Италии. Это было заемное письмо на 107 фунтов серебра, по условиям которого получатель этой суммы должен был вернуть ее в двойном размере, если судно «Санта Клара» не прибудет за шесть месяцев из Генуи на остров Майорку.

В XIV же веке возникает и так называемый полис - частный документ, выдаваемый страховщиком. С этого момента, по-видимому, можно начать отсчет создания страховых продуктов.

Вслед за морским страхованием возникло страхование от огня. Для жителей городов того времени, в которых преобладали деревянные постройки, наибольшую опасность представляло возникновение огня. Например, во время Великого лондонского пожара, который начался 2 сентября 1666 года и продолжался четыре дня, огнем было уничтожено 13200 домов, 87 приходских церквей, кафедральный собор Святого Петра и большинство зданий городской администрации. И уже в следующем году английский биржевой делец Николас Барбон начинает продавать полисы по страхованию зданий от огня.

После этого появилось страхование от града, падежа скота, сухопутное транспортное и прочие виды имущественного страхования. Позже многих видов имущественного страхования возникает страхование жизни.

Как видим, изначально страховой продукт предоставлял страховую защиту только от одного-единственного риска, представлявшего наибольшую опасность, то есть продукт был «монорисковым».

Позже в страховой продукт стали попадать и сопутствующие риски, то есть страховой продукт становится «мультирисковым». Например, морские полисы Ллойда в XVII веке уже включали в объем страховой защиты помимо нападения пиратов следующие события и действия: войны, конфискацию или арест, злоумышленные действия капитана и команды.

Если к набору рисков добавляются и какие-то сопутствующие услуги, то такой продукт уже становится «мультипродуктом». Таким образом, помимо собственно страхового покрытия в страховой продукт включаются дополнительные (ассистанские) услуги. К таким дополнительным услугам относятся: выезд на место происшествия аварийного комиссара, долив топлива, оплата такси от места ДТП до пункта назначения, предоставление другой автомашины на время ремонта и др.

В последнее время имеет место тенденция к объединению нескольких страховых продуктов в один, так называемый «комплексный продукт». В объем страхового покрытия по комплексным продуктам входят несколько видов страхования. Как правило, это делается путем создания единых комплексных правил и полиса страхования. Наиболее распространенный пример комплексного страхования – ипотечное страхование. Особенность «комплексных продуктов» также состоит в том, что они направлены на удовлетворение интереса каждого конкретного клиента. Соответственно его потребностям, наполнение комплексного продукта (объем страхового покрытия) может меняться, включая специфичные риски.

Потребность в разработке нового страхового продукта может быть обусловлена различными причинами или их кумуляцией. В качестве причин появления новых страховых продуктов можно выделить:

1). Изменение рисков. Например, при переходе от плановой системы хозяйствования к рыночной системе появляется новый тип риска – неполучение прибыли

2). Научно-технический прогресс

3). Развитие интернета и IT-систем,

4). Собственно развитие страхования. Инновации в страховании связаны с интеллектуальным развитием, что может повлечь за собой изменение законодательства, что может послужить стимулом внедрения и потребления страховых услуг. Стоит отметить такую российскую особенность, как необходимость стимулирования развития страхования внедрением законодательства об обязательном страховании. Причинами этого служат отсутствие опыта страхования в рыночной экономической системе, нестабильность финансовой ситуации в стране и отсутствие платежеспособного спроса.

В условиях низкого проникновения страховых услуг в России необходимо использовать передовой опыт более экономически развитых государств для введения на российский рынок новых страховых продуктов.

Tatarkin A.I.

Member of RAS, Doctor of Economics, professor, director of the Institute of Economics of the Ural branch of Russian academy of sciences
(tatarkin_ai@mail.ru)

Novikova K.A.

Competitor of the degree of candidate of economic sciences, the assistant of the director of the Institute of Economics of
the Ural branch of Russian academy of sciences
(ksenija2011@yandex.ru)

NEEDS AS MOTIVATIONAL AND MOBILIZATION BASE OF MODERNIZATION UPDATE OF LOCAL GOVERNMENT

Nowadays the main attention of the most economic reforms (including creation of information society, formation of innovative space, knowledge-economy) leads to the level of regions and territories. It is rationally to use new approaches to formation basic principles of joint innovative policy of the federal centre and regions (territories), to determination of essence and content of economy subject innovative development process, to elaboration of assessment criteria of different effective strategic directions of economy territory development.

With the increasing role of territories (regions, municipals) in the socio-economic life, the responsibility and importance of subjects' government for creation such conditions which would be able to satisfy that subject's population, for improving territory status, increases.

The sustainable development of region is characterizes by its ability [1]:

- to satisfy social needs of population and business;
- to provide sustainable reproduction exactly by internal economic turnover of goods and services;
- to form conditions (resource, social, organization), which guarantee worthy quality of population life.

Every territory (subject, region, and municipality) has definite development potential. After this potential assessment it is able to define the level of territory development, to determine the size of additional financial resources for worthy quality of population life.

The term "potential" is applied for definition of sources, resources that can be used for approved goal, solving exact challenge, and also unique opportunities of individual subject of economic relationships in any sphere [2,33]. It is necessary to monitor the situation in economic social sphere of every region, to objectively estimate current resources, to justify rational choice of trajectory and mechanisms of specific territory development. The potential of territory development, *from one side,* is able to present by itself resource, industrial, labor and intellectual potential. But *from another*, all kinds of potential that were called up are elements (parts) of socio-economic potential.

Under the socio-economic potential it is traditionally understood the collection of all available resources within its borders (means, sources, resources) - material and spiritual, natural and human, that have already involved into social industrial processes and that can be used for improving economic opportunities, establishment and strengthening of socio-politic stability, increasing the level and quality of this territory population [3,8].

The transition to innovative development is the most important now in conditions of Russian economic transformation. But today there is objective need in innovative "fullness" of attractive investments. Scientific knowledge, education has high importance in creating competitive advantages of region, as factors of industrial development and as factors of regional innovative potential formation [4,10].

Municipalities accumulate all available resources for the most effective using with the aim of creating favourable conditions for population life and business development. Profitable geographic position, resourcing, productivity, investment attraction, human potential, innovative activity – all these parts provide competitive advantages of territory. But not every territory has set of resources for development. Needs of territory are mobilization base for providing system territory development, increasing potential of territory. If potential of territory development is higher, then ability of territory to compete with other territories of the country is higher too.

Competitive advantages of territory are formed by detection of available resources (industrial, labor). Then it is necessary to investigate that spheres of socio-economic territory development which are involved in less degree into improving position of territory because of financial limitation, lack of qualified employees, etc. That's why it is necessary to invest into that spheres where there is "failure" of development. Thus it is realized the opportunity to increase territory potential, including creating new working places, elaborating industrial processes and developing "knowledge-economy". In self-development the territory can build on have already created conditions and also on innovative processes, that allow to take leading places in any ratings and to be as "locomotive" of economy development.

But, competitive market can and must be as necessary but not the main condition for sustainable and harmony development of economics and social well-being. Competitive market is considered in author's assessments as the main favorable environment that can provide and cannot provide success development and social prosperity. Only diversity of ownership and polystructural character of economics at centralized plan regulation of priority development directions for society, including the most effective and resulting resources and institutes, can provide sustainable and harmony functioning of the whole society [5,19].

It is necessary to establish new territory needs, their treats for sustainable development, and also opportunities for their satisfaction in conditions of financial limitation. The clear reaction of government of Yekaterinburg-city (Russia) on recommendations to combine the planned methods of economy regulation and opportunities of the urban society to assist in the needs satisfaction, allows to bring closer territory development to population needs.

Territory development nowadays is intended to orientate on needs of either territory or population of this territory. Revenue increasing, educational and infrastructural investments expand opportunities for development of individual and population in a whole. At the consideration of investment questions in this or that sector of socio-economic development, it is important to rank priorities of its attraction for investment and prosperity growth. It is necessary to develop this socio-economic sector, then after receiving benefits, to distribute means for sector development and conjugate spheres of socio-economic territory development. In this direction the selective model of economic management is advantageous for needs territory satisfaction, for its development and competitiveness increasing of the Russian territories in the conditions of the Russian economic transformation. The transition to the selective management of economic processes will develop territory in a whole as unified socio-economic system.

References:

1. Federal objective program "Reduction of differences in socio-economic development of the regions of the Russian Federation (2002-2010 and till 2015)": The Resolution of the Government of the Russian Federation. 2001, October, 11[th.] . № 717 // "Garant" – information-law portal.

2. Savrukov A.N. Method of assessment of mortgage housing lending in the region // Regional economics: theory and practice. 2012. №8. Pp. 33-43.

3. Socio-economic potential of the region: problems of assessment, using and management / Edited by corresponding member of RAS Tatarkin A.I. Yekaterinburg: The Ural branch, RAS. 1997. 379 p.

4. Shaidarov K.A. The definition of strategic advantages of region in the process of the Russian economic transformation // Economic sciences. 2009. №7(56). Pp. 7-10.

5. Tatarkin A.I. Regulation potential of current models of socio-economic development // Journal of Economic theory. 2014. №2. Pp. 7-20.

Фомичев А.А.

аспирант кафедры «Мировая экономика и международные финансовые отношения», ФГОБУ ВПО Финансовый университет при Правительстве Российской Федерации

Alexeyfomichev1@gmail.com

РАЗВИТИЕ РЫНКА СТРАХОВЫХ УСЛУГ ТУРКМЕНИСТАНА КАК ОДНА ИЗ ПРЕДПОСЫЛОК СОЗДАНИЯ ЕДИНОГО СТРАХОВОГО РЫНКА СНГ

Туркменистан является одной из стран Центральной Азии (ЦА), в которой кроме него расположены еще 4 государства: Таджикистан, Узбекистан, Кыргызстан, и Казахстан.

Географическое положение региона ЦА, граничащего с Россией, Китаем и Ираном, делает возможным установление экономических связей прежде всего внутри региона. Особенно важным в этой связи является экономическое сотрудничество в рамках ШОС, куда помимо Таджикистана, Узбекистана, Киргизии и Казахстана, также входят Россия и Китай.

Единственной страной, входящей в ЦА и непредставленной в ШОС, остается Туркменистан. Более того, Туркменистан де факто является ассоциированным членом СНГ, так как Устав СНГ так и не был ратифицирован Туркменистаном.

Все страны ЦА после обретения в 1991 году независимости получили право свободно выбирать вектор развития, и путь развития Туркменистана кардинально отличается от других государств, представляющих данный регион.

Тем не менее, это не является препятствием для налаживания сотрудничества Туркменистана с другими странами СНГ. Ряд программ, осуществляемых в Туркменистане, может быть использован и в рамках создания общего страхового рынка СНГ. Так, с 1 марта 2013 г. в Туркменистане вводится обязательное экологическое страхование [1, дата обращения 25.03.2014].

Использование этой формы страхования, которая уже применяется в ряде других стран, позволяет сделать вывод о росте доверия к страхованию со стороны правительства Туркменистана как к одному из направлений обеспечения экологической безопасности страны.

В целом для страхового рынка Туркменистана долгие годы было характерно доминирование государственного над частным страхованием.

Так, до настоящего времени проведение обязательных видов страхования возлагается на государственные страховые организации. [4,статья 5].

Однако накопленный опыт страхования в Туркменистане вполне определенно показал, что дальнейшее развитие страхового рынка страны без допуска на него частных компаний вряд ли возможно.

Именно поэтому 22 декабря 2012 г. был принят новый Закон Туркменистана «О страховании». В соответствии с этим законом иностранные страховые и перестраховочные компании, а также страховые брокеры вправе осуществлять страховую, перестраховочную и соответственно брокерскую деятельность с помощью создания на территории Туркменистана совместных организаций и получения соответствующей лицензии на осуществление деятельности в области страхования на территории данной страны[4, статья 52].

Хотя доля иностранного капитала в данных компаниях ограничивается сорока девятью процентами, и это является несомненным шагом вперед. Следует отметить, что до вступления в действие указанного закона в Туркменистане страховые услуги предоставляла единственная государственная страховая компания, действовавшая на основании предыдущего Закона Туркменистана «О страховании» - Государственная страховая организация Туркменистана.

В своем составе Турменгосстрах насчитывает 40 самостоятельных страховых организаций (некоторые источники называют данные компании филиалами Туркменгосстраха[2, дата обращения 12.04.2014].), расположенных по всей территории Туркменистана[3, дата обращения 18.04.2014].

Вышеуказанная компания, созданная на базе Госстраха СССР в 1992 году, несомненно, продолжит свою деятельность и в дальнейшем, однако запущенный процесс сближения частного и государственного страхового секторов будет, по-видимому, только углубляться.

Более того, процесс реформирования страхового рынка Туркменистана набирает обороты: компания Туркменгосстрах уже установила партнерские отношения с ведущими международными страховыми компаниями, а также страховыми брокерами, среди которых «Marsh Ltd.», «AON Ltd.», «Colemont Ltd.», «Willis Ltd.» и другие.

В целом, необходимо отметить, что так же как и, например, в РФ в Туркменистане действует программа развития страховой деятельности до 2015 г., которая направлена на повышение привлекательности данного сектора экономики для потенциальных инвесторов, в том числе и для иностранных.

Принятие нового вышеупомянутого закона «О страховании», создание ЗАО «Страховые услуги», стимулирование притока иностранных инвестиций – все это будет иметь результатом более тесное взаимодействие рынка страховых услуг Туркменистана со страховыми рынками других стран ЦА, а следовательно, и с общим страховым рынком государств СНГ.

Литература

1. Интернет Газета Туркменистан. URL: http://www.turkmenistan.ru/ru/articles/38283.html
2. Система интеграции «Диасофт». URL: http://www.diasoft.ru/integration/news/134/
3. Министерство экономического развития РФ. URL: http://www.ved.gov.ru/exportcountries/tm/about_tm/laws_ved_tm/?action=showproduct&id=3937&parent=0&start=1
4. Закон Туркменистана «О страховании» от 22 декабря 2012 г. URL: http://www.turkmenistan.gov.tm/?id=3072

Кириллова А.А.

ПАРЛАМЕНТАРИЗМ В СОВРЕМЕННОМ ПОНИМАНИИ

Историческое наследие российского парламентаризма начала прошлого века оценивается по-разному, но в нём есть немало параллелей с современным парламентом. Это конечно не случайно. В конце концов, большинство (если не все) ученые, специалисты и профессионалы как правило неразрывно связывают парламентаризм с состоянием организованного состояния общества, в котором присутствует в основном практическая реализация принципов свободы и демократии и который подключен с социальным статусом. Тем не менее, будем недалеко от истины, когда утверждаем, что также используется обычные и установленные идеи парламентаризма во многих странах общественной и правовой действительности, таким образом, до настоящего времени еще не сформировали единое представление о толковании, в определении смысла понятия.

Конечно, формирование собственной позиции означает, в частности, критическое отношение к уже традиционным определениям понятий.

По И.М. Степанова, «парламентаризм есть особая система организации государственной власти, структурно и функционально на принципах разделения властей, верховенства права, с ведущей ролью парламента для утверждения и развития отношений социальной основе справедливости и верховенства закона»[1]. В свою очередь А.А. Мишин считает, что парламентаризм – «специальная система государственного управления обществом, характеризуется разделением труда, законодательной и исполнительной власти, в привилегированном положении парламента»[2]. Юридический энциклопедический словарь гласит, что парламентская система – «система организации и эксплуатации высшей государственной власти буржуазии, характеризуется разделением законодательной и исполнительной функций в привилегированном положении парламента»[3]. Авторы монографии «Общая и прикладная политология» считают, что парламентская система – «система государственного управления обществом, характеризуется четким разделением законодательной и исполнительной функций в привилегированном положении законодательного органа -парламента по отношению к другим государственным учреждениям»[4].

---

[1] Парламентское право России / Под ред. И.М. Степанова, Т.Я. Хабриевой. М.: Юрист, 1999. С.5.

[2] Мишин А.А. Конституционное (государственное) право зарубежных стран. М.: Белые альвы, 1996. С.174.

[3] Юридический энциклопедический словарь / Под ред. А.Я. Сухарева М.: Советская энциклопедия, 1984. С.242; Любимов А.П. Лоббизм как конституционно-правовой институт. М., 1998. С.209.

[4] Общая и прикладная политология. М., 1997. С.480.

Отказ от интерпретации как своего рода парламентского правления видит М.А. Могунова как своего рода режим, в котором это предусмотрено не только правовой, но и де факто власть высшего представительного учреждения, подчиненности и подотчетности правительства к нему[5]. Она в частности, писала: «В самом деле, парламентаризм - это не форма и способ осуществления власти, а специальный режим для реальных отношений между законодательной и исполнительной ветвями в каждом государстве, при котором ведущую роль играет парламент»[6].

Эти и многие другие определения, которые представляют суть парламентского понимания отечественными учеными, на наш взгляд, имеют ряд недостатков. Во-первых, парламентаризм в них в значительной степени отождествляется с другими основными понятиями науки конституционного права. Тем не менее, ошибочно рассматривать парламент исключительно как конкретную форму правления, и (или) в качестве особого условия режимов. Содержание этого понятия включает в себя некоторые очень важные и идеолого-философские аспекты системы идей и убеждений, ценностных систем, ценностных ориентаций для правильной организации и надлежащего функционирования государственного механизма.

Во-вторых, почти все определения парламентаризма означают, что центральное представительное учреждение имеет ведущую роль, т.е. специальное привилегированное положение по сравнению с другими политическими институтами. Эту логику поддерживает в частности Р.М. Романов. Он отождествляет в качестве одного из основных принципов парламентской законодательной власти приоритет над всеми остальными: исполнительными, судебными, экономическими и иными[7]. Соглашаясь с такой позицией, многие русские государствоведы, на наш взгляд, имеют ложную перспективу, в которых, президентских республиках, парламенты не занимают доминирующее положение, парламентская система не существует и не может существовать в принципе.

Стало очевидным, сегодня многие развивающиеся страны имеют не только президенты, но и другие формы правления, но есть немногие, где высший законодательный орган действительно играет решающую роль в государственной системе. К ним конечно не относятся, ни США, ни Франция, ни Англия, ни Россия, ни многие другие государства. Тем не менее, мы можем говорить об американском, об французском, об английском и об российском парламентаризме. Между тем, во всех этих моделях, высшее представительное учреждение не только занимает

---

[5] Могунова М.А. Скандинавский парламентаризм. Теория и практика. М.: Российский государственный университет, 2011. С.26, 27.
[6] Там же С.26.
[7] Романов Р.М. Российский парламентаризм. История и современность. М.: РИЦ ИСПИ РАН, 2010. С.29, 34-35.

доминирующее положение, но и не соответствуют этому. Абсурдно как нам кажется, утверждение существования самого понятия парламентаризма, например, в США - страна с более чем двухсотлетними парламентскими традициями, в которых обе палаты представительного органа, (хотя, видимо, не в первую очередь) влияют на политическую жизнь общества.

На самом деле, почти во всех развитых и развивающиеся странах, высокий приоритет и доминирующее или привилегированное положение, в настоящий момент имеет не законодательная, а исполнительная ветвь власти. Это очевидно и объективно определяет реальность. Кроме того , нет никаких оснований, что в ближайшем будущем что-то существенного изменится. Возможно, тенденция к увеличению мощности, коэффициента усиления в важности и влияния профессиональных менеджеров, исполнительных и административных структур останется в обозримом будущем. Р.М. Романов считает, что «Во всех развитых странах главенствующее положение парламентов в системе власти определяется их фундаментальными функциями: представительной, законодательной, бюджетной, налоговой, контрольной и др.» [8]. Мы считаем, что в современных обществах наиболее важной функцией является функция управления которая усложняет все социальные процессы. Это определяется в основном доминирующим положением исполнительной власти, а не законодательных или других органов власти во многих стран мира.

Но если эти утверждения верны, то, по логике большинства отечественных юристов, мы вынуждены признать, что парламентская система не должна быть нигде или почти нигде.

С нашей точки зрения, несомненно, присутствует парламентская система во всех развитых и многих развивающихся странах, потому что это не значит, главную роль высшего органа законотворчества в принципе. С другой стороны это свойственно им в разной степени. Если рассматривать, он значительно варьируется от страны к стране. Здесь мы в полной солидарности с Р.М. Романовым, который справедливо отмечает парламентаризм « имеет определенную гибкость, способность использовать различные формы в зависимости от характера государства принять социально- политических и экономических условий» [9].

Предлагаемое нами видение упомянутых выше, лишен недостатков, и, что более важно, оно открывает парламентаризм, как нам кажется, более широкую перспективу этой концепции толкования.

На основании вышеизложенного, мы постараемся предоставить свое собственное определение термина, представляющего интерес для нас. Парламентаризм – это формируемое правительством и обществом в

---

[8] Романов Р.М. Указ. соч. С.39.
[9] Романов Р.М. Указ. соч. С.33.

определенном смысле система взаимодействующая, структурированная и действительно работающая с другими органами власти, являющаяся подходящим в государственном механизме и в качестве основного средства организации и функционирования представительной демократии.

На наш взгляд, такое определение дает возможность продолжить изучение реально существующие модели мира и разновидности парламентаризма, характер специфичности выявления характеристик каждого из них. Это задача требует дальнейших исследований, и его реализация является определением обратной связи, которое может дополнить и развить предложенное определение.

Литература

1. Любимов А.П. Лоббизм как конституционно-правовой институт. М., 1998. С.209.

2. Мишин А.А. Конституционное (государственное) право зарубежных стран. М.: Белые альвы, 1996. С.174.

3. Могунова М.А. Скандинавский парламентаризм. Теория и практика. М.: Российский государственный университет, 2011.

4. Парламентское право России / Под ред. И.М. Степанова, Т.Я. Хабриевой. М.: Юрист, 1999. С.5.

5. Романов Р.М. Российский парламентаризм. История и современность. М.: РИЦ ИСПИ РАН, 2010.

Мурашов К. А.

аспирант кафедры конституционного права имени Н. В. Витрука
ФГБОУ ВПО "Российская академия правосудия"

НЕСТАБИЛЬНОСТЬ, КАК ХАРАКТЕРНАЯ ЧЕРТА ИЗБИРАТЕЛЬНОГО ЗАКОНОДАТЕЛЬСТВА РОССИИ В ПЕРИОД С 1993 ПО 2014 ГОДЫ

Современный этап развития избирательного права в России начался 12 декабря 1993 года, когда на референдуме была принята новая Конституция Российской Федерации, а Россия стала суверенным демократическим федеративным правовым государством с республиканской формой правления.

Конституция России закрепила основные права и свободы гражданина, в том числе право на участие в управлении делами государства посредством реализации активного и пассивного избирательного права (ст.32). «Значимость выборов в системе народовластия, политической системе общества определяется тем, что они являются важнейшим средством реализации и обеспечения народного суверенитета, функционирования демократического политического режима и политической системы; обеспечения легитимности власти, т.е. признания ее народом, готовности граждан добровольно выполнять ее предписания; отбора политических лидеров, способных осуществлять государственную и местную власть»[1].

В действующей Конституции РФ отсутствует глава или статья, специально посвященная характеристике общих начал избирательного права и избирательной системы. Эта задача была решена посредством принятия 9 декабря 1994 года Федерального закона «Об основных гарантиях избирательных прав граждан Российской Федерации» № 56-ФЗ[2].

Первый, наскоро созданный, едино организованный документ, регулирующий вопрос избирательного права, был слаб. Он состоял из 10 глав и 36 статей, и объективно не мог полностью описать столь массивный объем норм права, которые регулируют избирательную систему. Данный закон получился очень общим и лишь немного раскрыл закрепленные в Конституции положения избирательного права. Первый федеральный закон об избирательной системе редактировался один раз в 1996 году и просуществовал до 1997 года. Однако он стал официальной попыткой России систематизировать избирательное законодательство.

Объяснить слабость Федерального закона «Об основных гарантиях избирательных прав граждан Российской Федерации» 1994 года очень просто: неготовность органов государственной власти к кардинальному

---

[1] Нудненко Л.А. Конституционное право России. Учебник.2-е издание. М., Юрайт. 2013. С. 405.
[2] Федеральный закон от 06.12.1994 г. № 56-ФЗ «Об основных гарантиях избирательных прав граждан Российской Федерации» // "Собрание законодательства РФ", 12.12.1994 г., № 33, ст. 3406.

изменению государственного устройства, которая связана с переходом от советского к постсоветскому избирательному праву и законодательству (1992 – 1994)[3].

На смену Федеральному закону 1994 года был принят Федеральный закон «Об основных гарантиях избирательных прав и права на участие в референдуме граждан Российской Федерации» № 124-ФЗ от 19.09.1997 года[4]. Во втором федеральном законе впервые были объединены две составляющие избирательного законодательства, а именно избирательное право и участие граждан в референдуме.

Федеральный закон 1997 года, получился гораздо «сильнее» своего предшественника. Во-первых, он стал объемнее по количеству статей, во-вторых, на момент его принятия у законодателя уже имелся опыт систематизации норм избирательного права в унифицированный акт, в-третьих, государство стало выходить из кризиса перехода от социализма к демократии. Таким образом, принятие закона в 1997 году стало вторым этапом реформирования избирательной системы Российской Федерации.

Федеральный закон от 19.09.1997 г. вводит положения, которые ранее не были отражены в законе, либо не были подробно изложены:

- у кандидатов появляется право самовыдвижения;
- более детально регулировался вопрос финансирования выборов;
- иностранным гражданам (постоянно проживающим на территории России) предоставлялось право избирать и быть избранными в органы местного самоуправления;
- подробнее описывались организация и порядок проведения выборов;
- были введены отдельные положения об обжаловании нарушений избирательных прав.

В Закон вносились существенные изменения и дополнения (от 30.03.1999 года и 12.06.2002 года), связанные, в основном, с определением правового статуса избирательных объединений и блоков, их участием в избирательном процессе. Важными являются изменения, которые вносились на основе постановлений Конституционного Суда Российской Федерации. Тем самым, еще раз подтверждался факт того, что Закон не был «мертвым».

Проведя сравнение федеральных законов об избирательном праве 1994 и 1997 годов можно сделать вывод о положительных тенденциях, которые произошли за 3 года с момента принятия Федерального закона «Об основных гарантиях избирательных прав граждан Российской Федерации». Начавшаяся с принятия Основного закона, реформа российского избира-

---

[3] Веденеев Ю. А. «Развитие избирательной системы Российской Федерации: проблемы правовой институционализации» // «Журнал российского права», 2006.№ 6. С. 47-57.
[4] Федеральный закон от 19.09.1997 г. № 124-ФЗ «Об основных гарантиях избирательных прав и права на участие в референдуме граждан Российской Федерации» // "Собрание законодательства РФ", 22.09.1997 г., № 38, ст. 4339.

тельного права была призвана обеспечить и гарантировать демократический и легитимный процесс свободного, равноправного волеизъявления граждан при формировании представительных и исполнительных органов государственной власти и органов местного самоуправления; способствовать построению единой и согласованной, оптимально сбалансированной и непротиворечивой избирательной системы, отражающей федеральную природу государства и гарантирующей стабильность и преемственность в деятельности выборных органов государственной и муниципальной власти[5].

В целях совершенствования избирательного законодательства 12 июня 2002 г. был принят действующий Федеральный закон «Об основных гарантиях избирательных прав и права на участие в референдуме граждан Российской Федерации» № 67-ФЗ[6], который также за 12 лет многократно подвергался дополнениям и изменениям.

Федеральный закон 2002 года имеет привычный внешний вид: в нем 11 глав, 84 статьи и 10 приложений. Каждая статья подробно описывает те нормы, которые до этого имели общий характер. Приведем пример тех норм, которые детально раскрываются в новом Законе.

Следует отметить, что перечень прав наблюдателей сформулирован в законе 2002 года как исчерпывающий. Как отмечалось в Определении Конституционного Суда России от 20 ноября 1998 г. № 163-О[7], в Законе 1997 г. о гарантиях избирательных прав не содержится положений о праве наблюдателей требовать от членов избирательных комиссий предъявления паспортов для удостоверения их личности и полномочий, как и об обязанности членов избирательных комиссий предъявлять наблюдателям свои паспорта.

Законодательное закрепление срока полномочий окружных комиссий изменено по сравнению с ранее действовавшей нормой. Прежний Федеральный закон (1997 г.) предусматривал, что срок полномочий окружных комиссий по выборам в федеральные органы государственной власти был равен сроку полномочий избираемого органа. Таким образом, создавалось положение, когда одновременно могли существовать две окружные комиссии в одном избирательном округе: одна, вновь созданная для проведения новых (очередных или досрочных) выборов, другая - существующая до начала функционирования вновь избранного органа. Правило, установленное в действующем законе, позволяет избежать этого дублирования: срок полномочий окружных комиссий всех уровней истекает в день официального опубликования решения о назначении выборов. Таким образом, создается временной разрыв между сроками полномочий окружных

[5] Веденеев Ю. А. «Новое избирательное право Российской Федерации: проблемы развития и механизм реформирования» // Вестник Центральной избирательной комиссии Российской Федерации. 1997. №2. С. 78-79.
[6] Федеральный закон от 12.06.2002 г. № 67-ФЗ «Об основных гарантиях избирательных прав и права на участие в референдуме граждан Российской Федерации» // "Собрание законодательства РФ", 17.06.2002 г., № 24, ст. 2253.
[7] Текст Определения официально опубликован не был.

комиссий и, если окружная комиссия прежнего состава имеет право предложения кандидатур в новый состав комиссии, решение должно быть принято до истечения срока ее полномочий. В связи с этим также нельзя считать окружные избирательные комиссии действующими на постоянной основе[8].

Впервые в избирательном законодательстве положение о возможности гражданину выдвинуть свою кандидатуру в порядке самовыдвижения появилось в ст. 28 Федерального закона от 19 сентября 1997 г. «Об основных гарантиях избирательных прав и права на участие в референдуме граждан Российской Федерации», однако отдельной статьи по реализации этой процедуры Федеральный закон еще не содержал. В законе 2002 года установлено, что самовыдвижение кандидата осуществляется путем особой процедуры: уведомления об этом событии самим кандидатом регистрирующей избирательной комиссии.

Федеральный закон от 1997 г. не допускал участия администраций предприятий всех форм собственности, учреждений и организаций в сборе подписей, а также принуждения и вознаграждения избирателей за внесение подписей в поддержку кандидатов. Запрещен был сбор подписей в процессе и в местах выдачи заработной платы. Указанные запреты не касались сбора подписей в поддержку инициативы проведения референдума, что представлялось совершенно нелогичным. Действующий закон распространил запреты на референдумы всех уровней; существенно ужесточил требования к сбору подписей, расширив запреты. Столь жесткая регламентация порядка сбора подписей направлена на исключение из этой процедуры административного ресурса, субъективных факторов, которые каким-либо образом могли бы повлиять на личное предпочтение избирателя, участника референдума при внесении подписи в подписной лист. Последствия несоблюдения установленных ограничений очень серьезны[9].

Стоит упомянуть о неоднократных попытках создать кодифицированный акт, регулирующий избирательное право России (проекты «Избирательного кодекса Российской Федерации»), однако, каждый раз так и не принимаемые Государственной Думой. В результате в рассматриваемый исторический период в России имели место три федеральных закона (1994, 1997 и 2002 гг.). Однако, и действующий Федеральный закон «Об основных гарантиях избирательных прав и права на участие в референдуме граждан Российской Федерации» подвергался очень частым изменениям, вследствие чего, нельзя говорить о его стабильности и строгости. Столь частое изменение избирательного законодательства наводит на мысль о его недемократичности. Характерным свойством избирательного права отечественного конституционного права выступает его обновление в интересах

---

[8] Научно-практический комментарий к Федеральному закону «Об основных гарантиях избирательных прав и права на участие в референдуме граждан Российской Федерации» //Отв. ред. А.А. Вешняков; Науч. ред. В.И. Лысенко. – Изд. НОРМА, 2003 г.
[9] Там же.

претендентов на выборные должности и депутатские мандаты перед каждой федеральной избирательной кампанией. Другими причинами трудно объяснить постоянные «эксперименты» с избирательными системами[10]. Данное мнение высказывается правоведами России: Красинским В. В., Яковлевым А. Н.

В течение 20 лет за период с 1994 по 2014 гг. скромный институт, связанный с правом голоса граждан и их правом на выбор, постепенно оформился в весьма сложный межотраслевой комплекс норм и институтов, гарантий и процедур.

Выборы из простого голосования превратились в политический институт, который тесно связан с публичной властью и управленческой деятельностью.

Литература (источники):

1. Конституция Российской Федерации. Принята на всенародном голосовании 12.12.1993 года (с поправками от 30 декабря 2008 года № 6-ФКЗ и № 7-ФКЗ, от 05 февраля 2014 года № 2-ФКЗ) // Российская газета. 1993. 25 декабря. М., 2014.

2. Федеральный закон от 06.12.1994 г. № 56-ФЗ «Об основных гарантиях избирательных прав граждан Российской Федерации» // "Собрание законодательства РФ", 12.12.1994 г., № 33, ст. 3406.

3. Федеральный закон от 19.09.1997 г. № 124-ФЗ «Об основных гарантиях избирательных прав и права на участие в референдуме граждан Российской Федерации» // "Собрание законодательства РФ", 22.09.1997 г., № 38, ст. 4339.

4. Федеральный закон от 12.06.2002 г. № 67-ФЗ «Об основных гарантиях избирательных прав и права на участие в референдуме граждан Российской Федерации» // "Собрание законодательства РФ", 17.06.2002 г., № 24, ст. 2253.

5. Научно-практический комментарий к Федеральному закону «Об основных гарантиях избирательных прав и права на участие в референдуме граждан Российской Федерации» //Отв. ред. А.А. Вешняков; Науч. ред. В.И. Лысенко. – Изд. НОРМА, 2003 г.

6. Нудненко Л.А. Конституционное право России. Учебник. 2-е издание. М., Юрайт. 2013.

7. Веденеев Ю. А. «Развитие избирательной системы Российской Федерации: проблемы правовой институционализации» // «Журнал российского права», 2006. - № 6.

8. Веденеев Ю. А. Новое избирательное право Российской Федерации: проблемы развития и механизм реформирования. // Вестник Центральной избирательной комиссии Российской Федерации. 1997. № 2.

9. Красинский В.В. Качество российских законов // Право и политика, 2005. № 5.

---

[10] Красинский В.В. «Качество российских законов» // Право и политика, 2005. № 5. С. 96–104.

Мирская Т.И.
аспирант кафедры конституционного права имени Н.В. Витрука
ФГБОУ ВПО «Российская академия правосудия»
E-mail: tmirsky@yandex.ru

К ВОПРОСУ О ЕСТЕСТВЕННО-ПРАВОВОЙ ПРИРОДЕ ПОЛИТИЧЕСКИХ ГАРАНТИЙ ПРАВ И СВОБОД ЛИЧНОСТИ

Исследуя проблему гарантий прав и свобод личности, нельзя не остановиться на том, какие свойства характеризуют правовую природу данного явления.

Само понятие «гарантии», заимствованное в эпоху Петра I из немецкого или французского языка и означающее в общем смысле ручательство, поруку в чем-нибудь, обеспечение; то, что подтверждает осуществление, исполнение чего-либо [1; 2], – является одним из тех понятий, которые не существуют в полной мере самостоятельно. Всегда предполагается, что имеется нечто такое, *что* гарантируется.

Другими словами, система гарантий никогда не существует изолированно: ее характеристики, особенности системы в целом и ее отдельных элементов определяются ее предназначением выступать в качестве условия или средства функционирования того явления, обеспечению которого гарантии служат.

Таким образом, поскольку гарантии прав и свобод личности находятся в тесной взаимосвязи и взаимозависимости с категорией прав и свобод человека, можно сказать, что уже смысл существования системы гарантий определяется как таковым наличием у человека прав и свобод.

Еще Дж. Локк писал: «Человек рождается <…>, имея право на полную свободу и неограниченное пользование всеми правами и привилегиями естественного закона в такой же мере, как всякий другой человек или любые другие люди в мире…» [3, 310-311].

Основные права и свободы человека являются неотчуждаемыми и принадлежат каждому от рождения. Это предопределяется природой человека как существа биосоциального и, как указывает Л.Д. Воеводин, исследуя проблему правового статуса личности, «учитывается правом, лежит в основе принципов и норм международных документов, а также внутригосударственного законодательства». И хотя «государство прежде всего вынуждено считаться с мировым общественным мнением, с общепризнанными принципами и нормами, декларациями», по мнению ученого, «изначальным, первичным, побудительным мотивом и обстоятельством при формировании прав и свобод человека, которым общество должно следовать, является требование отражения в законах естественной природы человека» [4, 64-65].

О.Г. Румянцев отмечает, что в основу правовой системы должна быть положена философия признания общечеловеческих ценностей в качестве естественных прав человека, приобретающих в процессе своего исторического развития общецивилизованный характер. Они составляют природу человеческой личности, а потому их утрата по существу оказывается уничтожением личности, потерей самого себя [5, 67].

Следует признать справедливость слов ученых, обратив при этом внимание на тот факт, что можно говорить о существовании, а не просто декларировании тех или иных прав личности только в случае, если человек, наделенный определенными правами, имеет возможность пользоваться ими, а также защитить и восстановить их при необходимости. Иначе говоря, существование прав предполагает наличие гарантий этих прав.

Таким образом, поскольку права человека имеют естественную природу, а не возникают в результате чьего-либо властного веления, то и сами по себе гарантии, представляющие собой условия и средства реализации и защиты прав личности, как следствие существования обеспечиваемого ими явления также имеют естественную природу.

Каждый человек имеет в силу своей природы право наравне с другими людьми защищать свои права собственными силами и средствами, однако для того, чтобы жить более удобно, мирно и в большей безопасности, люди заключают соглашение и объединяются в сообщества, государства, передавая им и создаваемых в них по решению большинства органам свои полномочия по защите прав [6, 317-318].

Далее в таком организованном обществе, государстве с той или иной степенью успешности обеспечиваются определенные условия, формируется благоприятная обстановка, определяются средства, создающие человеку возможность беспрепятственной реализации и защиты его прав и свобод.

Такие условия (обстановка) представляют собой общие гарантии прав и свобод личности, то есть совокупность правовых и неправовых факторов, основ всех сфер жизни общества: политической, экономической, социальной и духовной, – которые образуют внешнюю среду деятельности каждого человека и гражданина и не зависят от его воли и желаний, ибо они коренятся в общественном и государственном строе [7, 233]. Средства реализации и защиты прав и свобод личности составляют систему, условно обозначаемую в литературе как специальные (юридические) гарантии.

Оставляя за рамками данной статьи исследование специальных (юридических) гарантий, укажем, что общие гарантии прав и свобод личности чаще всего подразделяются учеными в зависимости от сфер общественной жизни.

Политическая сфера жизни общества отражает характер взаимодействия субъектов по поводу организации и осуществления власти, управления обществом. Официальным представителем общества и ядром политической системы выступает государство как организация публичной политической власти, распространяющаяся на все общество и опирающаяся в необходимых случаях на средства и меры принуждения.

Политические гарантии прав и свобод человека и гражданина, таким образом, представляют собой систему благоприятных условий, носящих политико-правовой характер и отражающих особую организацию управления государством, обеспечивающую возможность реализации человеком своих прав и свобод, а в случае необходимости – их защиты.

Существует множество теорий, однако одной из наиболее распространенных при исследовании возникновения государства является отчасти освещенная нами выше идея о том, что государство образовалось в результате соглашения людей об объединении и передаче отдельной структуре, призванной выражать интересы большинства, своих полномочий по урегулированию спорных ситуаций и защите прав в целях более эффективного и согласованного взаимодействия, позволившего людям совместно выполнять какие-либо задачи, находясь в состоянии уверенности по поводу того, что члены такого объединения смогут беспрепятственно пользоваться своими правами и получать их защиту.

Данная теория в совокупности с приведенными выше рассуждениями позволяет нам построить цепочку выводов, касающихся определения одного из свойств правовой природы политических гарантий прав и свобод личности.

Итак, во-первых, в силу своей биосоциальной природы люди обладают естественными правами;

во-вторых, наличие естественных прав предполагает наличие гарантий, поскольку существование права, не подкрепленного гарантиями, по сути, не имеет смысла, так как остается фикцией;

в-третьих, поскольку особенности и характер гарантий в общем смысле находятся во взаимозависимости с правами человека, признание естественной природы прав человека позволяет вести речь о естественной природе гарантий этих прав;

в-четвертых, человек, объединившись с другими людьми, передал государству как созданной для регулирования взаимоотношений и выражения интересов членов объединения публично-правовой организации часть своих естественных прав по защите своих прав от посягательств со стороны других лиц;

и, наконец, в-пятых, передав часть прав государству, человек тем самым передал ему вместе с возможностью регулировать общественные отношения, используя в случаях необходимости меры принуждения, свои полномочия по гарантированию своих прав. И это дало человеку возможность рассчитывать на деятельность государства, соответствующую цели его создания и, следовательно, на функционирование политических гарантий прав и свобод личности, причем не вследствие их закрепления нормами права, а как явления, имеющего изначально естественно-правовую природу.

Литература:

[1] Новый толково-словообразовательный словарь русского языка / под ред. Т.Ф. Ефремовой, 2000. URL: http://efremova-online.ru/slovar-efremovoy/garantiya/15499/ (дата обращения: 01.07.2014).

[2] Ожегов С.И., Шведова Н.Ю. Толковый словарь русского языка. URL: http://www.ozhegov.org/words/5425.shtml (дата обращения: 01.07.2014).

[3] Локк Дж. Сочинения в трех томах. [Т. 3]. М.: Мысль, 1988. (Филос. Наследие. Т.103).

[4] Воеводин Л.Д. Юридический статус личности в России. М.: ИНФРА-М – НОРМА, 1997.

[5] Румянцев О.Г. Основы конституционного строя России. М., 1994.

[6] Локк Дж. Сочинения в трех томах. [Т. 3].

[7] Воеводин Л.Д. Юридический статус личности в России.

Переверзева Е.В.
доцент, кандидат юридических наук
институт права Волгоградского государственного университета
Агеев А.А.
институт права Волгоградского государственного университета

О МЕСТЕ НАЛОГОВОГО ПРАВА В СИСТЕМЕ ПРАВА

Общественные отношения, возникающие между теми или иными субъектами по поводу налогов, тщательно регулируются правовыми нормами. Совокупность этих норм, закрепленная в нормативных актах разного уровня, взаимодействуя между собой и постоянно развиваясь, образует налоговое право. «Налоговое право - это совокупность финансово-правовых норм, регулирующих общественные отношения по установлению и взиманию налогов с юридических и физических лиц в бюджетную систему и, в предусмотренных законодательством случаях, - во внебюджетные целевые фонды» [1,44]. М.В. Карасева справедливо замечает, что назревает научная дискуссия о месте налогового права в системе российского права и законодательства [2,75].

Рассмотрев и проанализировав состав общественных отношений в сфере налогообложения, их специфику и особенности, а также предмет и метод правового регулирования, можно сделать вывод, что вопросы о месте налогового права в системе права, о его отраслевой и институциональной принадлежности еще не достаточно определены. В то же время решение этой проблемы имеет не только теоретическое, но и практическое значение, поскольку отнесение той или иной группы норм к определенной отрасли права означает ее включение в определенный отраслевой правоприменительный режим.

Налоговые правоотношения - это частью финансово-правовых отношений. Это обусловлено тем, что практически все налоговые отношения возникают в процессе перераспределения национального дохода и имеют финансовый характер. Налогообложение является составной частью деятельности государства по планомерному формированию централизованных и децентрализованных денежных фондов, хотя сама перераспределительная деятельность государства охватывает более широкий спектр отношений, включая в себя также отношения по распределению и использованию этих денежных фондов. В своей совокупности все эти отношения образуют единую систему финансовых отношений, которая является предметом регулирования финансового права. Это свидетельствует о том, что налоговое право является составной, хотя и относительно обособленной, частью финансового права. По мнению ряда ученых, в настоящее время в системе правового регулирования финансовых отношений сложился примечательный парадокс, вызванный стремительным развитием практически всех составляющих финансового рынка страны. Речь идет о том, в какой степени можно говорить о наличии сложившихся правовых институтов в рамках финансового права как отрасли. Так, К.С. Бельский отмечает, что их характеризует хорошее литературное изложение, интересная и содержательная фактологическая база, анализ и сопоставление русских финансово-правовых институтов с зарубежными. Основной недочет - слабая юридическая трактовка финансовых категорий, акцент на экономическом анализе [3,19]. С классических позиций отраслевой режим регулирования складывается из совокупности элементов: метода регулирования (единственного специфического способа юридического воздействия для данной отрасли), особые юридические средства регулирования (юридический инструментарий), принципов (наличие специфических для данной отрасли идей), наличия отрасли законодательства и кодифицированного акта [4,208-210]. По мнению С.А. Кудреватых, эти элементы для финансового права характерны не в полной мере. И хотя финансовое право рассматривается в качестве отрасли права, его бытие формируется через становление и развитие ее составляющих: бюджетного права, налогового права, банковского права и т. д. Иными словами, при отсутствии общего идет развитие частного [5,122].

Что касается уровня обособленности налогового права в системе финансового права, то здесь необходимо исходить из того, что ученые по разному видят решение этого вопроса.

И.Г. Денисова рассматривает налоговое право как составную часть раздела финансового права - Правовое регулирование государственных доходов [6,186].

В рамках наиболее крупных правовых отраслей выделяются подотрасли, которые регулируют отдельные массивы общественных отношений, характеризующихся своей спецификой и известной родовой обособленностью [7,297-298]. Другая точка зрения заключается в том, что налоговое право представляет собой подотрасль финансового права [8,20].

Так, Н.И. Химичева справедливо полагает: «В результате бурного развития в последнее время налогового права оно стало характеризоваться по отношению к финансовому праву Российской Федерации как его подотрасль» [1,43].

Выше перечисленные точки зрения опровергают еще совсем недавно существующие взгляды на налоговое право как институт налогов с юридических и физических лиц. Данный институт по своей социальной значимости давно перешагнул первоначально установленные для него рамки.

В настоящее время налоговое право уже включает в себя общие и специальные нормы, принципы, систему законодательных актов по вопросам налогообложения, стоит вопрос о скорейшей кодификации налоговых норм. Иными словами, наблюдается поступательное и качественное развитие всех составляющих налогового права, которому присущи свой предмет и метод правового регулирования. Думается, что формирование и развитие самостоятельных налогово-правовых институтов позволит занять налоговому праву достойное место действительно самостоятельной подотрасли финансового права. По мнению Ю.А. Тихомирова, в перспективе на базе массива законодательных и подзаконных актов сложится налоговое право как самостоятельная отрасль [9,336]. Думается, это положение можно рассматривать как перспективу дальнейшего развития налогового права, но не как характеристику уровня развития налогового права в настоящее время.

Литература:

1. Химичева Н.И. Налоговое право: Учебник. М.: Изд-во БЕК, 1997. – 336 с.

2. Карасева М.В. Финансовая деятельность государства - основополагающая категория финансово-правовой науки.// Государство и право. 1996. № 11. С. 75 - 85.

3. Бельский К.С. Финансовое право. - М.: Юрист, 1994. – 208 с.

4. Проблемы теории государства и права: Учебник / Под ред. С.С. Алексеева. М.: Юрид. Лит.,1987. – 448 с.

5. Налоговое право и налоговое законодательство / Налоги и налоговое право. Учебное пособие. Под ред. А.В.Брызгалина. - М.: « Аналитика-Пресс », 1997. – 600 с.

6. Денисова И.Г. Понятие налогового права России, его источники / Финансовое право. Учебник / Под ред. О.Н. Горбуновой. М.: Юность, 1996. – 400 с.

7. Теория государства и права. Курс лекций / Под ред. Н.И. Матузова, А.В. Малько. Саратов: СВШ МВД РФ, 1995. – 560 с.

8. Грачева Е.Ю., Соколова Э.Д. Финансовое право России. М.: 1997. – 192 с.

9. Тихомиров Ю.А. Публичное право. Учебник. М.: Изд-во БЕК, 1995. – 496 с.

www.ingramcontent.com/pod-product-compliance
Lightning Source LLC
Chambersburg PA
CBHW051212170526
45166CB00005B/1855

* 9 7 8 1 5 0 0 4 8 8 2 1 5 *